호모 무지쿠스

국립중앙도서관 출판시도서목록(CIP)

호모 무지쿠스: 문명의 사운드트랙을 찾아서
: 뇌, 진화, 인간의 본성, 그리고 여섯 가지 노래
/대니얼 J. 레비틴 지음 ; 장호연 옮김. -- 서울: 마티, 2009
p.240; 152×225cm.

원표제: The World in Six Songs: how the musical brain created human nature
원저자명: Daniel J. Levitin
색인수록: 영어원작을 한국어로 번역
ISBN 978-89-92053-32-7 03400 : ₩18500

음악(예술)[音樂]
음악 심리학[音樂心理學]

671.18-KDC4
781.11-DDC21   CIP2009003946

호모 무지쿠스, 문명의 사운드트랙을 찾아서
대니얼 J. 레비틴 지음 ㅣ 장호연 옮김

초판 1쇄 인쇄 2009년 12월 15일
초판 1쇄 발행 2009년 12월 20일

발행처 · 도서출판 마티 ㅣ 출판등록 · 2005년 4월 13일 ㅣ 등록번호 · 제2005-22호
편집 · 정상태 ㅣ 마케팅 · 김명수 ㅣ 주소 · 서울시 마포구 서교동 481-13번지 2층 (121-839)
전화 · 02. 333. 3110 ㅣ 팩스 · 02. 333. 3169
이메일 · matibook@naver.com ㅣ 블로그 · http://blog.naver.com/matibook

값 18,500원   ISBN 978-89-92053-32-7   (03400)

호모 무지쿠스

대니얼 J. 레비틴 지음 | 장호연 옮김

마티

The World

Six Songs

§ 일러두기

· 인용되는 모든 노래 가사는 저작권법에 따라 계약했음을 밝힙니다.

· 이 책의 인터넷 사이트 www.sixsongs.net에서 들어볼 수 있는 모든 곡에
  🎧 표시를 했습니다.

· 본문에 소개한 노래들은 대부분 '가사의 의미'에 중점을 두기 때문에 번역했으되,
  원어의 발음과 리듬으로 설명하는 경우에는 원어 가사를 함께 소개했습니다.

· 외국어 표기법에 맞추어 표기하였으나(예를 들어 송라이터와 록밴드 이름, 음
  반 제목, 노래 제목 등), 특정하게 원어 소개가 필요한 가사 내용 등은 원어로 표
  기했습니다.

· 본문의 모든 각주는 '옮긴이 주'이며, 본문 가운데 [ ]은 구체적인 설명을 위해
  한국어판에서 추가한 내용입니다.

I

노래 부르는 뇌가 탄생하다

지금 내 책상 위에는 이보다 더 다양할 수 없는 온갖 음악 CD들이 놓여 있다. 끔찍한 외과수술 장면*을 상세히 묘사한 18세기 작곡가 마랭 마레의 작품", 지나가는 사업가에게 동냥을 구하는 북아프리카 구전 시인 그리오 griot의 노래, 지금으로부터 185년 전에 작곡된 복잡한 악보를 120명가량의 음악가들이 한 치의 오차도 없이 정확하게 연주해야 하는 작품(베토벤 교향곡 9번)"이 보인다. 그밖에 파일들도 수두룩한데, 태평양 흑등고래들이 독특하게 내지르는 소리를 녹음한" 40분 분량의 파일도 있고, 전자기타와 드럼머신의 반주에 맞춰 연주하는 북인도 라가 음악", 주전자 만드는 법을 다함께 노래한 페루 안데스 지방의 음악도 있다. 집에서 기른 토마토가 얼마나 맛있는지 노래한 찬가가 있다면 믿겠는가?

* 비올라다감바와 류트에 내레이션이 들어간 「방광결석 절제술」.

봄에 심고 여름에 먹지
토마토 없는 겨울은 상상만으로도 끔찍해
땀 흘려 일군 노고는 어느덧 다 잊고
밖에 나갈 때마다 하나씩 들고 들어오네.

집에서 기른 토마토, 집에서 기른 토마토,
이것 없는 삶이 무슨 재미가 있으랴?
돈으로 살 수 없는 게 세상에 딱 두 개 있으니
진정한 사랑과 집에서 기른 토마토라.

_ 가이 클라크, '집에서 기른 토마토'[1]

누군가에게는 이 모두가 당연히 음악으로 들리겠지만 이게 무슨 음악이
냐고 반박할 사람도 분명 있다. 우리의 부모나 조부모 세대 가운데는 우
리가 듣는 음악은 음악이라 할 수 없고 그저 소음일 뿐이라고 일축할 분
들이 많을 것이다. 정의에 따르자면 소음은 제멋대로 뒤죽박죽인 소리, 혹
은 도저히 이해되지 않는 소리의 집합이다. 그렇다면 우리가 내적 짜임새
와 구조를 이해할 수만 있다면 모든 소리가 음악이 된다는 말일까? 음악
을 '조직된 소리'라고 말한 작곡가 에드가 바레즈의 유명한 정의가 바로
그런 뜻이었다. 누군가의 귀에 소음으로 들리는 것이 누군가의 귀에는 음
악이라는 말이다. 그 반대도 참이다. 누군가에게는 모차르트가 음악이고
누군가에게는 마돈나가 음악이다. 프린스를 음악으로 즐기는 사람이 있
는가 하면 퍼셀을 즐기는 이도 있다. 자신만의 입장에서 볼 때 상대방이
즐기는 음악은 영 이해하기 어려운 소리, 즉 소음일 뿐이다. 이 모든 소리
집합에 공통된 것이 무엇인지, 그리고 인류가 생겨났을 때부터 그저 소리

가 아닌 음악에 그토록 몰입하게 만든 것이 무엇인지 이해할 수 있는 열쇠가 어쩌면 존재하는지도 모른다.

음악학자 데이빗 휴런David Huron의 말대로 음악의 특징은 언제 어디서든 항상 존재해 왔다는 점이다. 과거에 존재했거나 현존하는 그 어떤 문화에도 음악이 없었던 적은 없고, 고고학 유적지에서 발굴되는 가장 오래된 인공물에는 대개 악기가 들어 있다. 인류 역사가 시작된 이래로 늘 그래왔듯 음악은 전 세계 거의 모든 사람들의 일상에서 중요한 역할을 한다. 인간의 본성을 이해하고 싶다면, 뇌와 문화를, 진화와 사회의 관계를 이해하고 싶다면 음악이 인간의 삶에서 행해 온 역할과 음악과 인간의 공진화 과정을 면밀히 들여다 볼 필요가 있다. 음악학자, 고고학자, 심리학자 모두 이 주제에 매달려 왔지만 지금껏 이 모든 분야의 지식을 한데 모아 음악이 우리 역사의 진행 과정에 미친 영향력을 일목요연하게 설명해 낸 사람은 없다. 이 책은 마치 가계도를 작성해 낸 것과 비슷하다. 우리 선조들의 삶—일로 분주한 낮과 잠들지 못하는 밤—에 모습을 부여해 준 음악적 주제들, 즉 문명의 사운드트랙을 찾아보는 작업이다.

인류학자, 고고학자, 생물학자, 심리학자 모두 인간의 기원을 연구하지만, 음악의 기원에 대한 관심은 상대적으로 덜하다. 참으로 이상한 일이 아닐 수 없다. 미국인들은 처방전 약이나 섹스보다 음악에 더 많은 돈을 지출하며 평균적으로 하루 다섯 시간 이상 음악을 듣는다. 이제 우리는 음악이 우리의 기분에 영향을 주고 뇌에 화학적 변화를 가져온다는 사실을 안다. 일상의 차원으로 눈을 돌리면, 음악과 인간다움이 어떻게 연결되는지 제대로 알수록 우리가 무엇을 좋아하고 무엇을 싫어하는지 잘 파악하여 음악을 통한 기분 조절을 능숙하게 할 수 있다. 하지만 그보다 훨씬 큰 의미가 있다. 음악과 인간이 함께해 온 역사를 이해하면 음악이 어떻게 인간 본성의 발달을 주도적으로 이끌었는지 더 잘 이해하게 된다.

이 책은 지난 1만 년 동안 여섯 대륙에서 벌어진 음악과 뇌의 진화 과정을 설명한다. 음악은 그저 기분전환용 소일거리가 아니라 인간이라는 종의 정체성을 구성하는 핵심 요소로서 언어 같은 더 복잡한 행동들이 발전할 수 있도록 길을 닦았고, 대규모 협력 작업을 용이하게 했으며, 중요한 정보를 후세에 전달하도록 도왔다. 이 책에서 나는 이 모든 노래를 여섯 가지 유형으로 나눌 수 있다는 급진적인(보는 관점에 따라) 결론에 어떻게 도달했는지 설명하려 한다. 노래의 여섯 가지 유형이란 바로 우애의 노래, 기쁨의 노래, 위로의 노래, 지식의 노래, 종교의 노래, 사랑의 노래다.

인간다움의 진화 과정과 이때 음악이 행한 역할을 이해하려면 열린 마음(과 귀)을 갖고 모든 종류의 음악 형식을 포용하는 것이 중요하다. 하지만 마음과 음악이 서로 어떻게 영향을 주고받으며 진화했는지 알아보려면 가사가 있는 음악을 따라가는 편이 가장 쉽다. 음악적 표현의 의미를 두고 논란을 벌이지 않아도 되기 때문이다. 음들이 가사에 붙여지면(아니면 가사가 음들에 붙여졌다고 해야 할까?) 의미를 논의하기가 훨씬 수월하다. 더욱이 음악은 100년 전에야 겨우 녹음되기 시작했고 몇 백 년 전의 음악은 악보조차 정확하지 않으므로 역사적으로 기록된 음악은 사실상 가사라 해도 무방하다. 이런 이유로 이 책에서는 주로 가사가 있는 음악을 중심으로 살펴볼 것이다.

현재 전 세계 많은 음악이 CD나 혹은 이를 재빨리 대체하고 있는 컴퓨터 디지털사운드 파일(통칭해서 MP3라 불리는)로 나와 있다. 우리는 전례 없이 풍성한 음악의 세상에 살고 있다. 사실상 이제까지 녹음된 적이 있는 모든 노래를 인터넷의 어딘가에서 그것도 공짜로 구할 수 있다. 녹음된 음악은 이제까지 사람들이 부르고 연주하고 들은 모든 음악 가운데 미미한 일부에 지나지 않지만, 추정하건대 그것만으로도 100억 곡 이상 되므로 세계의 음악에 대한 논의는 녹음된 음악으로 시작해도 무방하다. 위험을 무릅쓴 용감한 음악학자들과 인류학자들 덕분에 이제는 희귀한 토착 음악과 산업화 이전의 음악들도 들을 수 있게 되었다. 산업화와 서양문명의 영향을 받지 않은 문화도 나름대로 자신들의 음악을 보존해왔고, 그들의 설명에 따르면 오랜 세월 동안 변하지 않아 우리 조상들이 즐기던 음악의 모습을 들여다볼 수 있게 해준다. 이런 음악들과 생소한 서양 예술가들의 음악을 들을 때마다 음악의 세계가 얼마나 넓은지, 알아야 할 음악이 세상에 얼마나 많은지 새삼 깨닫게 된다.

우리가 물려받은 음악 유산은 실로 다양하다. '배드 배드 르로이 브라운'*이나 '크루엘라 드 빌'*처럼 사람에 관한 노래도 있고, 재판 도중 판사를 죽인 사이코패스 살인마에 관한 캐치송***도 있으며, 특정 육류제품(아모르 사의 핫도그*, 오스카마이어 사의 비엔나소시지*)을 구입하라고 강권하는 노래도 있다. 약속을 지키겠다고 약속하는 노래*, 부모의 죽음을 애도하는 노래*, 천 년 된 악기들과 최근에 막 발명된 악기들로 만든 노래, 파워툴 프로그램으로 연주하는 노래*, 개구리들이 노래하는 크리스마스캐럴 앨범*, 사회적·정치적 변화를 이끌어내기 위한 노래, 그리고 영화 속 허구의 인물 보랏이 부르는, 카자흐스탄의 광업을 자랑하는 허구의 카자흐스탄 국가도 있다.

카자흐스탄은 세계에서 가장 위대한 나라

---

* 1961년 디즈니 애니메이션 「101 달마시안」에 수록된 노래.
** catchy song. 가사나 리듬이 귀에 잘 들어와 쉽게 사람들의 뇌리에 남는 노래.

다른 나라들은 계집애들이 다스리지
카자흐스탄은 세계 제일의 칼륨 수출국
다른 나라 칼륨은 질이 떨어진다네.

_ 영화 「보랏」 가운데 '오 카자흐스탄' 🎧

도시 주변의 소음 공해를 다룬 노래도 있다.

오토바이 나가신다
오토바이를 조심해.
            …
지나갈 때마다 정신이 없어
땅이 울렁거리고
속이 뒤집어지고
마음을 다잡아도
영혼을 짓밟아 뭉개지.

_ 데이 마이트 비 자이언츠, '못된 오토바이' 🎧

이렇게 무척이나 다양한 노래들이 있지만 나는 이 모든 노래가 기본적으로 여섯 가지 유형에 다 들어간다고 믿는다. 우리가 살면서 음악을 사용하는 방식은 크게 보면 여섯 가지다. 그 정도면 충분하다.

나는 음악을 만들고 연구하며 거의 평생을 보냈다. 오랫동안 팝과 록음반을 제작하는 일을 했고, 지금은 연구 실험실을 하나 맡아 음악과 진화, 뇌의 문제를 연구하고 있다. 이 프로젝트를 처음 시작할 때 내가 혹시편향된 시각을 갖고 있지는 않나 하는 우려도 했다. 내 개인 취향이나 종족 중심의 사고에 빠지고 싶지 않았다. 문화적으로 편향되거나 성, 장르, 세대와 관련하여 내가 미처 의식하지 못한 편견에 빠지고 싶지 않았고, 음높이나 리듬 같은 문제에서도 가급적이면 공정한 시각을 갖고 싶었다. 그래서 많은 음악가와 과학자 친구들에게 모든 음악의 공통점을 뭐라고 생각하는지 물어보았다.

먼저 스탠퍼드 대학에서 인류학과 학장으로 있는 짐 퍼거슨Jim Ferguson을 만나 보았다. 나와 함께 고등학교를 다녔고 35년 동안 친하게 지내는 친구다. 인류학자는 문화가 우리의 사고와 사상과 세계관을 어떻게 형성하는지 연구하는 사람이므로 짐이라면 나도 모르게 빠질 수 있는 함정과 편견을 피하도록 도와주리라 생각했다. 우리는 노래가 전 세계 사람들의 일상에서 얼마나 다양한 역할을 하는지 이야기했고, 수천 년 동안 일일이 열거할 수도 없을 만큼 다방면에서 음악이 사용되어 온 용례를 검토했다.

일할 때 부르는 노래, 살인에 관한 노래, 욕정과 사랑의 노래는 세계 어디서든 쉽게 찾아볼 수 있다. 신의 위대함을 말하는 노래, 우리의 신이 당신의 신보다 낫다고 하는 노래, 어디로 가면 물을 찾을 수 있는지, 카누를 어떻게 만드는지, 사람들을 잠들게 하거나 깨어 있게 도와주는 노래도 있다. 가사가 있는 노래, 이상한 소리로 웅얼거리듯 부르는 노래, 나무토막에 구멍을 뚫거나 나무 몸통을 이용해 연주하는 노래, 바다조개와 거북이 껍질을 두드리는 노래, 바비 맥퍼린처럼 뺨과 가슴을 두드려 소리 내는 노래도 있다. 짐에게 이 모든 유형의 노래에 공통점이 무엇이라고 생각하는지 물어보았다. 그는 질문 자체가 잘못되었다고 대답했다.

짐이 위대한 인류학자 클리포드 기어츠Clifford Geertz의 말을 인용해 말하기를, 음악의 보편성을 이해하려 할 때 제기해야 할 올바른 질문은 모든 음악의 공통점이 아니라 음악이 서로 어떻게 다른지 묻는 것이라고 했다. 모든 문화의 공통점을 추출하면 인간다움을 가장 잘 이해할 수 있으리라는 생각이야말로 나도 모르게 갖고 있는 편견이라는 것이다. 퍼거슨은, 그리고 기어츠도 우리를 가장 인간답게 만드는 것이 무엇인지 이해하는 최선의, 그리고 어쩌면 유일한 방법은 인간이 행하는 수많은 다양성을 직접 대면하는 것이라고 했다. 음악적 인간의 의미를 가장 잘 이해하는 방법이 개별적인 것들, 미묘한 차이들, 우리가 스스로를 표현하는 엄청나게 다양한 방법들에 있다는 것이다. 우리는 복잡하고 상상하기 좋아하고 적응력 강한 종이다. 얼마나 적응력이 강하냐 하면, 1만 년 전만 해도 인간과 애완동물과 가축이 지구 육지의 척추동물 가운데 0.1퍼센트에 불과했지만 지금은 98퍼센트에 이른다. 인간은 거주가 거의 불가능한 온갖 기후 지역까지 터전을 확장했다. 또한 인류는 변화무쌍한 종이기도 하다. 수천 가지 다른 언어로 말하고 서로 판이한 종교를 가지며 사회조직과 식생활, 결혼 관습도 제각각이다. 인류학 입문서를 보면 금방 알겠지만, 친족관계를 어떻게 정의하느냐 하는 문제만 해도 믿기지 않을 만큼 다양하다.

따라서 음악의 다양성을 생각했을 때 올바른 질문은 음악이 인간관계에서 행하는 기능들이 존재하는가 여부다. 그리고 음악의 이런 여러 기능은 독특한 지적·문화적 역사를 통틀어 인간의 감정과 이성과 정신이 진화하는 데 어떤 영향을 미쳤을까? 음악적 뇌는 지난 5만 년의 세월을 거치면서 인간의 본성과 문화 형성에 어떤 역할을 했을까? 한마디로 말해서, 음악은 오늘날 우리들의 모습을 어떻게 만들었을까?

나는 인간의 본성을 형성한 여섯 가지 유형의 노래를 분명히 확인할 수 있지만, 뭔가 설명을 필요로 하는 사람도 있으리라 생각한다. 시대와 장소에 따라 사람들이 필요로 하는 유형의 노래는 차이가 날 수 있다. 어떤 유형의 노래가 흥하는가 하면 다른 유형의 노래는 쇠한다. 컴퓨터와 PDA로 무장한 현대는 말할 것도 없고 문자가 생겨난 이후로 우리는 집단적인 기억을 간직하고 물려주기 위해 예전만큼 그렇게 지식의 노래에 의존할 필요가 없다. 물론 지금도 대부분의 영어권 나라 아이들은 학교에서 알파벳 노래를 배우고 정치적으로 올바르지 않은 '한 꼬마 두 꼬마 세 꼬마 인디언'◦ 같은 노래를 통해 숫자 세는 법을 배우지만 말이다. 문자를 사용하지 않는 많은 문화권에서는 기억을 돕고 셈하는 노래가 지금도 일상에서 필수적인 자리를 차지하고 있다. 고대 그리스인들이 알았듯이, 음악은 무작정 외우는 것보다 훨씬 효과적으로 정보를 보존할 수 있는 좋은 방법이며, 이런 과정의 신경생리학적 기초가 점차 밝혀지고 있는 중이다.

정의에 따르면 '노래'는 가창을 위해 만들어지거나 개작된 음악 작품이다. 여기서 누가 개작을 하는가 하는 모호한 문제가 남는다. 개작은 찰리 파커의 솔로를 가져다가 스캣(무의미한 음절)을 붙인 존 헨드릭스◦나 차이콥스키 교향곡 5번의 선율◦에 가사를 붙인 존 덴버◦처럼 전문 작곡가나 오케스트라 편곡자의 영역일까? 나는 그렇게 생각하지 않는다. (내가 열한 살 때 친구들과 즐겨 그랬듯이) 롤링 스톤스의 '새티스팩션'의 인트로 기타 리프◦를 노래로 부르면, 내가 개작한 사람이 된다. 이 선율은 노래의 보컬 파트와 분리되어 독자적으로 존재할지라도, 그것을 부른 나와 친구들에 의해 '노래'가 되는 것이다. 만약 여러분이 '애즈 타임 고우즈 바이'◦를 원래 가사가 아니라 '라라라' 하는 음절에 맞춰 노래한다면 이는 여러분에 의해 노래가 된다. 설령 영화 「카사블랑카」를 보지 않았어도, 그 노래에 원래 가사가 있다는 사실을 몰랐어도 상관없다. '애즈 타임 고우즈 바이'의 가사를 아는 사람이 세상에 한 명뿐이고, 나머지 사람들은 모두 선율에 맞춰 행복하게 휘파람을 불거나 라라라 하며 흥얼거려도 된다. 꼭 가사를 붙여 노래하지 않는다고 노래가 되지 말라는 법은 없다.

대부분의 사람들은 '노래'가 우리가 노래로 부를 수 있는 모든 것, 심지어 이와 닮은 소리의 집합까지도 포괄하는 넓은 범주라는 데 동의할 것이다. 다시 한번 말하지만 나는 『호모 무지쿠스』가 문화적으로 편협한 책이 아니기를 바란다. 아프리카 북 연주는 수백만 명의 일상에서 중요한 역할을 하지만 이를 음악이 아니라고 보는 사람도 분명 있다. 그렇다고 그처럼 순수한 리듬으로 구성된(그리고 여러분이 멜 토메나 레이 스티븐스가 아니라면 쉽게 따라 부르지도 못할) 표현 형식을 무시한다면 선율을 편애하는 편견을 저도 모르게 드러내는 셈이다. 오늘날 가장 인기 있는 음악 형식인 록, 팝, 재즈, 힙합은 모두 아프리카 북 연주로부터 발전된 양식들이다. 앞으로 차차 설명하겠지만, 북 연주는 강력한 우애의 노래를 만들어낼 수 있다.

편의상 노래라는 말을 사용하고 있지만, 실은 선율이 있든 없든 가사가 있든 없든 간에 사람들이 만들어내는 거의 모든 음악 형식을 포괄하는 넓은 범주로 사용하고 있다. 이중에서 내가 특히 관심을 갖는 음악은 소리가 사라진 뒤에도 오랫동안 사람들이 기억하고 이들 머릿속에 남는 음악, 나중에 적당한 때에 다시 반복하거나 남들에게 들려주려고 하는 음악, 사람들에게 위로와 용기를 주고 화합을 이끌어내는 음악이다. 고백하건대 의식한 건 아니지만, 나는 최고의 노래는 많은 사람들의 사랑을 받고 널리 불리기 마련이라는 편견으로 이 프로젝트를 시작했다. 아마도 음악 업계에서 일한 내 경험 때문일 것이다. 어쨌든 생일 축하 노래[*]는 지구상의 거의 모든 언어로 번역되어 불리지 않는가(심지어 「스타트렉: 더 넥스트 제너레이션」에 보면 클링온 족族의 언어로도 불린다. 'qoSlIj DatIvjaj'라는 노래 제목으로 말이다).

이와 관련하여 피트 시거가 내게 사실을 정정해 주었다. 어떤 문화에서는 최고의 노래가 오로지 한 사람만을 위해 불리고 연주된다고 했다! 시거는 '꽃들은 다 어디로 가버렸을까?'⁎, '큰 망치 하나 가졌으면'⁎, '턴 턴 턴'(성서의 전도서에서 가사를 가져왔다)⁎ 같은 노래들을 작곡한 위대한 포크 싱어송라이터다.

그는 이렇게 설명했다. "아메리카 원주민 청년이 아가씨를 보고 마음에 들면 갈대피리를 만들어 선율을 작곡합니다. 아가씨가 물을 길러 냇가에 올 때 청년은 숲속에 몸을 감추고 곡을 연주하죠. 곡이 마음에 들어 아가씨가 노래를 따라하면 일이 성사되었던가 봅니다. 하지만 그 곡은 그녀만을 위한 특별한 노래예요. 모든 사람들이 자유롭게 활용하라고 만든 노래가 아닙니다. 한 사람만을 위한 노래죠. 당사자가 죽은 뒤에는 그의 노래를 불러도 되지만, 저마다 자신만의 고유한 노래가 있습니다. 이는 오늘날에도 이어지는데, 많은 소집단은 자기들 노래를 자기들만이 소유한다고 느끼며, 모든 사람의 노래로 확산될 때 불쾌한 기색을 드러냅니다."

사실 우리 모두 자신의 특정한 역사와 문화 때문에 어느 정도는 편향된 생각을 하게 마련이다. 나만 하더라도 1950년대와 1960년대에 미국 캘리포니아에서 자란 남자로서 편견을 갖고 있다. 하지만 나는 운이 좋아서 다양한 음악을 들으며 자랐다. 다섯 살이 되기도 전에 부모의 손에 이끌려 발레와 뮤지컬을 보러 갔으며, 「호두까기인형」과 「플라워 드럼 송」 같은 작품들을 통해 일찍부터 동양의 음계와 음정을 접할 수 있었다.⁎ 신경과학자들은 다양한 조성 체계를 이른 나이에 접하는 것이 훗날 어른이 되어 자신의 문화권 밖의 음악을 이해하는 데 중요하다고 믿는다. 어릴 때 세계의 여러 나라 언어를 접하면 쉽게 배우는 것처럼, 어릴 때 세계의 음악을 접하면 우리의 뇌는 그 구조와 법칙을 쉽게 파악해 낸다. 그렇다고 해서 어른이 되고 한참이 지나면 다른 언어를 배우지 못한다거나 다른 음악을 이해하지 못한다는 뜻은 아니지만, 어릴 때 이를 접하면 우리의 뇌가 이런 초기의 경험에 맞게 스스로를 조직화하므로 자연스럽게 이를 처리하는 방법이 개발된다. 나는 아버지를 통해 빅 밴드와 스윙 음악에 대한 사랑을 키웠고, 어머니를 통해서는 피아노 음악과 브로드웨이 스탠더드 넘버들을 좋아하게 되었다. 외할아버지는 쿠바와 라틴 음악, 그리고 동유럽 민속음악을 좋아하셨다. 여섯 살 때 라디오에서 조니 캐시의 음악을 접한 것을 계기로 나는 컨트리, 블루스, 블루그래스, 포크 음악에 관심을 갖기 시작했다.

어릴 때부터 귀가 따갑도록 들은 말이 있다. 고전음악은 다른 어떤 음악과도 비교할 수 없는 숭고한 음악이라는 것이다. "어떻게 로큰롤이라고 하는 반복적이고 요란한 쓰레기를 감히 위대한 거장들의 숭고한 음악에 갖다 댈 수 있다고 하는 거지?" 이런 입장은 위대한 거장들에게 기쁨을 주고 영감을 불러일으켰던 주요 원천이 바로 당대의 '흔해빠진' 대중음악이었다는 불편한 사실을 애써 무시하려 한다. 모차르트와 브람스, 심지어 위대한 바흐조차 방랑시인의 발라드와 유럽의 민속음악, 그리고 동요에서 많은 선율의 아이디어를 가져왔다. 리듬은 말할 것도 없이 좋은 선율은 계급이나 교육, 환경을 가리지 않는다.

누구나 자신이 좋아하는 노래의 목록을 금방 만들어낼 수 있다. 듣고 있으면 즐겁고 편안한 노래, 영적 감흥을 주는 노래, 우리가 누구이고 우리가 사랑하는 사람이 누군지, 우리가 어디에 소속되어 있는지 일깨워 주는 노래를 쉽게 떠올릴 수 있다. 연구실에서 사람들에게 이를 부탁했을 때 그들이 만들어내는 목록이 얼마나 다양한지 보고 놀랐던 기억이 난다. 음악의 세계는 방대하다. 다양한 배경을 가진 수많은 유형의 사람들이 음악을 만들어내며, 청자들 또한 말할 수 없이 다양하다. 매일 기존의 형식에서 새로운 음악 형식이 만들어지고 발전해 간다. 그리고 새로운 노래는 수많은 세월을 이어져온 진화의 끈을 통해 앞선 노래들과 연결된다. 한 노래의 '유전적 구조'를 조금만 손보면 새 노래가 만들어진다.

특정한 개인을 기리는 노래가 있는데 사람들이 너도나도 이를 갖다 쓰면 위력이 증대된다(혹은 감소되기도 한다). 1960년대에 마리아(번스타인)나 미셸(비틀스)이라는 이름을 가졌거나 1970년대에 앨리슨(엘비스 코스텔로), 샐리(에릭 클랩튼)라는 이름을 가진 사람이라면,[●] 자신의 이름이 제목에 들어간 노래가 말을 걸고 친구나 모르는 사람이 흥미롭다는 듯 이런 유치한 연관성을 거론하는 것을 듣는 기분이 어떤지 잘 알 것이다. 무례하게도 노래 제목과 같은 이름을 가진 사람에게 실제로 노래를 불러 주는 사람도 있는데, 대개는 자신이 그런 일을 생각해 낸 최초의 사람이라는 착각마저 한다. 내 경우만 하더라도 '대니 보이'나 '대니얼'(엘튼 존)[●]의 코러스 부분을 내게 계속 불러 주며 자신의 기지를 으스대는 사람들 때문에 짜증났던 기억이 난다. 스틸리 댄은 아예 노래 주인공 이름을 리키, 조시, 듀프리처럼 흔치 않은 이름으로 붙여 유행시키기도 했다.[●] 하지만 그럴수록 당사자의 고통은 더 커질 수 있다. 나는 실제로 매기 메이(로드 스튜어트), 록산느(폴리스), 척 이(리키 리 존스), 존 제이콥(옛 동요)이라는 이름을 가진 사람들을 알고 있는데, 누군가가 이들에게 이전에 누구도 그런 생각을 하지 않았다는 듯이 이런 노래를 불러줄 때마다 이들은 깜짝깜짝 놀란다고 한다.

'남자 애들 방에서 담배 피자'^{●●}과 '타바코 로드'[●] 같은 우애의 노래는 학교에서 겉돌고 삐딱하지만 폼나는 행동을 하는 수많은 고등학생들(혹은 중학생들)을 합법의 길로 이끌고 하나로 연합시킨다. 교가와 국가는 바로 이런 유대의 노래를 대규모로 확장한 것이다. 그 최종 종착지는 아마도 전 세계의 화합을 노래한 '위 아 더 월드'[1](마이클 잭슨과 라이오넬 리치 작곡)일 것이다. 집단을 조직하고 강화시키는 일이 우애의 노래를 통해 표현되며, 이런 유형의 노래가 인류 역사에서 아주 중요한 역할을 해왔다는 증거가 있다.

사랑의 노래 역시 사람들을 하나로 묶는다. 갈구한 사랑, 마침내 찾은 사랑, 잃어버린 사랑을 묘사한다. 이런 노래에 반영된 유대감에는 사람들로 하여금 꼭 개인의 이익에 부합하지 않는 일도 하게끔 만드는 힘이 있다. 퍼시 슬레지의 노래에도 나오지만, 남자는 여자를 사랑할 때 원하는 사랑을 붙잡기 위해 마지막 남은 한 푼까지 다 바친다.

> 사랑하는 그녀가 그래야만 한다고 하면
> 그는 기꺼이 자신의 안락을 모두 내던지고
> 퍼붓는 빗속에서 잠을 청할 겁니다.
>
> _ 퍼시 슬레지, '남자가 여자를 사랑할 때'[2]

음악은 왜 그토록 우리를 감동시키는 걸까? 피트 시거는 그 이유를 노래에서 매체와 의미가 결합되는 방식에서 찾는다. 노래 형식과 구조가 정서적 메시지와 딱 들어맞도록 결합된다는 것이다. "음악적 힘은 형식에서 나옵니다. 일상적인 말은 음악처럼 견고한 조직을 갖고 있지 않죠. 누구든 자신이 말하려는 바를 말할 수 있지만, 회화나 요리, 혹은 다른 예술처럼 음악에도 형식과 디자인이 있습니다. 이것이 우리의 흥미를 자아내며 우리는 이것을 기억하는 겁니다. 좋은 음악은 언어의 장벽, 종교와 정치의 장벽을 훌쩍 뛰어넘을 수 있습니다."

감정과 문화가 우리의 음악적 뇌에서 서로 뒤섞여 다양성과 힘을 발휘했고 역사를 만들어냈다. 그리고 이런 양상은 여섯 가지 방식으로 이루어졌다.

***

지난 20년 동안 인간의 행동 연구에 커다란 변화가 있었다. 신경과학의 방법론을 인지와 음악 경험에 활용하게 된 것인데, 덕분에 이제 우리는 활동 중인 뇌를 실제로 들여다보고 특정 행동을 할 때 활성화되는 뇌 부위를 지도로 그릴 수 있다. 진화생물학의 작업을 바탕으로 신경과학자들은 인간의 뇌가 어떻게 해서 사고를 하도록 적응되었는지 파악하고 있으며, 왜 그런 식으로 진화했는가 하는 이론을 세우는 중이다. 이 책에서 나는 음악과 뇌, 문화와 사고의 문제를 이런 관점에서 생각해 보려 한다. 음악이 우리 종에서 그토록 오랫동안 지속되어 왔다면, 그런 형식을 만들고 널리 활용되도록 이끌어온 문화적·생물학적 힘은 과연 무엇일까?

처음에는 언어가 없었다. 음악은 있었을지 모른다. 이를 음악이라 부르지는 않았겠지만. 물론 소리도 있었고 이는 우리에게 의미를 나타냈다. 천둥소리, 빗소리, 바람소리. 언덕을 굴러가는 돌 소리, 눈사태 소리. 새와 원숭이들이 경고로 내지르는 소리. 사자와 호랑이, 곰이 으르렁대는 소리. 그리고 세상에서 벌어지는 일들에 대한 우리의 인식에 시각과 후각이 더해졌다. 이로운 일들, 위험한 일들이 일어났다. 아무튼 언어를 갖기 전에는 세상에 존재하지 않는 것을 나타낼 방법이 극히 제한되어 있었다. 우리 뇌의 한계였을까? 아니면 그저 지금 당장 우리 의식 속에 없는 것들을 잠시 담아둘 언어적 소통 체계가 없었던 것뿐일까?

　　진화신경과학의 증거로 보면 이 두 질문은 실제로 같은 질문이다. 진화라고 하면 흔히들 우리의 몸—다른 손가락들을 마주보는 엄지, 직립 보행, 3차원 시각—을 지배하는 원리로 생각하지만 우리의 뇌 역시 진화했다. 언어가 있기 전에 우리의 뇌는 언어를 배우는 능력을 완전히 갖추지 못했다. 뇌가 발달하면서 상징체계를 다루기에 적합한 생리적 유연성과 인지력이 길러졌고, 그에 따라 언어가 점차 등장했으며, 툴툴거림, 외침, 비명, 신음소리 같은 초보적 발화를 활용하면서 신경 구조의 성장이 가속화되어 결국 넓은 의미의 언어를 가능하게 한 구조로까지 발달했다. 그렇다면 언어와 음악은 어떻게 생겨났을까? 누가 이것들을 발명했고 어디서 유래했을까?

　　언어와 음악이 한 사람의 손에서 발명되었거나 단일한 시공간에서 만들어졌을 가능성은 거의 없다. 그보다는 수천 년의 세월을 두고 세계 각지의 많은 사람들에 의해 조금씩 세련되게 다듬어지는 과정을 거쳤을 것이다. 그것은 물론 우리가 이미 갖고 있던 구조와 능력, 다시 말해 원인류原人類와 비인간 선조로부터 유전적으로 물려받은 구조와 능력을 바탕으로 정교하게 다듬은 것이다. 인간의 언어가 동물의 언어와 질적으로 다른 것은 사실이다. 무엇보다 생성적(개별 요소들을 결합해서 무한정 많은 발화를 만들어낼 수 있음)이라는 점과 자기지시적(언어를 사용해서 언어에 대해 말할 수 있음)이라는 점에서 그러하다. 나는 단일한 뇌 기제—아마 대뇌 피질의 전전두엽에 위치한—의 진화가 공통의 사고 양식을 만들어냈고, 이것이 밑거름이 되어 언어와 예술이 발달했다고 믿는다.

　　새롭게 발전된 이 신경 기제 덕분에 우리는 음악적 뇌의 특징을 이루는 세 가지 인지 능력을 갖게 되었다. 첫째는 '관점 바꾸기'다. 우리 자신의 사고에 대해 생각하고 다른 사람의 사고나 믿음이 우리의 것과 다를 수도 있음을 깨달을 줄 아는 능력이다. 둘째는 '표상'이다. 우리 바로 앞에 있지 않은 것들에 대해 생각할 수 있는 능력이다. 셋째는 '재배열'이다. 세상에 있는 요소들에 계층적 질서를 부여하고 이를 조합할 줄 아는 능력이다. 이런 세 가지 능력을 적절히 결합함으로써 초기 인류는 세계를 자기 나름대로 묘사할 수 있었다. 세세할 정도로 똑같진 않지만 사물의 본질적인 특징을 회화, 드로잉, 조각으로 남겼다. 이런 세 가지 능력이 독자적으로 혹은 서로 결합하여 언어와 예술의 공통 지반을 형성했다. 언어와 예술은 둘 다 세계의 모습을 우리에게 나타내 준다. 원래 모습과 꼭 일치하지는 않지만, 덕분에 세계의 본질적인 특징을 우리 마음속에 간직하고 남들에게 전하는 것이 가능해졌다. 우리가 느끼는 것이 남들이 느끼는 것과 꼭 일치하지는 않는다는 인식에 남들과 사회적 유대를 나누고 싶다는 욕망이 결합하여 언어와 예술이 생겨났다. 시, 드로잉, 춤, 조각…, 그리고 음악이 이렇게 해서 생겨난 것이다.

언어의 중요한 속성 가운데 하나로 지금 앞에 있지 않은 것들에 대해 이야기할 수 있다는 점을 들 수 있다. 일례로 우리는 겁에 질리지 않은 채로 두려움에 대해 이야기할 수 있다. 공포의 감정 없이도 공포라는 말에 대해 이야기할 수 있다. 이런 표상을 하려면 엄청난 연산 능력이 필요하다. 이런 식의 추상적 사고를 지원하기 위해 우리의 뇌는 동시적이고 때로는 상충하는 수십억 개의 정보를 처리하고, 이를 앞서 처리한 정보 및 앞으로 접하게 될 정보와 서로 연결시킬 수 있도록 진화해야 했다.

인간과 동물이 커다란 능력 차이를 보이는 분야 가운데 하나가 '관계 짓기'다. 우리는 상대적 크기의 개념을 쉽게 배운다. 다섯 살짜리 꼬마한테 앞에 놓인 세 개의 벽돌 가운데 가장 큰 것을 골라 보라고 하면 어렵지 않게 해낸다. 이어 아이가 고른 것보다 두 배는 큰 벽돌을 가져오면, 아이는 내가 재차 질문할 때 생각을 바꿔 방금 가져온 벽돌을 고른다. 다섯 살짜리 꼬마가 이를 이해한다. 개는 이런 일을 할 줄 모른다. 일부 영장류만이 할 수 있는 일이다.

이런 관계의 이해는 음악 감상의 근본을 이루는 핵심이다. 관계야말로 인간의 모든 음악 체계의 초석이기 때문이다. 그중 하나가 '옥타브 동치성'이다. 남자와 여자가 같은 선율을 노래하면 보통은 여자 목소리가 남자보다 한 옥타브 높음에도 성부가 일치하는 것처럼 들리는 현상이다. 관계에 따른 처리의 또 다른 예로 음악가들이 '조옮김'이라고 부르는 현상이 있다. 생일 축하 노래가 어떤 조로 불리든 간에 같은 노래로 인식하는 것은 바로 이 현상 덕분이다.[*] 이는 또한 우리가 아는 거의 모든 음악 양식에서 작곡의 기초로 작용한다. 베토벤 교향곡 5번의 개시부를 예로 들어보자.[*] 같은 음높이와 길이의 음 3개에 이어 그보다 낮고 긴 음 1개가 들린다. 베토벤은 이런 패턴을 이보다 낮은 음역으로 옮겨 한 번 더 반복한다. 그래서 이어지는 네 음은 앞서와 같은 윤곽선과 리듬을 갖고 있다. 이때 우리는 비록 음은 달라도 본질적으로 같은 패턴으로 인식하는데 이것이 관계에 따른 처리의 예다. 음악 인지에 관한 수십 년간의 연구들을 보면 우리는 음악을 들을 때 절대적 처리와 상대적 처리 모두를 가동한다. 즉 음악에서 음들의 실제 음높이와 길이에 주목하면서, 이와 동시에 음들 사이의 상대적인 가치도 재는 것이다. 이런 이중적 처리 양식은 다른 종에서는 찾아보기 어렵다. 인간을 제외한 다른 종에서 이런 식으로 음을 처리하는 사례는 아직까지 확증된 바 없다.

언어나 음악 같은 예술이 발달하기 위해서는 이런 식으로 음을 처리할 수 있는 뇌 기제가 먼저 마련되어야 했다. 앞서 말했듯이 나는 이것이 어떤 공통의 뇌 구조가 진화하면서 가능해진 것으로 본다. 모든 예술은 인간 경험의 어떤 측면을 표상하고자 하며, 따라서 여기에는 선택이 개입된다. 사물 자체를 완벽하게 표상한다면 그것은 예술이 아니라 사물의 복제일 뿐이다. 예술이 되려면 일부 요소를 희생하면서 일부 요소를 강조해야 한다. 사물의 시각적·청각적 외양이나 우리가 그것에 대해 느끼는 방식에서 한두 측면에 초점을 맞추는데, 그래서 사람들이 특별히 여기에 주목하는 것이다. 이렇게 함으로써 우리는 특정 경험에 대한 자신의 느낌을 간직하고 이를 다른 사람에게 전할 수 있다. 음악은 영화와 춤이 가진 시간적 측면과 회화와 조각의 공간적 측면을 두루 갖추고 있다. 음높이 공간(혹은 주파수 공간)이 시각 예술에서 3차원 물리적 공간의 자리를 차지하는 것이다. 우리의 뇌는 시각피질에서 공간 지도를 발달시켰듯이 청각피질에서는 주파수 지도를 발달시켰다.

예술을 창조하려는 욕망은 우리가 커다란 곤경에 처했을 때도 꿈틀거릴 만큼 강력하다. 제2차 세계대전 때 독일 강제수용소에 수감된 많은 이들이 자발적으로 시를 짓고 노래를 작곡하고 그림을 그렸다. 빅토르 프랑클Viktor Frankl에 따르면 이는 그곳에 비참하게 매장된 사람들의 삶에 의미를 부여해 준 활동이었다. 그를 비롯한 여러 사람들의 설명을 보면, 그처럼 예외적인 상황에서 발휘된 창조성은 예술을 통해 자신의 전망이나 삶을 향상시키려는 의식적 노력의 산물이 아니라고 한다. 오히려 음식을 먹고 잠을 자는 것처럼 생물학적 욕구에 가깝다. 실제로 많은 예술가들이 작품 제작에 몰두하면 먹고 자는 것을 일시적으로 잊는다.

소크연구소의 어슐러 벨루지Ursula Bellugi는 귀가 멀어 수화로 소통하는 사람들이 만들어낸 독특한 시 형식을 발견했다. 이들은 신호를 만들 때 한 손이 아니라 양손을 사용한다. 왼손으로 공중에 신호를 그리면서 오른손으로 그 위에 부드럽게 시각적 이미지를 덧씌운다. 신호에 약간의 변화를 주고 반복하면 일종의 시각적 음악이 만들어진다. 구술되는 시에서의 언어 반복, 프레이징, 박에 해당하는 것이다. 우리가 창조를 하는 까닭은 이를 멈출 수 없기 때문이다. 우리의 뇌가 그렇게 만들어졌다. 진화와 자연선택이 창조적 충동을 가진 뇌를 선호한 결과다. 뇌의 이런 창조력은 다른 무리들이 찾지 못하는 거처나 식량을 찾는 쪽으로, 혹은 짝짓기 경쟁에서 짝을 유인해 자식을 갖게 하고 아이들을 보살피는 쪽으로 전용될 수 있다. 창조적 뇌는 인지력과 감정이 유연하다는 증거다. 사냥을 하거나 다른 사람 또는 부족과 다툼이 벌어졌을 때 유용하게 사용할 수 있는 능력이다.

창조적 뇌는 자웅선택이 각광 받던 시대에 더욱 매력적인 것으로 받아들여졌다. 예기치 못했던 다양한 문제들을 해결해 줄 수 있었기 때문이다. 그렇다면 음악적 뇌는 어떻게 매력적으로 되었을까? 우리가 아기들을 매력적이라 생각하는 이유를 예로 들어보자. 우리가 이해하지 못하는 무작위 과정이 관여하여 어떤 사람들은 아기를 예쁘게 보지만 어떤 사람들은 그렇지 않다고 해보자. 이런 무작위 과정은 누군가의 키를 아버지보다 크게 하거나, 스물다섯 살 때 머리가 벗겨지게 하거나, 예리한 방향감각을 타고나게 하거나, 상황이 참담해도 웃어넘길 수 있는 능력을 주는 과정과 별반 다르지 않다. 이제 유전적 변이에 의해 아기를 보고 예쁘다고 생각하는 사람들은 그렇지 않은 사람들보다 아기와 더 많은 시간을 갖고 보살펴주고 놀아줄 것이다. 이런 과정이 수백만 년 되풀이되면, 아기를 예쁘게 보는 부모의 아기가 그렇지 않은 부모의 아기보다 더 잘 자라고 더 좋은 교육을 받고 더 건강해질 가능성이 높다. 이런 양육의 차이는 나중에 커서 좋은 짝을 찾고 아기를 가질 가능성을 높일 수 있다. 건강하게 오래 살 가능성이 높아지며, 짝을 가질 나이가 되었을 때 식량과 거처를 얻는 데 필요한 지식과 지원 체제를 갖추고 있을 가능성이 높다. 결국 양육을 잘 받은 이런 아기의 자손이 그렇지 못한 아기의 자손보다 더 번창할 가능성이 높다.

이것이 다윈이 말한 자연선택의 핵심이다. 철학자 대니얼 데닛Daniel Dennett이 지적했듯이, 우리는 아기들이 본질적으로 혹은 객관적으로(이게 무슨 의미든 간에) 예쁘기 때문에 예쁘다고 생각하는 것이 아니다. 진화 과정이 아기를 보고 예쁘다고 생각하는 사람들과 그 자손을 선호했고, 그 결과 이런 특징이 사람들 사이에 널리 퍼진 것이다.

이런 비유를 이어가자면, 의도치 않게 창조성을 매력적이라 여기게 된 사람들은 음악가나 예술가를 짝으로 맞아들였을 터이고, 당시로서는 그들도 몰랐겠지만, 그들의 자손들이 여기서 생존의 이득을 얻었다. 초기 음악가들은 주위 사람들과 든든한 유대감을 맺을 수 있었다. 감정을 나누고 갈등을 해소하고 긴장을 완화시키는 데 남들보다 훨씬 능했기 때문이다. 이들은 또한 노래에 중요한 생존 정보를 새겨 넣었는데, 이로써 추가적인 생존의 이득을 자식들에게 쉽게 물려줄 수 있었다. 결국 음악을 만들고 듣는 것이 좋게 느껴지는 까닭은 음악에 내재한 본질적인 속성 때문이 아니다. 우연히도 음악 활동을 할 때 기분이 좋아진 선조들의 후손이 이런 감정을 만들어내는 유전자를 물려받아 살아남은 것이다.

우리를 지구상의 다른 종들과 구별되는 인간으로 만드는 한 가지 중요한 특징을 심리학자들과 생물학자들이 주목해 왔다. 소통의 언어는 아니다. 새와 고래, 돌고래, 심지어 꿀벌도 나름의 복잡한 신호 체계를 갖추고 있다. 도구를 활용한다거나(침팬지도 그렇게 한다) 사회를 건설한다거나(개미도 그렇게 한다) 속임수를 배운다거나(까마귀, 원숭이) 하는 것도 아니다. 두 발로 걷고 엄지가 반대 방향으로 나 있는 것도(유인원), 평생 짝짓기를 하는 것(긴팔원숭이, 초원들쥐, 엔젤피시, 캐나다두루미, 흰 개미)도 아니다. 다른 동물들은 하지 않는데 오로지 인간만 하는 그것은 바로 예술이다. 단순히 예술 활동이 존재한다는 것이 아니라 예술이 삶의 중심을 이룬다는 사실이다. 우리 인간에게는 온갖 종류의 예술을 만들어내려는 강력한 욕망이 존재한다. 공간, 시간, 광경, 소리, 움직임을 이용해서 재현 예술과 추상 예술, 정적 예술과 역동적 예술을 가리지 않고 만들어낸다.

예술적 표현을 향한 인류의 충동이 얼마나 뿌리 깊은지는 고대 동굴 벽화와 3만 년 전 물항아리에 그려진 장식을 보면 알 수 있다. 초기 동굴 벽화 중에는 춤추고 있는 인간의 모습을 그린 것이 있다. 거의 한 세기 전에 출간된 1911년 판『브리태니카 백과사전』에 보면 시에 대해 이렇게 쓰고 있다. "불의 발견만큼이나 … 인류의 운명에 결정적인 영향을 미쳤다." 시와 불을 동등하게 여기는 것은 은유적으로 근사하고 연극적이기까지 하다(남녀의 영혼 속에 활활 타오르는 불? 리듬과 운에 맞춰 감정을 표출하려는 타오르는 욕망?). 하지만 정말로 시가 인간의 삶에 그토록 심오한 영향을 미쳤을까?『브리태니카 백과사전』은 그렇다고 주장한다. 시(아마도 서정시까지도)가 역사의 흐름을 바꾸고, 전쟁을 일으키거나 멈추고, 인류의 역사를 기록하고, 삶의 경로에 대해 다른 판단을 하게 만들었다는 것이다.

예술적(시·음악·춤·회화) 뇌의 등장으로 창조력과 추상적 사고력을 꽃피울 뿐만 아니라 열정과 감정을 은유적으로 소통할 수 있는 길을 열었다. 은유 덕분에 우리는 간접적인 방식으로 상황을 설명할 수 있게 되었고, 그래서 직접적인 대면을 피하거나 사람들이 이해하기 어려운 것을 이해하도록 도울 수 있었다. 예술은 우리가 그렇지 않다면 보지 못했을 감정이나 인식의 측면들에 주목하게 했고, 여러 사상과 인식 속에서 독자적인 관심의 틀을 정립하도록 했다.

청각 예술인 음악과 시는 인류 역사에서 독보적인 위치를 차지해 왔고, 우리 시대에 진행된 신경학 사례 연구에서 이 사실을 분명히 확인할 수 있다. 알츠하이머나 뇌졸중, 종양, 기타 기질적 뇌 손상으로 고통 받는 사람들은 평생 알고 지냈던 사람들의 얼굴도 알아보지 못하는 경우가 있다. 빗이나 포크처럼 단순한 물건도 알아보지 못한다. 그러나 이런 환자들도 대개는 여전히 시를 외우고 어릴 때 접했던 노래를 흥얼거릴 줄 안다. 말로 되었든 노래 형식이든 간에 이런 구절들은 인간의 뇌 깊은 곳에 각인되어 있는 것으로 보인다. 역사를 들여다보면 전쟁터나 지하 감옥에서, 혹은 임종의 자리에서 작곡을 하거나 시를 쓰고 싶은 강렬한 욕망을 느낀 예술가들이 많다. 물론 이런 욕망은 예술을 처음 세상에 내보냈던 바로 그 전두엽의 변형과 적응에서, 언어와 예술을 가능하게 했던 뇌의 구조 변화에서 비롯된 것이다. 우리가 음악과 시를 만들고 암송하는 것은 그것이 본질적으로 좋아서가 아니라 그것을 좋게 느낀 우리 선조들이 살아남아 후손을 낳고 이런 본능적인 선호를 물려주었기 때문이다. 오늘날 우리가 음악적인 종인 까닭은 수만 년 전의 우리 조상들이 바로 그러했기 때문이다.

그러나 오늘날 우리는 예전만큼 그렇게 시를 즐기는 종이 더 이상 아니다. 지난 수백 년 동안 시는 노래에 점차 밀려났다. 평범한 열네 살 아이는 할아버지 세대가 평생에 걸쳐 들었던 것보다 더 많은 음악을 한 달 안에 듣는다. 아이팟에는 2만 곡의 노래가 쉽게 들어가는데, 이는 작은 라디오 방송국 7개가 보유하고 있는 음반 자료보다 많으며, 수렵생활을 하던 우리 조상들의 한 부족 전체가 평생 접했던 노래보다도 많은 양이다. 인

간의 본성을 형성한 여섯 가지 유형의 노래를 살펴보기에 앞서, 먼저 가
사와 관련하여 무엇이 노래이고 무엇이 노래가 아닌지, 정의상 가사와 시
가 어떻게 구별되는지를 좀더 자세히 살펴보자. 가사는 음악과 분리되었
을 때도 같은 의미를 전달할까?

스팅은 자신이 쓴 노래가사를 책으로 묶어 내면서 머리말에 이렇게
썼다.

> 가사와 음악은 늘 서로에게 의존한다. 마네킹과 옷의 관계와 비슷한데,
> 서로 떨어지면 남는 것은 벌거벗은 인형과 옷감에 지나지 않는다. 내
> 가 쓴 가사를 출판하면서 … 노래가사가 과연 시일까 아니면 전혀 다
> 른 무엇일까 하는 질문이 [자연스레 든다.] … 내 작품은 애초에 형체
> 를 부여했던 의복을 빼앗겨 … 벌거벗은 상태다.

가사 형태에 영향을 미치는 것은 시에 영향을 미치는 것과 다르다. 음악의
선율과 리듬이 외적 틀을 제공하고 말의 구조가 내적 틀을 제공한다. 음
악에는 음높이, 세기, 리듬을 통해 다른 음들보다 강조되는 음들이 있다.
이런 강세가 가사에 제약을 가해 가사는 선율에 맞는 옷으로 만들어진다.
음악이라는 마네킹에 맞게 가사라는 옷이 입혀지는 것이다. 한편 시에서
는 이와 다른 구조와 형식을 사용하여 의미를 전한다. 서사시, 비가, 송가
는 역사, 애도, 사랑을 나타내는 시들이다. 전통적으로 시는 리듬감 있는
패턴, 박자 패턴, 행의 수 같은 형식의 관점에서 논의된다. 소네트는 사랑
의 시이고, 서사시는 2행 대구이며, 애가는 비참한 심정을 다룬다.

나는 평생 작곡을 해왔는데, 싱어송라이터로 활동하고 있는 친구들로
부터 내가 쓴 선율은 좋지만 가사는 그렇지 않다는 말을 종종 듣는다. 이

말이 무슨 뜻인지 잘 안다. 솔직히 고백하건대 한 번도 시를 좋아하거나 이해한 적이 없다. 1970년대에 대학을 다니면서 시 수업을 듣긴 했지만 말이다. 10년 전에 내 친구 마이클 브룩(기악과 영화음악 작곡가)은 내게 가사 쓰는 능력을 키우려면 시를 읽어야 한다고 권했다.

우연히도 다음날 예전에 내게 시를 가르쳤던 교수를 운 좋게도 내가 교수가 되어 가르치고 있는 캠퍼스에서 만났다. 그의 이름은 리Lee다. 함께 커피를 마시며 나는 좋은 가사를 쓰고 싶은 욕구를 그에게 털어놓았다. 시와 노래가사가 어떻게 다른지 설명해 달라고 부탁했는데, 이번에도 내가 잘못된 질문을 했음을 알게 되었다.

리가 말했다. "가사가 바로 시야. 한 배에서 나온 쌍둥이인 셈이지. 대중가요의 가사는 특정한 종류의 시일 뿐. 자네는 둘 사이에 절대적인 구별이 존재한다고 생각하는 모양인데 실은 그렇지 않아. 세상이 생겨날 때부터 가사와 시는 존재했지." 이어 그는 중세와 엘리자베스시대의 보석 같은 가사와 시들을 언급했다. 캠피언*, 시드니**, 셰익스피어의 시와 노래, 그리고 슈베르트의 「실비아에게」 같은 가곡들을 예로 들었다.⓵ 그는 시가 훗날 노래로 사용되는 것이 이례적인 경우가 아님을 강조했다. 벤 존슨의 「그대 눈동자를 술잔에 담아」⓶가 그렇고, 로버트 번스의 시가 그렇고, 윌리엄 블레이크와 시어도어 레트키의 시에 곡을 붙인 윌리엄 볼콤의 작품이 그렇다고 했다.

시 재단Poetry Foundation의 회장이자 존경받는 시인인 존 바John Barr도 최근에 이와 비슷한 의견을 내놓은 바 있다. 그는 상아탑에 어울리지 않

---

* 다울랜드와 더불어 17세기 초 영국 류트 악파를 대표하는 작곡가.
** 16세기 엘리자베스시대의 정치가이자 소네트 시인.

는 시를 옹호하며 이렇게 말했다.

> 시를 좋아하는 사람들은 카우보이 시, 랩이나 힙합, 동시를 마주할 때 종종 당혹스러움과 때로는 혐오의 감정마저 느낀다. … 자신의 감수성이 모욕당했다는 이유에서다. (이런 시에서 기쁨을 느낀다면 이는 죄의식을 동반한 즐거움이다.) [몬태나 출신의 카우보이 시인] 월러스 맥레이Wallace McRae, [요절한 미국 힙합 가수] 투팍 샤커2Pac Shakur, [미국 최초의 계관시인이 된 동시 작가] 잭 프렐러트스키Jack Prelutsky가 충성스러운 대규모 청중을 위해 이런 작품을 썼다는 사실이 이들의 반감에 불을 지핀다. 진지한 시 독자들은 얼마간은 방어적인 마음에서 이런 작품을 시가 아니라 시의 꼴만 갖춘 것verse이라며 무시하고, 가급적 마주치지 않으려 한다. … 그 결과 시의 세계가 크게 양분되었다.

물론 노래가사에는 전통적인 시에 없는 것이 하나 있다. 바로 선율인데, 스팅은 이를 가리켜 '가사라는 옷을 위에 걸치는 마네킹'이라 했다. 정의에 따르면 대부분의 시는 운과 박자(소리가 시간적으로 조직되는 방식으로 강세 구조도 포함), 은유를 적절히 섞어 정서적 메시지를 전달한다. 여기에 언어적 심상이 더해져서 표현의 아름다움을 배가시킨다. 시는 움직임의 감각, 즉 리듬감 있게 앞으로 나아가는 감각도 전달해야 한다. 노래가사도 이 모든 것을 할 수 있지만 반드시 그럴 필요는 없다. 음악이 항상 수반되어 강세와 추동력을 주는 선율과 화성으로 일종의 화성-텍스트 맥락을 이루기 때문이다. 결국 노래가사는 독자적으로 혼자 기능하기 위한 것이 아니다(그리고 스팅의 가사에 따르면 시의 낱말은 "독자적으로 춤춘다").

리와 나는 학기가 진행되는 동안 매주 한 차례씩 만났다. 그는 자신이 가장 좋아하는 시를 몇 편 골라 왔고, 나는 내가 가장 좋아하는 대중음악 가사를 가져갔다(물론 그는 가사 역시 시라는 사실을 끊임없이 강조했다). 나는 어떤 형식의 시든 일종의 음악적 특징이 있다는 사실을 깨닫게 되었다. 단어의 강세 구조가 자연스럽게 선율을 만들어낸다. 선율이라는 영어 단어 '멜로디'를 발음해 보면 첫 음절에 강세가 와서 세게 발음되며, 대부분의 영어 화자들은 첫 음절을 다른 음절보다 높게 소리 낸다. 그래서 '멜로디'라는 단어에서 멜로디[선율]가 만들어진다! 좋은 시는 기분 좋은 높낮이 패턴을 만들어내고자 소리를 요리조리 다듬으며, 노래 같은 리듬 구조를 갖고 있다. 성공적인 시는 황홀한 감각 경험을 선사한다. 말하는 사람의 혀끝에서 느껴지는 단어의 감각, 듣는 사람의 귀에 울려 퍼지는 소리가 그런 경험의 일부를 이룬다. 산문과 달리 시를 읽을 때 크게 읽으라는 말을 자주 하는 이유가 바로 여기에 있다. 시를 좋아하는 사람들은 여기서 그치지 않고 리듬을 몸소 느끼려 한다. 노래가사는 노래로 불러야 한다. 그저 읽는 것만으로는 송라이터가 거기에 불어넣은 다채로운 뉘앙스 표현이 제대로 전해지지 않는다.

가끔은 노래가사가 그 자체만으로도 좋을 때가 있지만, 그렇다고 해서 이런 가사가 그렇지 못한 가사보다 더 나은 것은 아니라고 리는 지적했다. 그 글의 또 다른 측면일 뿐이라는 것이다. 아무튼 나는 리와 매주 만나면서 소리와 형식, 의미와 구조가 서로 얽히는 과정을 더 잘 이해하게 되었다. 이것이야말로 시와 가사 모두의 중요한 특징이다.

시와 가사가 일상의 말·글과 다른 한 가지 특징은 의미를 압축해서 담는다는 점이다. 대화나 산문에서 일상적으로 사용하는 것보다 훨씬 적은 단어로 의미를 빽빽하게 표현하는 경향이 있다. 이렇게 의미가 압축

되므로 우리는 이야기 전개의 참여자가 되어 적극적으로 해석해야 한다. 최고의 시는, 그리고 어떤 매체든 최고의 예술은 애매하다. 애매성이 참여를 부른다. 시는 우리가 일반적으로 언어를 사용하는 방식에서 한 호흡 쉬어가게 만든다. 시를 읽고 들을 때면 정상적으로 하던 식으로 언어를 생각하지 않는다. 시의 의미에 담긴 온갖 다양한 여운을 찬찬히 생각하느라 보조를 늦춘다.

예술의 정신적 혹은 정서적 측면이야말로 어쩌면 가장 중요한 특징인지도 모른다. 시도 예외가 아니다. 시를 쓰는 이유는 그저 객관적인 기술을 전달하기 위함이 아니라 사건에 대해 느낀 감정과 개인적·주관적 해석을 포착하기 위해서다. 뉴스 기사가 좌뇌에 해당한다면 시는 우뇌에 해당한다고 말하는 사람도 있을지 모르겠다. 하버드 교수이자 유명한 시 비평가 헬렌 벤들러Helen Vendler는 이렇게 말했다. "시는 의견서가 아니라 추론과 가정의 공간이다. 실제 삶과 같은 수준에 존재하지 않는다. 시는 투표가 아니다. 연단이나 설교단에서 흘러나오는 소리가 아니다. 에세이가 아니다. 시는 몽상의 산물이다."

가끔 보면 시를 암송하는 사람들이 있다. 노래가사를 기억했다가 대화를 나누는 도중에 적절하게 써먹는 사람들이 많다. 좋은 가사나 시를 만드는 요소는 무엇일까? 기억하기 쉬운 점? 내 머릿속에는 늘 맴도는 가사들이 있는데, 이것들은 약간의 자극에도 신경 회로의 감옥에서 풀려나 멋대로 돌아다닌다. 스탠퍼드에서 일주일 동안 지루하게 폭풍이 휘몰아쳤을 때 마치 나의 뇌가 자체의 마음을 갖고 있기라도 하듯(!) 비에 관한 노래를 차례대로 하나씩 불러냈다. 스팅이 노래로 만든 융의 동시성 경험과도 비슷하게 마침 비틀스의 '비'*라는 곡을 듣고 있었는데, 그때 천둥소리가 들렸고 이어 지붕에 가벼운 빗방울이 하나둘 떨어지는 소리가 들렸다. 금세 비가 퍼붓기 시작했다. 자동차 지붕을 닫으려고 밖으로 달려 나갔다(캘리포니아니까 당연히 컨버터블이었다). 개를 안으로 들였는데 녀석은 이미 수국 아래 몸을 웅크리고 있었다. 비틀스의 노래 1절이 머릿속에 맴돌았다("비가 내리면/다들 고개를 숙이고 달리지"). 나는 비틀스 노래를 잠재우려고 다른 노래를 생각해 냈다. 가장 먼저 떠오른 노래는 바카락과 데이빗이 작곡한 '빗방울이 계속 머리 위로 떨어져'였다. 좋은 노래였지만 나는 적절할 때 잘라주지 않으면 이 노래가 일주일 내내 계속해서 내 머릿속을 어지럽히리라는 것을 경험으로 알았다.

기억이 작동하는 방식은 얼마나 우스운가? 바카락과 데이빗 콤비의 또 다른 곡('산호세 가는 길을 아시나요?', '작은 기도를 드려요')이나 B.J. 토마스가 부른 다른 곡('감정에 취해', '계속 믿을 수밖에 없어요'), 혹은 같은 화성 구조로 진행하는 노래('에브리바디 토킹', '섬씽')로 이어질 수도 있었지만, 내 전두엽은 기억을 담당하는 해마를 뒤져 제목에 '비'라는 말이 들어간 노래를 찾았다. 무의식적으로 금세 러빙 스푼풀의 '당신과 나와 지붕 위로 떨어지는 빗방울'이 떠올랐다. 나는 이 노래가 좋다. 선율이 제5음(솔)에서 시작해서 한 옥타브 밑의 솔까지 내려오는 것이 그리스의 리디아 선법을 연상시킨다. 이 노래 역시 머릿속에 끈질기게 남으리라는 것을 경험으로 알지만 적어도 바카락의 선율을 잠재우는 데는 효과가 있을 터였다. 그렇다면 왜 나는 그 곡을 그토록 물리치고 싶어 할까? 그야 물론 비틀스의 '비'Rain가 곳곳에서 울려 퍼지고 있었으니까. 오, 안 돼! 다시 돌아가야 해. 서둘러! [러빙 스푼풀의 보컬] 존 세바스찬을 생각하자. 아, 이제 됐다. "you and me and rain on the roof…" 솔-파-미-레-도-시-라-솔.

하루 종일 비가 내렸다. 웅덩이에 물이 고였고 모퉁이의 하수관마다

물이 역류하기 시작했다. 교차로에도 물이 고였다. 도시 설계자들이 미처 배수로를 내지 않았던 건 이 지역에서 이렇게 비가 많이 내리는 경우는 극히 드물었기 때문이다. 일주일 내내 비가 왔다. 내 해마는 왕성한 활동력을 보이며 계속해서 많은 비 노래를 찾아냈다. 무의식적으로 끝없이. 블라인드 멜론의 '노 레인', 제임스 테일러의 '불과 비'(그리고 블러드 스웨트 앤 티어스의 음울한 커버 버전도), 티나 터너의 '비를 참을 수 없어', 지미 헨드릭스의 '비에 젖고, 꿈에 젖고', 그리고 정말 비가 내리듯 하강 아르페지오 코드로 시작하는 레드 제플린의 '더 레인 송'도. 그나마 유리 드믹스의 '비는 다시 내리고'와 도널드 페이건의 '빗줄기 사이로 걸었어'가 귀벌레로 나를 괴롭히는 것을 피할 수 있어서 다행이다 싶었다. '비오는 날과 요일'(카펜터스), '레이닝'(로잔 캐시), '렛 잇 레인'(에릭 클랩튼), 그리고 내가 가장 좋아하는 그룹이 부른 비에 관한 두 노래 '누가 이 비를 그치게 해줄까'와 '당신은 이 비를 맞은 적이 있나요?'(크리던스 클리어워터 리바이벌)이 계속해서 흘러나왔다. 마지막으로 나의 해마가 찾아낸 음악은 큐어의 '비를 원하는 기도'와 컬트의 '방콕 레인'이었다. 마치 CD플레이어가 내 신경세포와 직접 연결되어 있기라도 하듯 머릿속에서 이런 노래들이 계속 연주되었다. 비에 관한 노래는 참으로 많다! 그리고 밖에서는 계속 비가 내렸다.

내가 가장 좋아하는 송라이터 로드니 크로웰한테 이 책의 기획에 대해 이야기했더니, 그는 인간이 작곡한 최초의 노래는 아마도 날씨, 태양, 달, 비 같은 자연요소들을 다룬 노래일 거라고 말했다. 초창기 인류한테는 이런 것들이 정말로 중요했을 테니 말이다.

다음 주에 리와 다시 만났을 때는 태양이 이미 며칠째 내리쬐고 있었다. (그를 만나러 캠퍼스를 걸어가고 있을 때 '태양이 내리쬐고 있네'가 생각났고 이어 '선 킹'⁰과 '태양을 따라가리'[비틀스]⁰, '햇빛 속으로'[피프스 디멘션]⁰, '서니'[바비 헵]⁰, '당신은 나의 태양'[레이 찰스]⁰, '햇빛 속에 깨어나리'[시카고]⁰, '누가 해를 사랑하는가'[벨벳 언더그라운드]⁰, '캘리포니아 선'[라몬스와 딕테이터스]⁰, '해 뜨는 집'[에릭 버든이 애니멀스에 있던 시절의 곡으로, 내가 일주일 내내 쉬지도 않고 연주할 정도로 내 마음에 쏙 들었던 최초의 록 넘버였다]⁰의 청각적 이미지가 줄줄이 이어졌다.) 리는 로버트 프로스트의 「바람과 비」와 월트 휘트먼의 시집 『풀잎』에 실린 「내게 찬란한 침묵의 태양을 주오」를 골랐다. 나는 콜 포터와 조니 미첼의 곡을 가져갔다.

　내가 좋아하는 노래가사 중에는 요운을 갖고 있는 것이 많다. '요운'이란 행의 마지막이나 처음이 아니라 중간 부분에 일어나는 운을 말하는데 콜 포터가 좋은 예이다.

> Oh by Jove and by Jehovah, you have set my heart aflame,
> 오 내 사랑, 여호와, 당신은 내 마음에 불을 지폈소.
> (And to you, you Casanova, my reactions are the same.)
> (바람둥이 그대를 향한 내 마음도 당신과 같아요.)
> I would sing thee tender verses but the flair, alas, I lack.
> 달콤한 시를 그대에게 읊어주고 싶지만 내게 그런 재주가 있을는지
> (Oh go on, try to versify and I'll versify back.)
> (오, 그러지 말고 솜씨를 보여줘요. 나도 답가를 보낼 테니.)
> ＿콜 포터, '당신이 바로 체리나무요'⁰

첫 두 행에서 장음의 o가 반복되는 JOve, JeHOvah, CasaNOva와 행의 마

지막 근처에서 운을 맞춘 heart, are를 눈여겨 보라. 포터의 또 다른 재주는 일상적인 표현을 재치 있게 요리하는 능력이다. 우리는 "슬프고도 가없도다"alas and alack라는 표현을 잘 알고 있는데 작곡가는 3행에서 이를 살짝 비틀어 'alas, I lack'이라고 쓰고 있다. 이것 말고 오늘날 노래가사에서 당연시되는 행 마지막의 각운——aflame/same, lack/back——도 여기서 당연히 등장한다.

　제목 자체가 시각적·청각적 말장난인 '비긴 더 베긴'의 가사를 살펴보자.

> To live it again is past all endeavor,
> 삶을 다시 산다는 것은 모든 노력을 뒤로하는 것
> Except when that tune clutches my heart,
> 하지만 내 마음을 사로잡은 곡만은 여전히 남지
> And there we are, swearing to love forever,
> 영원한 사랑의 맹세도
> And promising never, never to part.
> 절대로 절대로 헤어지지 않겠다는 약속도
>
> _ 콜 포터, '비긴 더 베긴'🎵

3행에 등장하는 there와 swear가 요운이다. 1행과 3행은 endeavor, forever로 끝나 각운이 맞다. 그러나 포터는 4행 중간에 never를 두 번 넣어 또 다른 운을 추가했다. 나도 이처럼 감각 있게 가사를 쓸 수 있으면 좋으련만!

　물론 가사의 내용에만 신경 쓸 뿐 이런 식의 말장난은 어떻게 되든 상관없다는 사람들도 있다. 그들은 우리들이 1960년대에 그랬듯이 가사를 꼼꼼히 살피며 지혜와 슬기로운 조언을 찾아내려 한다. 당시 록 스타는 우리의 시인이었다. 어렵게 얻은 삶의 교훈을 나머지 우리들에게 넘겨주는 사람이라고 생각했다.

이와 반대로 가사 음절을 하나하나 다 외워 음악을 머리에 담아두면서 정작 가사 내용에는 신경 쓰지 않는 사람도 있다. 내게 벨기에서 태어나고 자란 여자 친구가 있었는데, 우리는 방학이면 그녀의 고향이자 그녀가 다니는 공과대학이 있는 몽스(플랑드르어로 하면 베르겐)에 가서 그녀 가족과 친구들과 멋진 시간을 보냈다. 그녀의 친구들 모두 이글스의 '호텔 캘리포니아'를 음절 하나 틀리지 않고 외웠지만 영어를 할 줄 모르는 친구들이 대부분이었다. 이들은 자기가 부르는 노래의 내용이 어떻게 되는지 전혀 몰랐다. 영어를 몰랐기에 단어가 어디서 시작되고 어디서 끝나는지 알 길이 없었다. 내 동생이 미국 국가에 donzerlee light("dawn's early light")라고 하는 독특한 램프가 나온다고 생각했듯이, 벨기에 친구들도 murring light("shim-mer-ing light")라고 하는 램프가 있는 줄 안다. 게다가 우리 모두를 가리키는 prizzonerzeer("we are all just prisoners here")는 대체 뭐란 말인가? 그들은 노래가 말하려는 바가 무엇인지 궁금해서 내게 물었다. 나도 그 노래를 좋아해서 동료 음악가들에게 잘 보이려고 기타 솔로를 한 음도 빼놓지 않고 배울 정도였지만, 솔직히 무슨 내용인지 전혀 모른다고 털어놓을 수밖에 없었다. 하지만 돈 헨리가 무슨 말을 하려는 건지 모른다고 해서 "원할 때면 언제라도 체크아웃해/하지만 떠날 수는 없어"you can check out anytime you like/but you can never leave 하는 대목의 정서적 울림이 퇴색되는 것은 전혀 아니다.

이것이 바로 노래가사의 힘이다. 리듬, 선율, 화성, 음색, 가사, 의미가 노래에서 하나로 묶이기 때문에 '호텔 캘리포니아'[4]처럼 애매하고 모순된, 혹은 노골적으로 얼버무린 대목이 등장해도 몇몇 요소가 이를 채워나간다. 가사의 의미만을 따라가서는 무슨 말을 하려는지 알 수 없는데 이런 알쏭달쏭한 가사의 제왕으로는 스틸리 댄을 꼽을 수 있다. 그렇다고 해서 노래의 위력이 줄어드는 것은 절대 아니다. 각각의 요소가 차곡차곡 쌓여 예술적 결과를 만들어낸다. 전체가 의미를 생성하지만 제약하지는 않는다. 바로 이러한 점이 노래가 우리에게 엄청난 위력을 행사하는 이유 가운데 하나다. 의미가 완벽하게 정해진 것이 아니므로 청자들이 각자 자발적으로 노래의 이해 과정에 참여한다. 노래가 우리에게 개인적으로 다가오는 까닭은 이렇듯 우리 스스로 의미의 일부를 채워가도록 노래가 요구 또는 강요하기 때문이다.

많은 사람들이 대중가요 송라이터에게 특별한 친밀감을 느낀다. 우리의 머릿속에서 듣는 게 바로 그들의 목소리이기 때문이다. (이런 이유에서 시를 좋아하는 사람들은 자신의 시를 낭송하는 시인의 목소리가 담긴 음반을 높이 평가한다.) 우리는 대개 자신이 좋아하는 노래를 수백 번 이상 듣는다. 가수의 목소리와 섬세한 뉘앙스, 프레이징이 우리의 기억 속에 깊이 새겨지는데 시를 혼자 읽을 때는 이렇지 않다. 한 작곡가가 쓴 여러 곡을 알고 있다면 그의 인생과 생각, 감정에 대해 뭔가 알고 있는 듯한 느낌을 갖게 된다. 그리고 리듬, 선율, 강세 구조가 서로 얽혀 하나의 통합체가 되고, 여기에 음악을 들을 때 분비되는 도파민 같은 신경화학물질이 가세하면서, 우리와 노래 사이에 맺어지는 관계의 끈은 생생하게 오래 지속된다. 노래를 들을 때보다 더 많은 뇌 부위가 활성화되는 경우도 드물다. 다른 모든 것을 다 잊은 알츠하이머병 환자들도 노래와 노래가사는 오랫동안 기억할 만큼 노래와의 관계가 돈독하다.

비틀스의 등장으로 자신의 노래를 직접 작곡하는 송라이터의 시대가 열렸다. 물론 척 베리도 작곡 능력을 보유했고 엘비스 프레슬리도 몇 곡을 작곡한 바 있지만, 팬들이 뮤지션이라면 자신의 곡을 직접 작곡하리라 기대하기 시작한 것은 비틀스가 엄청난 상업적 성공을 거두고 같은 시기에 밥 딜런과 비치 보이스가 비슷한 행보를 하면서부터다. 비틀스는 청중과의 이런 친밀한 관계를 널리 장려하기까지 했다. 폴 매카트니의 말에 따르면 그와 존 레넌은 비틀스 초창기 때 노래가사와 제목에 가급적이면 인칭대명사를 많이 사용하려고 노력했다고 한다. 그만큼 팬들에게 아주 개인적으로 다가가려는 것이었는데, 이는 '그녀는 널 사랑해', '당신 손을 잡고 싶어요', '추신, 널 사랑해', '나를 사랑해 줘', '제발 나를', '내가 너에게 보내는 사랑' 같은 노래 제목She Loves You, I Want to Hold Your Hand, Love Me Do, Please Please Me, From Me to You에 잘 나타난다.

하지만 가사를 상당 부분 무시하고 리듬과 선율에 더 집중하는 사람도 많다는 사실을 잊어서는 안 된다. 오페라의 스토리라인을 즐기는 사람이 있는가 하면, 플롯은 무시하고 화려한 광경과 아름다운 목소리를 즐긴다는 사람들도 이에 못지않게 많다. 팝, 재즈, 힙합, 록에서도 가사의 일차적 기능이 선율을 얹기 위한 받침대, 나중에 추가적으로 생각해 낸 것이라 믿는 사람들이 많다. "대체 가사가 음악과 무슨 상관이죠?" 많은 이들이 이렇게 묻는다. "가수가 선율을 항상 '라라라' 하고 부를 수는 없잖아요. 그래서 가사를 갖다 붙이는 거예요." 그저 '라라라' 수준으로도 충분하다고 생각하는 이들이 많다.

하지만 가사를 사랑하는 사람에게는 '라라라'로 충분치 않다. 이들은 공들여 쓴 가사를 찬찬히 분석해 볼 만한 가치가 충분하다고 생각한다. 이 책을 준비하면서 나는 시와 노래가사의 관계에 대해 스팅과 많은 이야기

를 나누었다. 우리 두 사람 모두 조니 미첼의 팬이었기에 빼어난 가사의
예로 '아멜리아'를 분석했다.

> I was driving across the burning desert
> 불타는 사막을 건너는 중이었지
> When I spotted six jet planes
> 그때 여섯 대의 비행기가 지나갔어
> Leaving six white vapor trails
> 황량한 땅 위로
> Across the bleak terrain
> 여섯 개의 비행기구름을 만들어내면서
> It was the hexagram of the heavens
> 육각 모양의 하늘이 열렸어
> It was the strings of my guitar
> 그건 내 기타 줄이었지
> Oh Amelia, it was just a false alarm.
> 오 아멜리아, 이건 그냥 잘못된 경보야
>
> _ 조니 미첼, '아멜리아'[6]

1행의 I와 driving에서 긴 i가 반복되는 것, 같은 행의 driving과 desert에
서 d가 반복되는 것에 주목하라. 2행을 보면 spotted와 six에서 s가 반복
된다. 그 아래에는 같은 음으로 시작하는 hexagram과 heavens도 있다.
이 노래를 부를 때면 기타 연주가 전면에 등장하여 음악과 가사를 이어준
다. 그녀가 6행에서 자신의 6현기타를 거론한 것과 연결되는 지점으로 이
가사에서 내적 일관성을 만들어낸 여러 미묘한 요소들 가운데 하나다. 한

편 desert[사막]는 2행의 planes[비행기]와 동음이의어 관계인 plain[평원]과 의미적 연관성을 갖는다. 둘 다 넓고 평평한 지형이라는 뜻이다.

물론 이런 연관관계 가운데 일부는 작곡가 자신도 미처 의식하지 못한 우연의 결과일 것이다. 그러나 이런 식의 연결은 위대한 시에서 흔히 볼 수 있으며, 상상력과 지성과 무의식이 서로 미묘하게 작용하여 정교한 짜임새를 이루었음을 나타낸다. 독해의 모든 가능성을 다 의식하며 시를 쓰는 시인은 없겠지만, 위대한 시는 그런 분석을 할 만한 가치가 있다. 자세히 들여다볼수록 흥미로운 점들이 계속해서 눈에 띈다. 불타는 사막, 비행기구름, 황량한 지대의 이미지가 손에 잡힐 만큼 생생하다. 노래는 가사로 그림을 그려 보인다. 그리고 사막을 가로질러 달리는 드라이브는 관계를 나타내는 조지 레이코프*식의 은유가 된다.

스팅의 가사도 문학적 감수성과 유려한 표현력으로 유명하다. 앞서 내가 경탄했던 감각적인 특질이다. 그의 노래 '러시아인들'을 예로 들어보자.

In Europe and America
유럽과 미국에서
There's a growing feeling of hysteria
위협적인 상황이 계속 이어지니
Conditioned to respond to all the threats
사람들이 갈수록 흥분하고 있어.

* George Lakoff. 세계적으로 저명한 언어학자로 인지언어학의 창시자. 인지언어학은 형식언어학에서 간과해 온 인간 정신적 기능의 특징이 언어에 그대로 나타나는 데 주목한다.

In the rhetorical speeches of the Soviets
흐루시초프는 과장된 연설에서
Mister Khrushchev said, "We will bury you"
당신들을 묻어버리겠다고 말했지.
I don't subscribe to this point of view
나는 이런 관점에 찬성하지 않아.
It would be such an ignorant thing to do
그보다 더 어리석은 일도 없을 테니까.
If the Russians love their children too
러시아인들도 자기 자식들을 사랑할까?

How can I save my little boy
오펜하이머의 위험한 장난감에서
From Oppenheimer's deadly toy
내 아이를 구하려면 어떻게 해야 하지?
상식은 만인이 나누라고 있는 거야
There is no monopoly of common sense
정치적 입장이 어떻든 간에
On either side of the political fence
저마다 믿는 이데올로기가 무엇이든
We share the same biology
생물학적으로는 다 같은 존재잖아.
Regardless of ideology
내 말 믿어줘
Believe me when I say to you

러시아인들도 자기 자식들은 사랑했으면 좋겠어.

I hope the Russians love their children too

_ 스팅, '러시아인들'[1]

무엇보다 가사가 혀끝에서 쉽게 굴러간다. 발음하기도 편하고 입 안에 감도는 느낌도 좋다. 모음과 자음이 적절하게 반복되어 가사에 추진력을 부여한다. 의미는 기교적 은유에 둘러싸여 있어서 파악이 쉽지 않다. 1절의 마지막 행에 "자식들"이, 2절의 1행에 "아이"가 등장한 다음, 이들의 관점에서 원자폭탄을 "오펜하이머의 위험한 장난감"이라고 묘사한다. 작사가는 "과장된 연설"이니 "당신들을 묻어버리겠다"니 "정치적 입장"이니 하는, 우리의 집단 기억을 자극하는 친숙한 표현들을 한데 엮어낸다. 이 노래는 냉전(적들을 인간보다 못한 괴물로 보게 만든 원흉)의 반대편에서 서로 으르렁대는 '괴물들'이 결국에는 공통점을 찾아내고 후손을 사랑하는 마음에서 상식을 발휘하리라는 희망을 토로하는 노래다. 이 노래를 떠올리자니 북베트남 아이들을 우발적으로 죽여 놓고는 "동양인들은 서양인처럼 목숨을 중히 여기지 않으므로" 수치심을 느끼지 않는다고 말한 베트남전쟁의 미군 총사령관 윌리엄 웨스트모어랜드 장군이 문득 생각난다(그의 발언은 베트남전쟁에 관한 오싹한 다큐멘터리 「감성과 지성」에 소개되어 유명해졌다).

좋은 시가 그렇듯이 스팅의 가사도 리듬감 있는 박자를 만들어낸다. 강세 구조를 나타내는 표시를 더해 보면 이를 확연히 알 수 있다. 1행은 다소 느긋하게 8개의 음절로 시작하는데 둘에만 강세가 온다. 2행은 11개의 음절로 속도를 높여 세 음절에 강세가 오고 절반 이상(6개)이 자음으로 시작한다. 이런 경향은 3행에서도 이어져서 10개의 음절 중 9개가 자음으로 시작한다. 자음이 이렇게 연달아 이어지면 마치 작은 폭발이 계속되는 듯한 효과가 나타난다(실제로도 그러한 것이 모음과 달리 자음을 발음할 때는 입에서 공기를 바깥으로 밀어내므로 말 그대로 폭발이 일어난다). 이것은 가사에 추진력을 부여하는 힘이 된다.

In Europe and America
There's a growing feeling of hysteria
Conditioned to respond to all the threats
In the rhetorical speeches of the Soviets
Mister Khrushchev said, "We will bury you"
I don't subscribe to this point of view
It'd be such an ignorant thing to do
If the Russians love their children too

일반적인 영어 발음에 따르면, 우리는 강세가 놓이는 음절을 높여서 발음하고 그렇지 않은 음절은 조금 낮게 발음하는 경향이 있는데, 전부는 아니지만 대부분의 언어에서 이런 현상이 나타난다. 영어에서 이런 규칙을 깨뜨리면 의문문의 억양과 혼동될 우려가 있다. 예를 들어 '유럽'이라는 단어를 발음할 때는 첫 음절에 강세를 두고 두 번째 음절(강세가 없는)의 높낮이를 살짝 낮춰 발음한다. 높낮이를 낮추면 강세가 느껴지지 않게 음절을 소리 낼 수 있다. 만약 소리의 세기를 그대로 두고 두 번째 음절의 높낮이를 올리면, 의문문처럼 들리거나 내가 적절한 단어를 고르지 못해서 자신 없어하는 것처럼 들린다. (아니면 모든 평서문을 의문문처럼 발음하는 열다섯 소년처럼 들리거나.)

'러시아인들'에서 스팅은 음높이 강세와 언어적 강세를 교묘하게 섞는 솜씨를 부린다. 예기치 못한 강세를 도입하고 텍스트와 선율이 서로를 강화하게 함으로써 가사에 생명력을 불어 넣는다. 선율이 올라갈 때면 가끔 강세가 없는 음절을 올리기도 한다. 이런 기법은 가령 댄스나 훵크에서는 제대로 먹혀들지 않는데, 여기서는 언어적 강세와 선율적 강세가 딱 맞아떨어져야 정확한 비트를 선사할 수 있다. 제임스 브라운의 '당신이 있어서 기분 좋아'를 예로 들어보자.

> I feel good, I knew that I would
> 기분이 좋아, 내 그럴 줄 알았지
> 　　　　　…
> I feel nice, like sugar and spice
> 기분이 좋아, 달콤한 사탕과 향료처럼
> So good, so nice, I got you
> 너무도 좋아, 정말로, 당신을 갖게 되었으니까
>
> 　　　　　　_ 제임스 브라운, '당신이 있어서 기분 좋아'[1]

(하나를 제외한) 모든 단어가 단음절이라는 사실을 제외하더라도, 선율의 강세 구조가 일상 언어의 강세 구조를 고스란히 이어받아 쿵쿵대며 울리는 집요한 그루브를 이끈다.

'러시아인들'은 텍스트와 선율이 유기적으로 결합되어 있고 가사가 매끈하게 이어지므로 노래가사로서 나무랄 데가 없다. 한편 선율을 떼어놓더라도 강세 구조와 파열 자음을 활용해 자체의 리듬과 추진력을 확보하고 있어서 시로서도 성공적인 작품이다.

'아멜리아'와 '러시아인들'은 언어와 표현력이 실로 아름다우며 주제를 아주 독창적으로 해석해 낸다. 신문기사처럼 객관적인 설명이 아니라 때로는 은유적인 언어도 써가며 사건의 느낌과 인상을 매혹적으로 포착해 청자에게 이미지를 환기시킨다. 한편 우리는 여기서 작곡가로 하여금 작업에 계속 매달리게 만드는 줄기찬 충동을 본다. 바로 예술을 향한 충동이다. 위대한 예술작품이 그렇듯이 노래가사에서도 우리는 필연성을 보게 된다. 예전부터 계속 거기에 있으면서 우리에 의해 발견될 날만을 기다린 것 같은 기분이 든다. 가사가 노래에 더해지면 음들이 제공하는 화성의 긴장감 때문에 추가적인 감정이 일어난다. 가사에 선율, 화성, 리듬이 결합되면 가사만으로 전할 때보다 더 섬세한 의미와 미묘한 뉘앙스가 전달된다.

시와 가사, 나아가 모든 시각 예술의 힘은 현실을 추상화하여 표현하는 능력에서 나온다. 시인 허버트 리드Herbert Read가 말했듯이

> 인류 문화의 여명기에 예술은 생존의 중요한 열쇠이자 살아남기 위한 투쟁에 필수적인 능력들을 갈고닦을 수 있는 기회였다. 내 판단으로는 예술은 지금도 생존을 위한 열쇠다.

여기서 리드는 모든 예술적 대상의 창조와 이해에 본질적인 추상화 능력을 말하고 있다. 이는 물론 음악적 뇌의 특징이기도 하다. 드로잉, 회화, 조각, 시, 노래를 통해 창조자는 눈앞에 보이지 않는 대상을 표상하고, 대상에 대한 다른 해석들을 실험하고, 여기에 힘을—적어도 환상에서나마—행사한다. 노래와 시가 우리에게 궁극적인 힘을 발휘하는 것은 이런 식이다.

노래는 우리에게 화성과 선율, 음색이라는 형식으로 다층적이고 다차원적인 맥락을 선사한다. 우리는 여러 다양한 방식으로 이를 즐길 수 있다. 배경음악으로 활용하거나 의미와 무관하게 예술적 대상으로 경험하거나 친구들과 함께 노래하거나 욕실 혹은 차 안에서 따라 부른다. 이로써 우리의 기분이 달라진다. 선율, 리듬, 음색, 박자, 윤곽선, 가사, 이 모든 각각의 요소들은 따로 즐길 수도 있고 함께 즐길 수도 있다. '당신이 있어서 기분 좋아'는 비록 인류 역사의 흐름을 바꾼 결정적인 노래는 아니겠지만, 수백만 명의 사람들이 오랜 시간을 두고 이 노래를 즐겼다. 우리 존재가 경험의 총합이라고 한다면, 이 노래는 우리 사고의 일부이며 (신경과학자들이 알고 있듯이) 우리의 뇌의 배선구조의 일부이다.

하지만 그렇다고 해서 음악이 인류의 운명을 앞에서 이끌었다는 것은 아니다. 이 책 『호모 무지쿠스』는 음악이 인류 문명의 흐름을 어떻게 바꾸었는지 다룰 뿐이다. 음악이 사회를 만들고 문명을 형성해 간 흔적을 따라가는 것이 이 책의 주제다. 시, 조각, 문학, 영화, 회화 등 다른 예술 형식들도 이 같은 범주에 넣을 수 있겠지만, 이 책의 주제는 음악이다. 음악이 인간의 본성을 형성하는 데 주도적인 역할을 했음을 보여주려 한다. 뇌와 음악의 공진화 과정을 통해, 그리고 뇌간에서 전전두엽, 변연계에서 소뇌에 이르는 여러 구조물들을 통해 음악은 어느덧 우리 머릿속에 들어앉아 있다. 음악이 이렇게 하는 방식은 여섯 가지이며 각각의 방식마다 나름의 진화적 기초가 있다.

＊＊

올 여름 유치원 음악 교사들의 연례 모임에 참석한 적이 있다. 60개가 넘는 나라에서 많은 부모들과 아이들, 교사들이 워크숍에 참석하고 강의를 들으러 모였다. 이날 내게 가장 인상적이었던 것은 기조연설에 앞서 열린 음악 연주였다. 네 살에서 열두 살 사이의 아이들 50명이 전통 독일 민요에 바탕을 둔 노래를 따라 부르며 함께 손뼉치고 동작을 취했다.

> 하늘 아래 모든 것이 사라진다 해도
> 음악만은 살아남으리
> 음악만은 살아남으리
> 음악만은 살아남으리
> 절대 사라지지 않으리.
>
> _ '음악만은 살아남으리'

나라별로 아이들이 둘씩 짝을 이뤄 마이크를 번갈아 잡고 자기 나라 말로 이 노래를 불렀다. 광둥어, 일본어, 루마니아어, 포르투갈어, 아랍어 등이 울려 퍼졌는데, 연의 마지막은 항상 영어로 부르며 3성부 화음을 이루었다.

"음악만은 살아남으리, 절대 사라지지 않으리."

이렇듯 절대 사라지지 않는 음악은 우리가 처음 인간이 된 뒤로 늘 우리 곁에 함께해 왔다. 여섯 가지 유형의 노래를 통해 세상을 만들어왔다. 그것은 우애, 기쁨, 위로, 지식, 종교, 사랑의 노래다.

2

우애의 노래를 부르면

 # 첫 번째 시나리오

동틀 무렵. 짙은 안개가 대지 가까이 무겁게 내려앉아 있다. 당신이 초창기 인간이고 이웃들과 함께 꺼져가는 모닥불 주위에 모여 잠들어 있다고 상상해 보자. 어디선가 당신의 수면을 방해하는 뭔가가 느껴진다. 모두가 다 잠에서 깨어나지는 않았지만 다른 몇 명도 뭔가를 느끼고 눈을 떴다는 것을 당신도 안다. 소리보다 큰 진동이었다. 현실일까, 꿈일까? 우르르쾅쾅하는 것이 먼 천둥소리 같기도 하고 돌이 언덕을 굴러내리는 소리 같기도 하다. 땅이 흔들리고 이어 소리가 점점 더 가까이 크게 들린다. 당신의 몸이 휘청거릴 정도다. 북소리가 당신을 향해 밀려온다. 마치 50마리의 공룡들이 공격을 감행해 모든 것을 짓밟아 버리겠다는 끔찍한 계획을 사전에 세우기라도 했듯이 일제히 동작을 맞춰 다가오는 것 같다. 현실의 소리가 분명하지만 일찍이 들어본 적 없는 소리다. 한 차례 떨림으로 시작한 소리는 이제 연이어 계속되며 불안을 증폭시킨다. 당신의 가족과 친구들 모두 일어나 두려움에 떨고 있다. 무슨 일이 일어나고 있는지 알기도 전에 진취적인 기상이 이미 몸에서 다 빠져나가 버린다. 딱딱 들어맞는 공포의 울림, 뼈를 뒤흔드는 강렬함, 엄청나게 커다란 소리. 도망가야 할까, 아니면 싸울 준비를 할까? 당신은 위세에 짓눌려 완전히 얼어붙었다. 대체 무슨 일이 일어나고 있는 걸까? 이때 그들이 언덕을 오르는 것이 보이고, 귀를 멍하게 하는 소리가 여러분을 때려눕히기 전에 잠깐 동안 전사들 무리가 잘 훈련된 동작으로 북을 힘껏 내리치는 모습이 보인다.

역사를 살펴보면 적들이 잠들어 있는 한밤중을 틈타 기습공격을 벌이는 경우가 자주 있다. 운 좋게도 (무작위적인 돌연변이 덕택에) 남들보다 뛰어난 인지 능력을 타고난 똑똑한 종족 일원이 어느 순간 북소리를 내면 적들을 무력화시키고 결단력을 무너뜨리고 자기 종족의 전사들에게는 힘을 불어넣는 위력을 발휘한다는 사실을 깨달았다. 각각의 북은 조금씩 달리 조율됐다. 나무 그루터기 위에 가죽을 씌우고, 나무토막이나 바위를 내리치고, 조개껍질이나 구슬을 치거나 긁거나 흔들었다. 훈련을 통해 서로 동작을 일치시켜 마치 하나의 마음이 내는 소리처럼 냈다. 이렇게 북소리처럼 생사에 직접 관련되지 않은 일에 맞춰 동작을 딱딱 일치시키는 법을 배우면, 이제 그런 기술은 가차없이 무자비하게 적들을 죽이는 용도로도 전용되어 막강한 저항도 무력화시킬 수 있다.

유대인들의 경전인 미드라시에 따르면, 여호수아가 여리고와의 전투에 나섰을 때 적의 성벽을 무너뜨린 것은 선율이 아니라 이스라엘 군대의 북소리였다고 한다. 그리고 북소리에 겁을 집어먹은 여리고 백성들은 싸움을 해봤자 승산이 없을 것 같고 화해의 제스처를 취하면 혹시 봐주지 않을까 싶어 자진해서 침략자들에게 문을 열었다(결국 의도대로 되지 않았다). 톨킨의 『반지의 제왕』에 보면 발린의 무덤에 도착하여 수많은 해골들에 둘러싸인 간달프가 감시원의 일지를 펼쳐 마지막에 기록된 내용을 읽는다. "땅이 흔들리고 북소리가 … 북소리가 저 깊은 곳에서 울린다. 우리는 여기서 빠져나갈 수 없다. 어둠의 망령이 캄캄한 곳에 잠복해 있다. 우리는 빠져나갈 수 없다. … 그자들이 몰려온다."

두 번째 시나리오

어느 11월 아침 7시 45분, 미주리 주 캔자스시티의 한 고등학교, 첫 수업 종이 울리기 15분 전이다. 대형 쓰레기통과 농구 골대가 있는 학교 뒤뜰에서 한 무리의 아이들이 담배를 피우고 있다. 그날 처음 오는 아이들도 있고 벌써 세 번째로 이곳에 들르는 아이들도 있다. 이들은 모범생도 스타 운동선수도 서클 멤버도 아니다. 그렇다고 제적당할 위기에 처해 있거나 학교 심리상담사의 골치를 썩이는 말썽장이들도 아니다. 그저 평범한 학생들이다. 하루에 몇 번이고 이곳을 찾는다는 점을 제외하면 나머지 아이들의 눈에 잘 띄지 않는 그렇고 그런 아이들. 소소한 규칙을 어겼다는 이유로 교사나 교장과 사이가 좋지 않았지만, 대개는 허락 없이 강당에 들어갔다거나 지각을 했다거나 과제물을 늦게 제출하는 등 사소하고 부주의해서 생긴 일이었고 폭력과 같은 말썽을 피운 적은 없었다. 도시의 쓰레기 청소차가 오는 골목을 학생들은 오래전부터 '타바코 로드'라 불렀다. 이른 아침에 이어 10시, 점심시간, 오후에 담배 모임이 또다시 이어졌다. 담배 연기로 고리를 만들고 침을 뱉었다. 남자애들은 자신이 갖고 싶은 차에 대해 이야기하거나 기억나는 이소룡 영화를 이야기했다. 여자애들의 주요 화제는 밤에 집에 들어오지 않는 형제자매나 성가신 아르바이트, 혹은 남자친구 얘기였다.

이들은 돈이 별로 없어서 50센트 정도 하는 담배 한 개비를 입에 물고 다음번에는 담배 살 돈을 어떻게 벌까 하는 소소한 잡담이나 나눈다. 하지만 담배 없이 친구가 오더라도 자신의 담배를 나눠 피울 정도로 너그럽다. 처음 보는 사람이 와서 담배를 달라고 하면 여러 명이 다가와 니코틴을 나누는 호의를 보이기도 한다. 이들은 수다스럽게 떠들었다가 생각에 잠겼다가 하는데 화학물질이 이들의 전두엽을 자극하면서 변연계 활동을 가라앉히기 때문이다.

보통은 아이팟이나 구형 MP3 플레이어로 음악을 즐기지만, 함께 모여 담배를 피울 때면 이어폰을 내려 놓고 스피커가 내장된 붐박스나 휴대용 플레이어로 음악을 함께 듣는다. "음질은 꽝이지만 이렇게 하면 다들 함께 음악을 들을 수 있거든요." 50센트의 노래가 흘러나오자 발을 구르고, 누군가는 하이힐 뒤꿈치를 들어 베이스드럼에 맞춰 보도를 탕탕 내리친다. 루다크리스의 가사를 따라 부르고, 크리스티나 아길레라의 노래가 나오면 여자애들이 스텝을 밟고 몸동작을 취한다. 남자애들은 짐짓 관심 없는 척 허세를 부리기도 한다. 이때 35년이나 지난 옛날 노래가 흘러나오자 여자애 한 명이 볼륨을 한껏 올린다. 모두가 브라운스빌 스테이션의 '남자 애들 방에서 담배 피자'에 맞춰 하나가 된 모습을 보인다.

> 남자애들 방에 가서 담배를 피우자
> 남자애들 방에 가서 담배를 피우자
> 선생님들, 그 지겨운 규칙 타령 좀 그만해요.
> 학교에서 담배를 피우지 못한다는 걸 누가 모르나요!
> _ 브라운스빌 스테이션, '남자 애들 방에서 담배 피자'[6]

다들 목이 터지도록 노래를 부르며 깔깔 웃는다. 이로써 35년 전의 노래가 이들의 노래가 되었다.

***

시공간이 완전히 다른 두 개의 시나리오다. 음악(혹은 그렇게 부르는 게 어렵다면 리듬)이 첫 번째 집단을 공포로 얽어 맸다면, 디스토션 걸린 전자기타가 등장하는 1970년대 노래는 두 번째 집단을 반항으로 똘똘 뭉치게 했다. 완전히 상이한 유형의 유대감이지만 여기에는 중요한 생존 가치가 있다. 둘 다 협력의 유대감을 나타내는 예이다.

동트기 전의 기습공격은 선사시대 전쟁에서 적을 오싹하게 만드는 신기술이었다. 공격자들은 적이 깊이 잠들 때까지 기다렸다가 새벽이 밝기 한 시간 전에 공격을 했다. 완전한 침묵 속에서 공격할 때도 있었고, 온갖 위협적인 악기들을 동원해 팡파르를 울려대며 소란을 피워 희생자들을 겁에 질리게 몰아넣을 때도 있었다. 이들은 그 시간에 공격함으로써 불시의 요소를 이용할 수 있었다. 자신들의 횃불을 가져와 원하는 곳을 비출 수 있었기 때문이다. 그리고 해가 뜰 무렵이면 파괴 현장을 살펴보고 전리품을 챙겼다.

이는 진화와 자연선택을 둘러보는 연구이기도 하다. 기습공격을 받아 넘기기 위한 전략을 수립하지 못했던 초기 인간들은 죽음을 맞았다. 그들의 유전자는 살아남지 못했다. 하지만 소수의 똑똑한 자들은 반격을 개발했다. 물론 이것은 무작위 돌연변이 덕택에 전두엽이 커진 결과였다. 이들의 반격은 밤에도 자지 않고 계속 깨어 있는 채로 노래를 불러 "우리는 깨어 있다. 우리는 여기 있다"는 사실을 알리는 것이었을 터이다.

브라질의 아마존 부족 메크라노티Mekranoti를 살펴보자. 이들은 남부 파라 강 유역에서 사냥을 하며 살아가는 작은 부족으로, 인류학자들에 따르면 현대인들과 그다지 접촉이 없어서 지난 수천 년 동안 거의 변화 없는 삶을 살아가고 있다고 한다. 메크라노티 족의 가장 두드러진 특징 가운데 하나는 노래 부르는 데 엄청나게 많은 시간을 쏟는다는 것이다. 여자들은 매일 한두 시간씩 노래하고 남자들은 매일 밤 두 시간 이상을 노래한다. 이들의 생활 패턴을 생각할 때 이는 엄청나게 많은 시간 투자다. 이 시간에 식량을 모으거나 잠을 잔다면 훨씬 생산적이지 않을까. 다음은 데이빗 휴런의 글이다.

남자들의 노래는 보통 새벽 4시 반에 시작한다. 노래할 때 메크라노티 족 남자들은 … 팔을 힘차게 흔든다. 가급적 깊은 저음의 목소리로 노래하려 하며, 4박자의 첫 박에 강세를 두고 성문폐쇄음을 즐겨 사용해 리듬에 따라 위가 불룩해진다. 인류학자 데니스 워너Dennis Werner(1984)는 이들의 노래를 '남성다운 포효'라고 했다. 한밤중이 되면 졸린 기색이 역력한 남자들이 모이며, 물론 노래가 시작되어도 자신의 달개집에 계속 머무는 남자들도 있다. 이들 꾀병쟁이들은 종종 모욕이 섞인 조롱을 받는다.

워너는 이렇게 말한다. "자신의 달개집에 머물러 있는 남자들을 구박하는 것은 노래 부르는 이들이 가장 즐겨하는 오락거리 가운데 하나다. '침대에서 일어나! 크린 아크로레 인디언들이 공격을 시작했는데 아직까지 잠이나 자고 있다니.' 가급적 큰 목소리로 이렇게 소리친다. … 때로는 모욕이 개인적인 형태를 취하기도 해 아직 나타나지 않은 특정인을 겨냥하여 모욕적인 노래를 부른다."

대부분의 부족사회가 그렇듯이 메크라노티 족이 처한 가장 큰 위험은 다른 부족의 공격을 받을 가능성이다. 공격하기 가장 좋은 때는 사람들이 아직 잠들어 있는 이른 아침이다. 자신의 달개집에서 계속 자고 있는 자들을 향한 모욕을 떠올려 보라. "침대에서 일어나! 크린 아크로 레 인디언이 공격을 이미 시작했는데 아직까지 잠이나 자고 있다니."

　왜 이런 노래를 부르는지 이유는 분명하다. 남자들이 밤새 노래를 부르는 것은 일종의 방어 전략인 것이다. 노래는 각성의 수준을 유지시켜 남자들이 계속 깨어 있도록 한다.

메크라노티 족의 예는 포식자를 물리치거나 이웃을 공격하기 위해 사람들이 노래를 사용하는 많은 예들 가운데 하나다. 이와 반대로 공격자의 관점에서 음악 활용을 생각해 볼 수도 있다. 아메리카 원주민들은 앞에서 상상한 첫 번째 시나리오의 선사시대 공격자들처럼 공격을 개시하기에 앞서 노래와 춤으로 행동을 준비하는 경우가 많았다. 이런 전투 예비 노래를 통해 얻은 정서적·신경화학적 흥분 덕분에 공격할 때 필요한 용기와 힘을 내곤 했다. 처음에는 성대 근육을 광폭하게 놀려 노래와 북소리로 희생자들을 몰아붙이는 행위가 무의식적이고 무절제적으로 이루어졌겠지만, 승리자들이 이런 행동의 효과를 알아보면서 점차 통제된 전략으로 발전했을 것이다. 휴런이 지적했듯이 전쟁 때 춤을 추면 적들에게 임박한 공격을 미리 알린다는 단점이 있지만, 대신 공격자들이 정신을 집중하여 동작을 일치시킬 수 있으므로 단점을 충분히 상쇄하고도 남는다. 게다가 그런 장관을 눈으로 목격하는 상대방은 겁에 질리므로 노래하고 춤추며 행진하는 사람들은 전장에서 큰 이점을 누렸을 터이다. 19~20세기에 독일인들은 스코틀랜드인을 누구보다도 두려워했다. 백파이프와 북으로 커다란 소리를 내고 치마를 입은 대담무쌍한 행렬이 끝없이 이어지는 장관이 독일인들을 두려움에 몰아 넣었다고 한다. 로마인들이 스코틀랜드인들을 두려워한 이유에도 음악이 있다. 바로 이런 두려움이 하드리아누스 방벽*을 쌓아 올리게 했다. 뉴질랜드의 마오리 족이 얼굴과 입술에 문신을 하고 혀를 길게 늘여 적들을 겁에 질리게 했듯이, 음악도 요란을 떠는 용도로 활용되어 적들의 사기를 꺾었다. 『구약성서』를 보면 이런 전략이 이미 역사시대 초기에 잘 알려져 있었음을 알 수 있다. "너희 민족들아, 전쟁의 함성을 높이 질러라, 끝내 패망하리라!"(이사야서 8장 9절).

　우리 시대도 그와 같은 위협적인 힘을 목도한 바 있다. 나치 군대가 행군하는 영상을 보면 사람들은 (나치라는 것을 모르고서도) 겁을 집어먹는다. 절도 있게 맞아 떨어지는 군대의 일치된 동작을 보면 일상의 경험 수준을 넘어서는 훈련과 연습이 떠오른다. 그래서 행진처럼 쓸모없어 보이는 행동에도 저렇게 정확한 동작을 보이는데 사람을 죽이는 일에는 얼마나 더 능숙할까 하는 생각을 무의식적으로 하게 된다. 수백 혹은 수천 명의 군사들이 똑같은 동작으로 마치 춤을 추듯 죽음과 파괴를 일삼는 광경이 떠오른다. 그래서 덜컥 겁이 난다. 애국적 행렬이 마을의 주요 도로를 따라 어린이들의 행진을 끼워 넣는 것도 바로 이런 이유에서다. 마찬가지로, 다들 일치단결하여 한밤중에 큰소리로 노래하는 메크라노티 족의 관습은 그저 밤에 경계 태세로 깨어 있음을 보여줄 뿐만 아니라 투사들의 단합된 노력과 강한 정서적 유대감을 나타낸다.

　단순히 말할 때와 노래할 때 사용하는 목청과 횡격막은 다르다. 이런 생리적 기제의 차이 덕분에 노래할 때 사람들은 더 오랫동안 큰 목소리

---

* 2세기 로마 하드리아누스 황제 때 영국 잉글랜드 북부의 동해안에서 서해안까지 쌓아 올린 방위 시설.

를 유지할 수 있다. 메크라노티 족이 화음에 맞춰 노래할 때면 그들의 실제 인원보다 그 수가 훨씬 많다는 인상을 줄 수 있다. 또한 일치된 음성으로 노래함으로써 자신들이 그저 독립적인 개체가 아니라 집단의 일체감을 인식하고 다른 성원들의 신체적·정신적 상태에 민감하게 반응한다는 것을 알릴 수 있다. 그래서 혹시라도 싸우게 되면 엄청난 군사력을 발휘할 수 있다고 과시하는 것이다.

호모 사피엔스의 조상이 되는 영장류는 누가 봐도 사회적 종이다. 그러나 사회적 성향을 타고나 남들의 행동에 관심을 가지게 되면서 유쾌하지 않은 부산물이 생겨 났다. 강한 라이벌 의식, 질투, 지배 구조에 대한 도전, 식량을 둘러싼 경쟁, 가장 멋지다고 생각되는 짝을 차지하려는 경쟁(고등학교 시절을 생각해 보라)이 그것이다. 이런 사회적 갈등은 비인간 영장류가 거대한 무리를 지어 먼 곳을 돌아다니지 못하는 가장 큰 이유가 된다. 무리의 규모가 커지면 사회 질서가 제대로 유지되기 어렵기 때문이다.

그러나 거대한 무리는 일단 형성되고 유지되기만 한다면 몇 가지 중요한 이익을 안겨 준다. 우선 집단의 규모가 크면 외부 침략자를 성공적으로 물리칠 수 있다. 식량 확보가 쉽지 않았던 수렵 사회에서 혼자 사냥을 나가면 빈손으로 집에 돌아올 우려가 있었지만, 수십 혹은 수백 명이 힘을 합치면 언젠가 사냥감을 잡았을 때 함께 나눠 먹을 수 있다.

거대 집단의 유전적 다양성(그리고 짝을 선택할 수 있는 범위의 확장)에는 분명한 진화적 이익이 있다. 덕분에 질병에 대한 저항력이 높아지고 주위 환경의 변화에 더욱 유연하게 대처할 수 있다. 이런 이익은 비단 사람뿐만 아니라 곤충과 박테리아에도 해당되겠지만, 내가 아는 한 곤충은 음악을 만들지 않으므로 제쳐 두기로 하자. (벌과 개미의 사회도 복잡한 사회 질서와 분업을 보여주지만, 이는 우리처럼 의식적으로 이루어지는 행위가 아니다. 곤충들의 동시적이고 율동적인 행동을 보면 마치 음악과도 같지만, 그렇다고 이를 음악이라 부를 수는 없다.)

인간은 다른 영장류에서 발견되는 사회생물학적 규모의 한계를 분명히 넘어섰다. 최초의 수렵 사회에서 발견된 집단의 규모가 수백 명 정도였는데, 이어 수천, 수만, 그리고 지금은 수백만 명의 규모로 발달했다. 미국만 해도 인구가 100만이 넘는 도시가 9개나 되고, 중국에는 200만 명이 넘게 사는 도시가 무려 50개나 있다. 서기 100년 무렵 로마 제국의 인구가 100만 명이 넘었다고 하고, 고대 아테네에도 50만 명가량의 사람들이 살았다. 『구약성서』(출애굽기 12장 37절)를 보면 인구대이동 때 이집트 땅을 나온 사람이 60만 명이라고 한다(플라비우스 요세푸스Flavius Josephus 같은 역사가에 따르면 이때가 기원전 1500년경 무렵이며 오차 범위는 150년 안팎이라고 한다). 유대교 랍비들은 사막 땅을 가로질러 떠난 사람들이 100만 명이 넘는다고 가르친다. 따라서 수십만 명이 함께 무리를 지어 생활한 역사가 어느덧 3500년이 넘으며, 수천 명이 함께 산 역사는 그보다 훨씬 오래되었다.

그렇다면 우리 인간들은 대규모 집단과 문명을 이룰 때 필연적으로 따르기 마련인 사회적 긴장을 어떻게 누그러뜨릴 수 있었을까?

나는 근육과 동작을 서로 일치시키는 노래와 춤을 통해 초창기 인류나 원인류 사이에 강한 유대감이 형성되었고, 이로 인해 거대한 집단이 건설되어 결국 오늘날 같은 사회로까지 이어지게 되었다고 믿는다. 진화의 역사를 살펴보면 음악과 춤은 대개 함께 발생했다. 음악의 리듬이 인간의 지각 체계에 들어가면 다른 개인의 행동을 예측하고 이에 맞추는 일이 가능해진다. 소리는 시각에 비해 유리한 점이 있다. 어둠 속을 통과하고 모통이 너머로 전달되며, 나무나 동굴에 가려 보이지 않는 사람에게도 전달된다. 고도로 구조화된 음성적 소통 형식인 음악은 상대방을 볼 수 없을 때에도 서로의 동작을 일치시킬 수 있게 해준다. 음악을 통해 명확한 음성적 메시지를 전할 수 있다. 가령 특징적인 휘파람이나 외침으로 신호를 전달할 수 있는데, 이는 오늘날 '약속된 노크소리'로 같은 클럽의 회원인지 아닌지 판별하는 것과 비슷하다. 게다가 이런 행동 양식은 사람들 사이에 금세 퍼진다. 이를 채택하지 않는 집단은 경쟁에서 밀려나기 때문이다. 록그룹 리빙 컬러의 버논 레이드가 말했듯이 "아프리카에서는 음악이 예술 형식이라기보다 소통 수단에 가깝다." 함께 어울려 노래하면 옥시토신oxytocin이라는 신경화학물질이 분비되는데, 이는 사람들 사이에 신뢰감을 형성하는 데 관여하는 물질이다.

실험실 연구에 따르면(내 실험실에서도 확인했고 케임브리지의 이언 크로스Ian Cross도 같은 실험을 했다) 한 사람에게 메트로놈에 맞춰 손가락을 두드리라고 할 때보다 두 사람에게 서로 호흡을 맞춰 손가락을 두드리라고 할 때 움직임이 더 정확히 일치했다. 이는 우리의 직관에 반하는 것처럼 보일 수 있는데, 메트로놈이 훨씬 안정감 있게 박자를 두드리므로 예측하기가 더 쉬울 것 같지만 실제로는 인간은 다른 사람의 행동에 더 잘 반응한다. 상호적응의 예이다. 사람은 서로 영향을 주고받지만 메트로놈과는 상호작용하지 않는다. 이렇게 해서 더 강한 협력의 동기가 생겨난다. 이런 행동의 진화적 뿌리는 동작의 일치에 있는 것으로 추정되는데 동작을 서로 일치시킴으로써 사회적 상호작용이 촉진되기 때문이다. 누군가와 함께 길을 걸으며 음성과 몸짓을 적절히 주고받아 소통하면, 발걸음이 서로 일치하거나 걸음걸이가 비슷해진다. 소통이 없으면 발걸음과 고개가 서로 엇갈린다.

일치된 동작이 주는 이점은 전쟁과 사냥에만 국한되지 않는다. 일치된 동작은 무거운 물건을 나르고 건물을 짓고 쟁기로 밭을 가는 등의 공동 과제를 훨씬 수월하게 만든다. 초창기 인간이 그런 수고스러운 노동을 할 때면 상대방의 모습을 살피기 어려워 동작을 일치시킬 수 없는 상황이 분명 있었을 터이다. 이때 소리를 신호로 삼아 동작을 일치시키면, 예컨대 어떤 중요한 동작을 행해야 할 때 강세 구조가 있는 신호음을 반복적으로 낸다든가 하면, 혼자서는 할 수 없었던 많은 일들을 단체로 할 수 있었을 것이다. 역사학자 윌리엄 맥닐William McNeill(『서양 문명의 부상』의 저자)은 육체노동에 있어서 통일된 동작의 중요성을 다음과 같이 강조했다.

무거운 돌을 날라 제자리에 올리기 위해서는 근육을 리듬감 있게 조정할 줄 아는 능력이 필요했다. 이런 능력이 없었다면 이집트의 피라미드를 비롯한 유명 건축물은 아마 만들어지지 못했을 것이다.

바싹 붙어서 노를 젓는 사공들은 동작을 서로 일치시켜야 부상을 피할 수 있었다. 전장에서도 마찬가지인데 중국의 『손자병법』(기원전 5세기)에 따르면 근거리에서 사용하는 무기는 적절하게 서로 동작을 조절하지 않으면 오히려 자기편 병사에게 해를 입힐 수 있었다고 한다. 나는 근육을 잘 움직이고 적절하게 통제하는 데 노래가 사용되었다고 믿는다. 노래는 본질적으로 우애와 사회적 유대의 수단이었다. 노래 없이 세워진 문명이 있었던가? 윌리엄 맥닐은 계속해서 이렇게 말한다.

수메르 지방의 곡식은 관개시설에 의존했다. 대규모 관개시설이 마련되려면 물길을 만들고 유지하고, 물을 잘 조정해서 평야에 내보내야 했다. … 이런 만만찮은 일에는 예전의 한계를 훌쩍 뛰어넘는 대규모 사회가 필요했다. 겨우 수백 명의 인원이 거주하는 마을로는 부족했다. 적절하게 물을 댄 충적토에서 얻어낸 풍성한 수확은 필요한 인원들을 충분히 먹여살렸고, 나아가 여분의 노동력과 자원을 비축하여 서로 연결된 여러 도시에 장대한 사원을 건설하는 일을 가능하게 했다. 결국 이런 목적을 이루려면 계획에 따라 힘을 합치고 동작을 서로 일치시키는 과정이 필요했다.

맥닐의 연구는 통일된 동작의 운동 측면에 초점을 맞추고 있지만, 그 역시 음악이 이런 협력을 배후에서 조직하고 이끄는 구심점이었다고 본다. 노동요('휘슬 와일 유 워크', '렛츠 워크 투게더', '하드 워크')[4]를 부르면서 시간을 보내거나 마음을 편안하게 가라앉힐 수도 있겠지만, 이런 노래들은 원래 공동 작업을 할 때 동작을 서로 맞추고 참가자들에게 공동의 목적의식을 불어넣으려고 만든 노래다. 선로 작업 노래track lining song가 좋은 예로 강한 리듬적 요소(하나-둘-셋-영차)를 도입해 육체노동을 통합하는 기능을 한다. 가끔은 작업자의 시력을 비꼬거나 십장의 혈통이 수상하다는 등 모욕적인 가사를 가미해 흥을 돋우기도 한다. 죄수의 노래chain gang song 역시 이런 범주에 넣거나(일치된 동작이 요구되는 일을 할 경우) 혹은 위로의 범주에 넣을 수 있다(죄수들이 시간을 보내고 동료 죄수들과 유대감을 키우는 데 도움을 주므로).

통일된 동작으로 노래하고 춤추는 것은 거대한 도시 구조물을 건설하도록 촉진하는 것 이상의 일을 했다. 정치적 구조를 만들어내는 데도 도움을 주었다. 집단 내의 알력은 우애의 감정을 조성하면 가라앉힐 수 있다. 원시언어의 형태로 미안하다는 말이 없어도 일치된 동작으로 노래/춤을 행하여 정서적 유대를 다지면 체면 상하는 일 없이 서로의 차이점을 잊고 하나가 될 수 있다.

진화는 아마도 음악이나 춤과 같은 비폭력적인 방식을 통해 갈등을 해결할 줄 아는 사람들을 선택했을 것이다. 이제 우리는 신경 연구를 통해 시상하부, 편도체, 운동피질, 소뇌가 동작과 감정 모두에 연결되어 있다는 것을 알고 있다. 이런 연결을 파고들다 보면 선조들이 애초에 왜 움직여야 했는가 하는 문제로 이어진다. 그것은 물론 식량을 찾고 위험을 피하고 짝을 구하기 위해서였다. 이 세 가지 행동은 살아가기 위해 꼭 필요하며, 그래서 진화는 동작과 동기부여중추가 서로 연결되도록 끈을 만들어냈다. 이와 달리 색채 지각이나 공간 인식의 신경 회로는 동기부여 체계와 긴밀하게 연결되지 않는다.

우리가 감정이라 부르는 현상은 사실 행동을 유발하기 위한 뇌의 복잡한 신경화학적 상태에 지나지 않는다. 감정과 동기부여는 따라서 본질적으로 서로 연결되어 있고 운동중추와도 연결되어 있다. 하지만 이는 반대 방향으로도 작동한다. 대부분의 신경 경로는 양방향이다. 그래서 감정이 우리를 움직이게 만들 수도 있지만 반대로 동작이 우리를 감정적으로 만들기도 한다. 중립적인 관찰자 입장에서 보면 일치된 동작의 춤은 참가자들 사이의 친밀한 관계의 결과로 보인다. 참가자들이 꼭 이런 목적에서 춤을 시작하지 않았더라도 춤을 추면 결국에는 서로에 대한 강한 공감과 애정을 느끼게 된다. 신경과학자이자 음악가인 페트르 재너터 Petr Janata는 이 같은 유대감을 이런 식으로 설명한다. "아내와 사랑을 나누기보다 함께 음악을 하고 춤을 추고 싶을 때가 있다. 음악과 춤은 좀더 친밀한 유형의 친교이거나 적어도 다른 유형의 친교일 수 있다."

군대에서든 학교 밴드에서든 행진을 하면 상쾌한 기분이 든다. 외부인의 눈에는 행진 훈련이 반복적이고 지루해 보일 수도 있겠지만, 당사자들은 집중력과 자발성에 역설적이게도 흥분과 차분함이 혼재된, 거의 선불교 수행과도 같은 경험이라는 말을 자주 한다. 심리학자 미하이 칙센트미하이Mihaly Csikszentmihalyi는 이를 가리켜 몰입flow이라고 불렀다. 진화의 원칙은 어떤 것이 좋게 느껴지면 진화가 그렇게 느껴지도록 만들었기 때문이라고 설명한다. 진화가 우리의 식욕과 성욕에 대해 보상 기제를 제공했듯이 일치된 동작과 음악 활동에 대해서도 보상 기제를 마련한 것이 분명하다.

윌리엄 맥닐은 자신의 유아기 때의 경험을 이렇게 회상한다.

> 세월이 많이 흐른 지금까지 기억나는데, 나는 으쓱거리면서 돌아다니는 걸 좋아했다. 친구들도 대부분 그랬던 것 같다. 목적 없이 마치 군인처럼 절도 있게 뽐내며 운동장을 돌아다녔다. 다음 발걸음을 정확하게 제때 내딛는 것만 생각했고 성공하면 기분이 좋았다. 연습을 통해 착착 맞아떨어지는 동작을 계속 이어나갈 때의 기분은 말로 표현하기 어렵다. 행복하다는 느낌이 충만했다. 더 정확히 말하면 나 자신의 존재를 넘어 확장되는 듯한 묘한 기분이었다. 집단적인 의식에 참여하면 내 존재가 부풀어올라 실제보다 더 커지는 것 같았다.

맥닐은 동작을 통일하는 군대식 훈련이 역사적으로 어떻게 이어져 왔는지 통찰력 있게 살펴보면서 오라녜 공작 마우리츠, 손자, 투키디데스 등을 인용하여 이런 훈련이 전장에서 가져오는 효율성과 놀랄 만한 변화를 이야기한다. 어떤 진화 이론가들은 이런 설명이 자연선택에 영향을 미치기에는 (진화적으로 볼 때) 너무 최근에 일어난 일이라고 할지도 모른다. 그래서 이런 훈련에 수반되는 좋은 감정이 자연선택에 의해 형성되었다는 식의 설명은 이율배반이라고 말한다. 그러나 삶에 위협을 주는 요소가 관계할 때면 자연선택은 마법을 발휘해 불과 몇 세대 만에 영향을 미칠 수 있다. 무작위 돌연변이로 인해 흙을 즐겨 먹는 사람이 있다고 해보자. 이때 치명적인 바이러스가 전 세계를 덮쳐 수백만 명의 사람들을 공격한다. 그런데 오직 흙에만 들어 있는 특정 화합물이 바이러스를 죽이는 것으로 밝혀졌다. 그러면 흙을 먹는 사람들만 살아남고 다른 거의 모든 이들은 불과 몇 세대 만에 이 땅에서 사라질 것이다.

우리가 '본능'이라고 말하는 것은 사실 현재 작동하고 있는 자연선택의 결과물에 지나지 않는 경우가 많다. 집고양이를 생각해 보자. 고양이는 흙이든 모래든 가까이 있는 것을 발로 차 자신의 배설물을 덮는다. 그러나 고양이가 질병을 옮기는 병균의 존재를 이해하고 있어서 전염을 최소로 하고자 배설물을 덮는다고 생각하는 것은 이치에 맞지 않다. 그보다는 조상 고양이들이 배변 뒤에 모래를 발로 찰 때 이를 보상하는 신경화학물질(이를 '해피 주스'라고 하자)을 분비시키는 유전적 변이를 갖게 되었다고 생각하는 것이 타당하다. 이런 변이를 가진 고양이는 병에 걸리거나 자손에게 병을 물려줄 가능성이 줄었을 테고, 그래서 이런 변이가 빠르게 유전체로 퍼져 나갔을 것이다.

이런 생각을 확장해 보면, 함께 노래하고 춤추고 행진하는 것을 즐겨 몇 시간이고 서로 모여 연습한 사람들은 전장에서 장점을 발휘해 승자가 될 가능성이 높았다. 일치된 동작에서 강한 정서적 유대와 신경화학적 쾌락이 얻어지는 예는 이미 선사시대부터 있었는지도 모른다. 수렵 생활을 하던 우리 조상들은 사냥을 하기 전과 후에 모닥불 주위에 모여 춤을 추었을 것이다. 동작을 미리 연습함으로써 행동에 정확성을 다져 사냥에서 성공할 확률을 높였다. 손으로 만든 도구로 커다랗고 재빠른 사냥감을 따라가려면 사전에 동작을 미리 맞춰볼 필요가 있었다. 현대의 군사 훈련은 이런 선사시대 행동의 연장일지도 모른다. 전통적으로 음악은 소리만이 아니라 행동에, 그리고 음악이나 춤을 만들어내는 이들의 상호작용에 좌우되었다.

국적을 불문하고 많은 사람들이 다함께 일치된 동작을 취할 때 강한 정서적 유대감은 물론 초월적인 영혼의 감정도 느낀다고 말한다. 우리가 즉각적으로 경험하는 것보다 더 큰 집단의식 내지 초월자의 존재, 혹은 일찍이 보지 못한 세상을 경험한다는 것이다. 인지심리학자 잠셰드 바루차 Jamshed Bharucha가 이런 감정을 설명하려고 시도했다. 다른 사람과 동작을 일치시킬 때 느끼는 집단의식의 감각은 유쾌한 기분 이상이라고 말한다. 우리가 느끼는 이런 기분은 앞에서 설명한 신경화학물질의 작용에서 비롯되는 것으로 이때 우리의 뇌는 원인을 찾아 나선다. 인과적 귀속은 뇌가 자동적으로 행하는 습성이다. 뭔가가 일어나면 그 원인을 찾아 나서는데 사실 우리는 원인을 찾을 수 없다. 대신 감정 상태에 변화가 일어나면 우리의 기분 변화를 설명해 주는 어떤 일이 세상에 일어나고 있는지 주위를 둘러본다. 집단이 일치된 동작을 취할 경우, 우리는 주위를 둘러보고 다른 모든 이들이 즐거워하며 춤추고 노래하는 것을 본다. 이렇게 해서 (신경화학물질에서 비롯되는) 묘한 기분은 자신을 넘어서는 다른 뭔가에 귀속된다. 종교가 동작의 일치를 활용하는 까닭은 바로 이런 이유에서다 (물론 앞서 언급한 다른 이익들도 중요하게 작용했겠지만). 동작을 서로 맞추면 자신을 넘어서는 다른 뭔가에 대한 믿음이 실제로 강화된다. 그저 좋다는 감정 이상이다. 소리와 근육의 동작을 하나로 일치시키면 개인을 넘어 사회와 같은 거대한 힘을 믿게 만들 수 있다.

이렇듯 음악과 동작의 일치는 앞서 살펴본 전쟁 수행, 공격 방어, 먹이 사냥, 공동 작업, 이렇게 네 가지 활동에 필요한 의미 있는 사회적 유대를 형성하는 하나의 방법이었다. 다섯 번째이자 가장 중요한 음악의 용도는 점차 커져가는 사회적 집단 내의 긴장을 완화시키는 것이다. 이런 용도는 우리 인간 종인 호모 사피엔스가 출현하기 수만 년 전의 호모 에렉투스 시절까지 거슬러 올라갈 수 있다. 호모 에렉투스는 두 발로 서서 직립보행을 하면서 비교적 안전한 나무를 떠나 사바나에서 살기 시작했다. 사냥을 하자 식량이 몰라보게 늘어났지만 여기에는 만만치 않은 단점이 있었다. 스티븐 미슨Steven Mithen은 이에 대해 이렇게 말했다.

> 은신처 역할을 했던 나무에서 내려오자 안전 확보를 위해 여러 명이 무리 지어 다녀야 했다. … 하지만 이에 따르는 손실도 있었다. 여럿이 서로 가깝게 붙어 지내면서 사회적 갈등이 생겼다.

사회적 갈등을 완화시키는 것은 만만치 않은 일이었다. 비인간 영장류들은 보통 털 고르기grooming를 통해 긴장을 해소한다. 상대방의 털에서 해충을 골라내고 깨끗이 단장해 줌으로써 우애를 다진다. 실제로 두 영장류 사이가 얼마나 가까운지는 서로의 털을 고르는 데 얼마나 많은 시간을 들이는가로 짐작할 수 있다. 그러나 사람의 경우 함께 모여 사는 사회의 규모가 크기 때문에—서로의 보호를 위해 그렇게 될 수밖에 없다—이런 식으로 모든 친구의 털을 고르기란 불가능하다. 옥스퍼드의 인류학자 로빈 던바Robin Dunbar는 소리를 사용한 의사소통의 기원이 '소리적 털 고르기'에서 출발했다는 가설을 내놓았다. 원인류가 대규모 집단의 성원들에게 자신의 협력 의사를 동시에 알리고자 소리적 의사소통(음악이나 언어)을 개발했다는 것이다.

전 세계 여러 문화에서 발견되는 인간의 가창은 크게 두 가지 스타일로 볼 수 있다. 하나는 엄격한 제창이고 또 하나는 번갈아 가며 노래하기다. 엄격한 제창을 할 때는 다들 발성을 상대방에 맞춰 마치 한 명이 부르듯 노래한다. 생일 축하 노래나 국가가 좋은 예이다. 이런 일을 하려면 먼저 노래의 다음 구절이 어떻게 되는지 예측하고(해마의 기억 작업과 전두엽의 예측 작업이 결합된다), 이어 신경과학자들이 '운동 계획'이라 부르는 것을 실행해야 한다. 운동 계획이란 다른 사람의 행동에 맞춰 노래를 부르거나 북을 치거나 혹은 다른 식으로 몸을 움직이도록 운동피질에 일련의 지시사항을 내리는 것을 말한다. 우리가 집단 내의 다른 사람들과 호흡을 맞춰 노래나 손뼉이나 기타 음악적 몸짓을 일치시킬 때 예측 과정이 관여한다는 증거를, 사람들이 동작을 일치시키는 과정에서 시간이 아주 약간 어긋나는 사소한 실수를 저지른다는 사실에서 찾아볼 수 있다. 즉 상대방의 음악적 행동을 실제보다 약간 '빨리' 따라잡을 때가 많다. 이것은 다음의 박을 기다렸다가 들은 다음 연주하는 것이 아니라, 언제 박이 올지 미리 예측하고 실제로 박이 연주되기 전에 반응을 준비시킨다는 뜻이다. 뇌의 세 영역(해마, 운동피질, 전두엽의 예측중추)에서 벌어지는 행동을 서로 조율하는 일은 인간이 진화시킨 (다른 원인류보다) 더 큰 전전두엽에서 담당한다.

'번갈아 가며 노래하기'는 집단의 일부 성원이 함께 노래하지 않고 돌림노래로 하거나(파트를 나눠 서로 다른 시점에 노래에 들어가는 '로 로 로 유어 보트'*), '주고받기' 패턴으로 노래하는 것(캠프파이어에서 자주

* 우리에게 이 노래는 '리 리 리자로 끝나는 말은'으로 알려져 있다.

부르는 '시핑 사이더 스루 어 스트로')[6]을 말한다. 주고받기 패턴은 미국의 가스펠 음악에서 자주 발견되는 스타일로 옛 아프리카 전통에 뿌리를 두고 있다. 실제로 사하라 사막 이남의 아프리카 문화에서는 이 양식을 민주적 음악 참여를 상징하는 것으로 여기고 있다. 주고받기 양식은 전통적인 인도 고전음악(주갈반디jugalbandi 또는 사왈자바브sawaal-javaab), 라틴아메리카 음악(코로프레곤coropregon), 유럽 고전음악(교창antiphony)에서도 발견된다. 이런 양식으로 노래하려면 관점 바꾸기 능력(음악적 뇌의 세 구성 요소 중 첫 번째 것)이 필요하며, 이를 통해 보다 실용적인 협력 활동을 위한 예행 연습을 할 수 있다. '남들 마음을 읽을' 줄 알아 그들의 행동을 더 잘 예측하는 사람은 집단 내의 경쟁에서 분명 유리했을 터이다.

　하지만 강한 사회적 유대를 이끌어내는 것이 왜 하필 음악인가 하는 문제는 아직 완전히 해결되지 않았다. 던바(그리고 그를 따르는 딘 포크Dean Falk 같은 학자들)는 청각을 통한 유대가 털 고르기 행위처럼 몸을 서로 맞대고 일대일로 행하는 유대보다 (혹은 보노보가 유대감 강화에 활용하는 성행위보다) 더 효율적인 이유를 설명했다. 진화는 완전히 새로운 것을 만들어내지 않는다는 점을 기억하라. 진화는 처음부터 새로 만들어내기보다는 기존에 있던 구조물을 활용하는 방식을 택한다. 소통을 위한 외침과 신호는 비인간 영장류 사이에서 이미 널리 활용되고 있었다. 특정한 종류의 위험이나 식량의 존재 등을 특정 소리를 통해 나타냈다. 소리를 서로 일치시켜 낸다는 것은 집단의 성원들이 서로의 존재에 주목하고 공동의 관심사를 갖고 있음을 나타내는 명백한 표시였다. 이들 중에 우연히 자기 집단의 성원들에게 행복을 안겨 주거나 안전의 감정을 불러일으키는 방법을 알게 된 사람들은 유리한 점이 있었을 것이다. 초창기 '정치인'들은 좋은 느낌을 무기로 삼아 남들을 자신과 더 잘 협력하도록 유인할 수 있었다.

맥락을 넓혀 보면 사회적 솜씨가 뛰어난 사람들의 경우 많은 이득을 얻었을 것이다. 남들로부터 언제 어떻게 도움을 얻을지, 누구랑 싸우고 누구랑 손잡을지, 누구를 피해야 할지 알았다. 이런 감성지능은 남들보다 많은 권력을 안겨 주었다. 오늘날 현대사회에서 우리는 음악을 정서적 소통의 형식으로 생각한다. 감정을 서로 나누는 형식으로는 아마 음악을 능가하는 것이 없을 것이다. 이런 음악이 수천 년 전이라고 해서 다른 기능을 했으리라 의심할 이유는 없다. 물론 음악 자체에는 많은 변화가 있었겠지만 음악이 사회에서 행하는 역할은 그때나 지금이나 별 차이가 없을 것이다. 초창기 인간은 침착함을 되찾고 용기를 불어넣고 조직을 만들고 영감을 주는 등의 (정치적) 목적 외에도 자신의 감정 상태를 남들에게 알리는 용도로 음악을 사용했을 것이다.

음악이나 춤이 이끌어내는 집단의 응집력에 중요한 측면이 있다. 함께 살아가는 집단의 규모가 커질수록 자신들의 이해관계가 지배적인 다수의 그것과 맞지 않는다고 느끼는 개인들이 모여 작은 하위집단을 형성하는 경향이 있다. 이들은 홀로 일어서기 위해 필요한 힘이나 자원이 자신들에게 없다고 느끼는데 지배적인 다수 집단은 자신들의 필요에 부응하지 않는다. 인류 문화의 여명기에 젊은이들에게 밀려난다고 느낀 노인들이나 현 지배자에 불만을 품은 사람들이 이런 소집단을 이루었다. 음악은 이런 소외되고 약한 자들을 하나로 묶어 주는 가장 강력한 힘 가운데 하나였다.

이 장의 서두에 언급한 담배 피우는 고등학생들이 이런 예에 속한다. 미국의 고등학교 학생들은 파벌이 뚜렷이 나뉘는 편이다. 힘세고 돈 많고 인기 많은 아이들과 힘없고 겉돌고 놀림받는 아이들. 공통의 음악 취향은 이런 소규모 집단에 연대감을 불어넣을 수 있다. 담배 피우는 학생들에게 '남자 애들 방에서 담배 피자'가 그랬듯이 말이다. 게이들은 루 리드의 '거친 길을 걸어서'❞ 같은 게이 송가로 마음을 달랠 수 있다. 음악이 하나로 묶어 주는 '우리'는 자유주의자(나인 인치 네일스의 '돼지들의 행진')를 가리킬 수도 있고, 보수주의자(토비 키스의 '코터시 오브 더 레드, 화이트 앤드 블루')❞를 가리킬 수도 있으며, 청년들(후의 '나의 세대')❞, 평균적인 사내들(프라이머스의 '시와 산문')❞, 혹은 노동자(브루스 스프링스틴의 '워킹 온 더 하이웨이')❞를 가리키기도 한다. 60년대 말과 70년대 초 자유연애와 성을 부르짖던 시대정신은 스티븐 스틸스의 '곁에 있는 사람을 사랑해요'❞에서 찾아볼 수 있으며, 이런 사상에 거북함을 느낀 사람들은 조니 캐시의 '아이 워크 더 라인'❞에서 위안을 찾았다. 오늘날에도 휘트니 휴스턴('세이빙 올 마이 러브 포 유')❞이나 질 스코트('셀리버시 블루스')❞의 노래가 이런 명맥을 잇고 있다. 체리시 더 레이디스는 전통 아일랜드 지그 음악과 릴 춤곡, 에어를 보존하는 것을 사명으로 삼고 있는 밴드로, 고향을 떠난 아일랜드 자손들에게 연대감을 불러일으키고자 음악을 한다. 멤버들이 전부 여성이라서 젊은 여성 음악가들에게 역할 모델이 되기도 한다.❞

MIT의 수학과 교수 지안 카를로 로타Gian-Carlo Rota는 1970, 80년대에 그곳에서 실존주의 대학원 강의도 했고, "퇴폐주의는 아늑하다"고 쓰인 배지를 나눠주곤 했다. 함께 모여 반사회적이거나 비딱한 뭔가를 행하며 유대감을 즐기라는 메시지다. 스탠델스의 프로토펑크 고전 '더티 워터'❞에 보면 이와 비슷한 메시지가 나온다. "찰스 강변에서 기다릴게. … 사랑하는 애인, 남색질하는 녀석, 좀도둑과 함께." 이들의 메시지는 결국 이런 것이다. "그들도 좋은 놈들이야. 강에서 생활하는 자들도 실은 우리랑 다를 바가 없다고." 사회의 언저리로 밀려나 불만을 품은 자들을 대변하는 음악은 헤비메탈에 많다. 헤비메탈 가사를 보면 하나로 뭉치자는 가사가 심심치 않게 나온다. 우리(헤비메탈 팬들)는 모두 사회부적응자들이지만 그런 점에서 하나라는 것이다. 약물 복용을 권장하거나 즐기라는 노래도 있다. 제퍼슨 에어플레인의 '화이트 래빗'에 보면 "당신의 머리에 먹이를 주라"는 가사가 나온다.[*] (약물을 복용하지 않는 자들은 폴 리비어 앤 더 레이더스의 '킥스'[*]나 존 레넌의 '콜드 터키'[*]에서 위안을 찾았다.)

사회학자 트리샤 로즈Tricia Rose는 흑인 여성 래퍼들이 젊은 흑인 여성들에게 연대감을 심어주고 자신들의 관심사가 제대로 대접받지 못한다고 느끼는 사회 구성원들에게 목소리를 부여한다고 강조한다. 로즈에 따르면 래퍼들은 "자신의 목소리가 대중 담론의 언저리로 밀려난 젊은 흑인 여성들의 두려움과 즐거움, 그리고 희망을 정확히 짚어 내고 표명한다."

최고 품질의 칼륨을 자랑하는 허구의 카자흐스탄 국가 같은 애국적 노래는 '우리'를 규정하는 음악의 힘이 자연스럽게 확장된 예다. 이것은 우리의 나라, 우리의 지역, 우리의 집단, 우리의 관심사, 우리의 축구단, 우리의 칼륨이다. 종교 지도자들이 집단의 결속력을 강화하고 분파 내의 단합을 도모하려고 음악의 힘을 활용하는 예가 있는데, 이는 거대한 운동경기나 공적 이벤트가 열릴 때 음악을 사용하는 경우와 구분할 필요가 있다. 이 둘은 완전히 다른 경우다. 축구장 응원가와 국가는 본질적으로 사회적 유대를 다지는 노래들이다. 종교적 노래에도 사회적 유대에 해당하는 특징이 있지만 일차적인 특징은 이것이 아니다.

사회적 유대의 노래를 효과적으로 활용한 또 다른 사례를 정치 영역에서 찾아볼 수 있다. 앞서 말했듯이 초창기 일부 인간들이 집단 내의 사회적 긴장을 해소하고자 음악을 사용했고 ―정치적 털 고르기― 하위집단, 특히 힘없는 소수의 무리들도 단합을 위해 음악의 힘을 빌렸다. 저항의 노래는 사회적 유대를 십분 활용하는 예다. 밥 말리는 "일어나서 당신의 권리를 외쳐라!"고 노래했고, 필 오크스는 "나는 더 이상 행진하지 않겠어"라고 했으며, 모세는 "내 백성들을 가게 하라", 피트 시거는 "우리는 난관을 극복하리라"고 노래했다.[*] 이렇듯 저항의 노래에는 사람들에게 영감을 주고 동기를 주고 결속력을 부여하고 초점을 제시해 행동하게 만드는 힘이 있다.

수많은 음악가들이 저항의 노래를 불렀다. 록 음악에 계속 등장하는 단 하나의 주제가 있다면 그것은 반항이다. 플라스틱 피플 오브 더 유니버스(PPU)는 정치적 의제와 무관하게 활동을 시작했지만 체코슬로바키아의 민주화 혁명을 촉발시킨 밴드로 널리 알려져 있다. 이 밴드가 활동을 시작한 1968년은 '프라하의 봄'이라 알려진 자유화 운동을 탄압하고자 소비에트 군대의 탱크가 프라하를 짓밟은 해였다. 새로 들어선 공산주의 정부는 자유로운 연설을 억압하고 많은 음악가들을 잡아들였다. PPU는 정부로부터 여러 차례 공연을 금지당했는데, 이유는 선동적인 가사 내용이 아니라 머리를 길게 기르고 벨벳 언더그라운드와 프랭크 자파 같은 자본주의 밴드를 흉내 냈다는 것이었다. (이들의 밴드 이름도 실은 자파의 노래에서 가져온 것이다.) 1970년에 체코슬로바키아 정부가 PPU의 음악가 허가증을 철회해 이들은 더 이상 공연을 할 수 없었다. 결국 정부의 눈을 피해 언더그라운드에서 공연할 수밖에 없는 상황이 되었다.

베이시스트 이반 비어한즐은 이렇게 말한다. "우리는 노동자들입니다. 우리에게는 그저 우리 음악을 연주하고 듣는 것이 중요했을 뿐 영웅이 되려는 생각은 눈곱만큼도 없었어요." 1974년에 정부가 이들의 공연장을 급습했다. 곤봉을 든 경찰이 팬들을 쫓았고, 국외로 추방되어 학업을 영영 포기해야 했던 학생도 있었다. 1976년 27명이 그저 PPU의 공연장에 있었다는 이유만으로 체포되었다. 색소폰 연주자와 작사가가 감옥에 갔다. 다른 멤버들은 구타를 당했다. 이를 계기로 체코의 인권 운동이 시작되었고 이는 비폭력 '벨벳 혁명'으로 승화되어 결국 체코 공산주의 정권을 무너뜨렸다. (톰 스토파드Tom Stoppard가 이에 관한 희곡을 써서 2007년에 무대에 올렸다.)

PPU의 이야기에서 이례적인 점은 이들이 정치색을 전혀 띠지 않았고, 스스로를 정부 정책과 관련하여 행동주의자, 저항주의자, 혁명가로 여기지 않았다는 점이다. 그저 자신의 음악을 연주하고 싶었을 뿐이다. 하지만 공산주의 정권의 탄압으로 인해 열렬한 행동주의자 그룹이 이들 주위에 생겨났다.

우리는 저항의 노래가 가사를 통해 노예제도, 인권, 인종차별, 경제적 불평등, 법적 불평등(루빈 카터*의 사연을 다룬 밥 딜런의 노래 '허리케인'**), 기타 사회악을 직접적으로 고발하는 예들을 평생 보아 왔다. 지난 40년 동안 유독 많이 불렸던 저항의 노래가 반전 노래였다. 그래서 많은 사람들이 저항의 노래라고 하면 으레 반전 노래를 떠올린다. 50~70년대에 성장기를 보낸 사람들에게 전쟁의 문제는 온 나라에 걸쳐 편을 가를 만큼 첨예한 대립을 낳았다. 어떤 사람들에게 평화의 도덕적 당위성은 너무도 당연해 보였고, 이들에게 저항의 노래는 주위 사람들의 조롱을 딛고 평화에 대한 확신을 이어갈 수 있도록 용기를 부여했다.

나는 일곱 살 때부터 전쟁에 대한 반감을 키웠다. 제2차 세계대전은

---

* Rubin Carter. 프로 권투선수로 명성을 날렸으나 흑인이라는 이유로 무고하게 살인죄 누명을 쓰고 감옥에 들어갔다가 훗날 구명운동을 통해 석방된 인물.

이해했다. 할아버지가 참전해서 싸웠는데, 전쟁은 참혹했지만 나름의 분명한 명분이 있었다. 한 독재자가 모든 유대인들을 죽이려 했고, 우리는 유대인이었으며, 몇몇 나라들이 우리의 도움을 요청했다. 그래서 나름대로 이해할 만한 전쟁이었다. 하지만 1965년에 벌어진 베트남전쟁은 전혀 납득이 가지 않았다. 10월까지 미국은 거의 20만 명에 이르는 해군 병력을 베트남에 보냈다. 단풍이 들기 시작할 무렵이었고 학교에서 미술 수업시간에 공예 실습을 하고 있었다. 휴식 시간이 끝나고 선생님이 우리에게 뉴스기사를 읽어주었다. 미국의 젊은이들이 전쟁터에서 죽어간다는 것이었다. 나는 집에 돌아오자마자 어머니에게 당장 미국 대통령에게 전화를 걸어 전쟁을 중단시키라고 했다. 어머니가 말했다. "우리는 대통령과 통화할 수 없단다. 아마도 무척 바쁘실 거야. 왜 있잖니, 네 아버지도 일이 바쁠 때면 아주 아주 중요한 일이 아니면 전화를 걸어도 통화가 안 되었잖아."

나는 주장을 굽히지 않았다. "하지만 이건 아주 중요한 일이에요. 사람을 죽이는 일은 계속되어서는 안 돼요. 당장 멈춰야 해요!"

결국 어머니는 수화기를 들더니 전화번호 안내서비스에서 번호를 얻어 백악관에 전화를 걸었다. 접수원에게 단호하고도 태연한 말투로, 마치 대통령과 매일 전화를 주고받는 사이라도 된다는 듯이 말했다. "일곱 살짜리 제 아들이 대통령과 통화를 하고 싶어 합니다. 전쟁에 대해서 말입니다." 몇 차례 전화가 돌고 돌아 마침내 대통령 보좌관 마빈 왓슨까지 올라갔다. 어머니는 수화기를 어깨에 대고 내게 말했다. "보좌관이 말하기를 지금은 대통령이 통화를 할 수 없대. 회의 중이거든. 하지만 메시지는 전해준다는구나." 그래서 내가 수화기를 받아들었다. 보좌관은 자신의 소개를 한 뒤 내 이름과 주소, 그리고 전쟁에 대한 의견을 물었다.

"남부 베트남인들과 북부 베트남인들이 서로를 죽이고 있고, 우리가 도와주러 그곳에 갔는데 그들은 이제 우리들도 죽여요. 오늘 학교에서 들었는데 그곳에 군인으로 갔다가 죽은 채로 돌아온 10대들도 있대요. 제발 대통령께 말해서 그들에게 서로 죽이는 것을 멈춰 달라고 하세요. 대통령의 말이라면 그들도 들을 테니까요."

그는 한숨을 지었다. 당시 장거리 통화를 할 때면 들리던 기분 나쁜 정전기 소리가 지금도 기억난다. 깊은 한숨을 내쉬던 그가 갈라진 음성으로 말했다. "노력은 해보겠다만 그들은 우리의 말을 듣지 않을 거야. 어떻게 해야 좋을지 모르겠구나."

"그들에게 우리 모두 같은 형제자매라고 말하면 되잖아요. 싸움을 멈춰야 해요!"

"대통령한테 내 말해 볼게. 방금 네가 한 말을 그대로 전해 주지."

그날 밤 내가 잠자리에 들고 난 뒤에 부모님이 다투셨다는 말을 들었다.

***

아버지와 작은 삼촌은 베트남전쟁과 한국전에 참전하지 않았다. 할아버지는 서른아홉의 나이에 의료 부대로 들어가 제2차 세계대전의 4년 동안 가족과 떨어져 있었다. 오키나와에서는 백병전에 휘말리기도 했다. 의사로서 그는 더 망가지기 어려운 최악의 부상들을 보았다고 한다. 할아버지는 자식들이 군대에 들어갈 나이가 되자 자식들도 모르는 질환을 징병위원회의 동료 의사들에게 몰래 털어놔 결국 군대부적합 판정을 받게 했다고 당시 일곱 살이던 내게 말씀하셨다. 아버지는 나라를 위해 봉사하기를 원하셨고 이미 일 년 전부터 입대하려고 애썼지만 할아버지의 승낙을 받아내지 못했다. 참전하지 못한 데 대해 후회나 죄의식을 드러낸 적은 없었지만, 내가 아는 한 아버지의 가장 큰 취미는 제2차 세계대전에 관한 책을 읽고 영화를 보는 것이었다.

1960년대에는 열일곱 살이 넘으면 누구나 징병번호를 받았는데 대학생들은 대부분 입대를 연기했다. 열한 살 때 전쟁은 이미 확전의 양상을 띠기 시작했다. 닉슨이 백악관 주인이 되었고, 군대는 대학생, 대학원생, 의학생 가리지 않고 마구 징집하기 시작했다. 서른이 넘은 사람들도 소집했다. 국기를 덮은 수백 개의 관이 거대한 수송기에서 텍사스 비행장에 내려지는 광경이 저녁뉴스에 나왔다. 이제 이웃에 사는 아이들도 시체가 되어 돌아왔다. 우리가 아는 사람들의 형들이었다. 같은 해에 우리는 과학 수업 시간에 나비를 수집하고 죽이고 표본으로 만드는 과제를 했다. 나는 더 이상 이런 일을 할 수 없어서 어머니가 다른 과제를 내달라고 학교에 편지를 써야 했다. 매일 TV에 베트남전쟁에 관한 뉴스가 넘쳤다. 어머니는 내가 걱정되셨는지 어느 날 저녁 식탁에서 이렇게 말씀하셨다. "물론 네가 군대에 징집되더라도 양심적 거부자로서 가고 싶지 않다고 말할 수 있어. 그리고 그들이 그 이유를 받아들이지 않으면 캐나다로 가면 돼."

그 말에 아버지가 포크를 내던지셨다. "내 아들은 그런 짓 하지 않을 거야! 군대에 징집되면 전쟁에 나가 싸워야지. 그게 미국 시민의 의무야. 내 자식은 절대 병역기피자로 만들 수 없어!"

난 항상 아버지를 나의 든든한 보호자로 생각했다. 만약 무슨 일이 생겨 곤란한 상황이 발생하면 아버지가 나를 감싸주리라 믿었다. 어머니는 "그 아이는 그런 전쟁에서 싸우지 않을 거예요"라며 맞섰다. 나와 여동생이 잠자리에 든 뒤 한참 시간이 지날 때까지 부모님이 이 문제로 말다툼을 벌이셨다. 다른 날 같았다면 여동생과 침대를 오가며 치고받고 놀았겠지만 이날은 조용하게 이야기를 나눴다.

"아빠 말이 무슨 소리야? 왜 저렇게 화가 나셨어?" 동생이 물었다.

"너는 텔레비전에서 뉴스도 안 보니?"

"나도 알아, 베트남이 남과 북으로 갈려 싸우고 있잖아." 동생은 당시 일곱 살이었다.

"아빠는 내가 거기에 가야 할지도 모른다는 거야."

"말도 안 돼! 그러다 죽으면 어쩌려고! 그럴 리가 없어!"

베트남전쟁이 벌어질 무렵 미국에서 권력이나 권위를 가진 사람들은 죄다 전쟁에 찬성하는 것으로 보였고, 반대 목소리를 소리 높여 외치던 자들은 전쟁을 멈출 힘이 없었다. 걸프전과 이라크전쟁 때는 상황이 달랐다. 처음부터 워싱턴에서도 반대 목소리가 있었고 대중들의 반대도 만만치 않았다. 전쟁에 반대하는 아이가 보기에 베트남전쟁을 둘러싼 논쟁은 마치 다윗과 골리앗의 싸움처럼 보였다. 전쟁에 반대하는 사람들이 주위에 많았다. 수백만 명은 족히 되어 보였지만 우리는 부자도 아니었고 권력도 없었다. 상황은 우리에게 압도적으로 불리해 보였다. 가장 중요한 반전주의자 리더였던 마틴 루터 킹과 로버트 케네디가 그해에 암살당했다. 나는 케네디가 암살당하던 모습을 텔레비전에서 생중계로 보았다. 할아버지도 그해에 세상을 떠나셨다. '우리'는 1968년 민주당 전당대회에서 권력을 잡으려 했지만 제지당했다. 반전 구호를 소리 높여 외친 자들은 사회의 주변부로 밀려난 반항아들이었다.

저항운동에 구심점이 되는 노래들이 있었다. 나는 일곱 살 때 캘리포니아 산악지대로 여름 캠프를 떠나 그곳에서 '꽃들은 다 어디로 가버렸을까?'와 '바람이 속삭이는 말'을 처음으로 배웠다. 스물두 살의 인솔자가 기타를 들고 모닥불 곁으로 와 90명의 아이들에게 이 두 곡을 가르쳐주었고 우리는 3주 동안 매일 밤 이 노래를 불렀다. 전쟁이 확대되자 더 많은 노래들이 라디오에서 흘러 나왔다. '워(왓 이즈 잇 굿 포?), '나는 더는 행진하지 않으리', '세계 군인', '파괴의 전야', '브링 뎀 홈(이프 유 러브 유어 엉클 샘)', 그리고 다른 비틀스 멤버 없이 존 레넌 혼자 작곡하고 노래한 '평화에게 기회를' 등등. 이 노래는 비틀스 노래처럼 들리지 않았지만 친숙한 목소리와 친근한 어쿠스틱기타 리듬으로 전쟁의 종식을 호소했다. '평화에게 기회를'은 저항의 노래 가운데 최초의 곡도 가장 유명한 곡도 아니었지만, 음악의 힘과 단순명료한 메시지로 감정을 폭발시켰다. 나와 친구들은 이 노래의 묘한 가사를 다 외웠고, 야구장과 스카우트캠프와 교회를 가는 도중에 왜건 뒷자리에 앉아 계속해서 불러 댔다. 레넌이 앞장서서 반전 물결을 이끌었다. 그의 카리스마와 지성으로 이제 사람들도 여기에 귀를 기울였다. 이는 다름 아닌 노래의 힘이었다!

대학생들이 도처에서 저항하며 노래했다. 버클리 캘리포니아 대학이 우리가 사는 언덕 너머에 있었고, 자유 발언과 저항운동과 여성해방과 인종 문제가 하나의 거대한 이슈로 수렴되어 우리를 뭉치게 하고 그들을 압박했다. 이때 노래가 지혜를 전하고 격려하고 동기를 부여하는 역할을 했다. 노래는 당신의 머릿속에서 계속 재생되면서 이런 운동이 당신 머릿속에, 혹은 당신이 보고 있는 작은 집단의 머릿속에 들어 있는 생각 이상으로 중요한 문제임을 꾸준히 상기시킨다. 당신과 같은 생각을 하는 사람들이 전국 방방곡곡에 많다는 것을, 수십만 혹은 수백만 명의 저항자들이 같은 노래를 부르고 같은 슬로건을 외치는 것을 보면서 알게 된다. 이런 식으로 노래는 강한 연대감을 불러일으킨다.

그 무렵 네 명의 학생이 시위 중에 사살되는 켄트 주립대 비극이 일어났다. 학교에만 가면 다들 이 이야기를 했고 불신감이 팽배했다. 국가가 위기에 처했을 때 미국 시민을 보호하고자 창설된 주 방위군이 우리와 같은 반전주의자 네 명을 쏘아 죽였기 때문이다. 우리는 이미 지난주에 수업을 거부하고 캘리포니아 대학 축구장에 모였다. 미리 약속한 대로 전국에서 몰려든 수십만 명의 다른 학생들과 함께 한 시간 동안 아무 말도 없이 그곳에 서 있었다. 주 방위군이 우리한테도 총을 쏘면 어떻게 될까?

나는 '시카고 7인'*에 매료되었다. 그레이엄 내시가 이들을 소재로 '시카고'*라는 노래를 작곡한 뒤로는 내 역할 모델로 자리 잡을 정도였다.

다들 모두 크로스비, 스틸스 앤 내시(CS&N)의 '시카고'를 알았다. 스틸스는 몇 년 전에 (닐 영이 멤버로 있는 자신의 밴드 버펄로 스프링필드와 함께) 반전 노래 '대체 무엇 때문에'를 부르기도 했다.

> 편을 갈라 싸우고 있어
> 모두가 잘못이라면 누구도 올바를 수 없지
> 젊은이들이 속마음을 털어놓을 때
> 뒤에서 숙덕대며 저항하는 자들이 있어
> 멈춰야해, 이봐 저 소리를 들어봐
> 다들 뭐가 잘못되고 있는지 알잖아.
>
> _ 버펄로 스프링필드, '대체 무엇 때문에'*

『뉴욕타임스』의 평론가 닐 겐즐링어 Neil Genzlinger는 1960년대를 다룬 한 다

---

* 1968년 민주당 전당대회에 돼지를 끌고 나타나 대통령 후보로 추대했던 7인. 이날 전당대회에서 보수적인 후보가 선출되자 시위와 이어 강제진압이 일어났고, 이들은 음모와 선동 혐의로 기소되어 재판을 받았다.

큐멘터리(2007년에 방영)의 리뷰 기사에서 이렇게 썼다. "저 놀라운 노래가 68년의 소란을 완벽하게 포착하고 있으므로 다큐멘터리 제작자는 아마 무의식적 판단으로 이를 사용했을 것이다. 마치 스티븐 스틸스가 2분 41초 노래에 담은 것보다 더 멋진 말을 할 게 아무것도 없다는 듯이. 노래의 시작 부분에 들리는 5도 음정의 벨소리는 마치 비상사태를 알리는 경종처럼 울린다."

1970년 켄트 주립대 사건이 일어나고 바로 뒤에 CS&N이 스튜디오에서 닐 영과 함께 작업했다. '티치 유어 칠드런'은 차트 상위권으로 치고 올라갔다. 그 무렵 닐 영은 희생된 네 학생을 위해 '오하이오'라는 노래를 막 작곡한 터였다. "그레이엄이 노래를 당장 발매하자고 하더군요." 닐 영이 그렇게 회상했다. "그의 요청이었어요. 차트에 오르고 있는 노래는 그가 작곡한 노래였으니까요. 우리는 두 곡이 동시에 차트에서 선전하기는 어렵다는 것을 알았어요. 하지만 그레이엄은 노래 발매가 중요하다고 판단했어요. '오하이오'를 위해 '티치 유어 칠드런'을 희생한 거죠. 대단한 결정이었습니다." 그레이엄이 옆에서 거들었다. "내가 홀리스라는 그룹을 떠난 것은 어떤 노래를 발매할지를 두고 멤버들 간에 다툼이 있었기 때문입니다. 닐에게는 그렇게 하고 싶지 않았어요." '오하이오'는 가장 감동적인 반전 송가 가운데 하나가 되었다. 데이빗 크로스비가 레코딩 마지막에서 외치는 소리가 인상적이다. 50~70년대에 성장기를 보낸 많은 사람들은 정치적이든 음악적이든 반전 운동을 앞에서 이끈 지도자들을 소수자에게 든든한 버팀목이 되고 양심의 목소리를 소리 높여 외친 영웅들로 기억한다.

나는 친구들과 함께 암살에 대해 다룬 글들은 모조리 찾아서 읽었다. [흑인 인권운동가 마틴 루터 킹 목사를 저격한 암살범] 제임스 얼 레이

James Earl Ray, [로버트 케네디 상원의원을 저격한 암살범] 시르한 시르한 Sirhan Sirhan, 그리고 켄트 주립대에 대해. 전쟁을 둘러싼 의견 차이는 우리 가족을 둘로 갈라 놓았다. 다른 모든 면에서 나와 의견이 같은 아버지도 전쟁에 대해서만은 생각이 달랐다. 이런 현실에, 게다가 내게 모든 것을 설명해주고 과학에 대한 관심을 일깨워 준 할아버지의 죽음에 나는 망연자실했다. 하지만 당시 나는 고작 열한 살이었으므로 조 할아버지*를 위해, 킹 목사와 케네디 상원의원을 위해, 전쟁에서 죽어간 6만 명과 부상당한 30만 명의 미국 청년들을 위해, 오하이오에서 희생된 젊은 학생들인 앨리슨 크라우스, 제프리 밀러, 샌드라 쉐이어, 윌리엄 슈뢰더를 위해 눈물을 흘릴 수 없었다. 그들을 위해 우리 모두를 위해 울고 싶었다. 하지만 아직 준비가 되지 않았다.

*   *   *

마침내 전쟁을 계속 이어가는 것이 정치적으로 부담되는 때가 왔다. 미국이 전쟁에서 계획했던 목표를 이룰 수 없다는 것이 명백해진 것이다. 여기에 음악이, 저항의 깃발을 드높인 반전 사운드트랙이 어느 정도로 영향을 미쳤을까? 단언하기는 어렵지만 음악은 행진과 집회가 열리고 사람들이 조직적으로 모이는 곳이면 어디서든 울려 퍼졌다. 아무리 과소평가한다 해도 당시 사람들이 음악이 자신들에게 도움이 된다고 생각했던 것만은 분명하다. 그렇다면 노래는 어떻게 그와 같은 변화를 이끌어낼 수 있을까?

* 로알드 달의 소설 『찰리와 초콜릿 공장』에 나오는 인물.

"예술이 힘을 갖는 것은 형식과 구조 때문입니다. 앞서 말했듯이 좋은 음악은 언어의 장벽, 종교와 정치의 장벽을 훌쩍 뛰어넘어 누군가의 절절한 마음에 닿을 수 있습니다. 그들의 마음을 열어 일상적인 말로는 제대로 받아들이기 어려운 생각을 포용하게 하죠." 피트 시거의 말이다.

스팅은 이런 말을 했다. "나는 물론 노래의 힘을 믿습니다. 하지만 노래 하나가 하룻밤 사이에 모든 것을 바꿔 놓을 수 있다고는 생각하기 힘들어요. 그저 누군가의 머리에 씨앗을 뿌리는 정도죠. 언젠가 내 머릿속에 심어져서 나를 지금과 같은 정치적 동물로 만든 그런 씨앗처럼 말입니다. 당신이 어떤 젊은이의 마음에 어떤 생각을 담아 노래하면, 언젠가 그가 정치가나 권력자가 되었을 때 그 씨앗이 열매를 맺을 수 있다고 생각합니다. 피트 시거는 40~50년이 지나 이후 세대에 이르러 열매를 맺을 수 있는 그런 씨앗을 여러 개 뿌렸었죠."

브루스 콕번은 1980년대 초에 과테말라 포로수용소를 방문한 뒤 반전 노래 '내게 로켓 발사대가 있다면'을 작곡했다. 콕번은 이렇게 설명한다. "나는 늘 내 자신의 경험을 작곡의 출발점으로 삼지만, 이를 제쳐두더라도 우리가 서로를 죽이려는 열망을 잠재울 수 있는 해결책을 찾으려면 거칠 것 없는 분노, 그냥 나가서 아무나 쏴 죽이자고 서슴없이 말하는 야만적인 분노를 처리하지 않으면 안 됩니다. … 이 노래를 만들게 된 것은 정치인들이 아니라 청중들에게 다가가기 위해서였어요. 우리의 지명도를 활용해서 캐나다 대중들에게 우리가 본 것을 교육시키고, 옥스팜이 지역에서 행하는 프로젝트를 위한 기금을 마련하자고 생각했죠."

여기 헬리콥터가 오네, 오늘만 벌써 두 번째
모두들 흩어지면서 헬기가 사라지기만을 바라네

그자들은 대체 얼마나 많은 아이들을 죽였을까

내게 로켓 발사대가 있다면 … 누군가에게 책임을 물을 텐데

나는 주 방위군을 믿지 않아, 증오를 믿지 않아

장성들이나 그들의 역겨운 고문을 믿지 않아

살아남은 자들은 너무도 비참해서 차마 말을 꺼내려 하지 않네

내게 로켓 발사대가 있다면 … 앙갚음을 해줄 텐데

리오라칸툰에 지금 십만 명이 굶어죽거나

비참한 운명에 떨어질 날만을 기다리고 있어

입구마다 시체가 놓인 과테말라를 위해 울어라

내게 로켓 발사대가 있다면 … 당장 행동에 나설 텐데

목소리 높여 외치고 싶어, 적어도 노력은 해야지

생각만 했는데도 눈가에 눈물이 맺히네

절망의 상황, 희생자들의 끝없는 울부짖음

내게 로켓 발사대가 있다면 … 몇몇 개자식들을 골로 보낼 텐데

_ 브루스 콕번, '내게 로켓 발사대가 있다면'(•)

패치 클라인의 '크레이지'(•)를 비롯해서 2,500곡의 노래를 작곡한 윌리 넬슨은 2003년 크리스마스에 이라크전쟁에 항의하는 노래 '세상의 평화는 대체 어떻게 된 걸까?'를 작곡했다. "뭔가 논쟁이 일었으면 좋겠습니다. 당신이 이와 비슷한 노래를 작곡했는데 아무도 그에 대해 말하지 않는다면 아마 기가 꺾이고 말겠지요."

세상에 많은 일들이 일어나고 있어

죽어가는 아이들, 울부짖는 엄마들
한 사람의 목숨 값을 석유로 치면 얼마나 될까
세상의 평화는 대체 어떻게 된 걸까

_ 윌리 넬슨, '세상의 평화는 대체 어떻게 된 걸까?'

1960, 70년대 저항의 노래에는 약물이 동반되는 경우가 많았다. 마리화나, 코카인, LSD, 메스칼린, 페요테, 아편, 헤로인, 기타 여러 암페타민과 바르비투르산염 등등. 우리 부모 세대는 이 모든 약물을 효과에 따라 구별하지 않고 받아들였다. 당시에도 오늘날처럼 사회 주변부로 밀려난 약물중독자들이 있었고, 주로 문제나 책임을 회피하거나 기분을 좋게 하려고 약물을 복용하는 사람들이 있었다. 하지만 사고에 통찰력을 얻거나 종교가 빠르게 영향력을 잃어가는 시대에 영적 감정을 깨우는 자기 탐구의 수단으로 약물을 활용하는 사람들도 많았다. 진실로 영성을 갈구하고 주위에서 일어나는 혼란한 상황들을 어떻게든 이해하고 싶지만 전통적인 종교제도가 아무런 도움을 주지 않을 때, 사람들은 요가, 불교, 아인 랜드*, 밥 딜런, 조운 바에즈, 레넌 앤 매카트니, 제퍼슨 에어플레인의 음악, 그리고 때로는 약물에 손을 내밀었다. 나는 깨달음을 얻으려고 암페타민이나 헤로인을 복용하는 사람은 한 명도 보지 못했다. 이런 약물은 그저 문화의 일부로서 아무 때나 구할 수 있었다. 올더스 헉슬리Aldous Huxley, 티모시 리어리Timothy Leary, 켄 케시Ken Kesey, 람 다스Ram Dass, 존 레넌 같은 유명인들이 약물을 복용한 뒤 사물의 이치를 깨닫고 사고를 확장하고 세상과 마음의 신비를 깨우쳤다는 말을 했다.

* 러시아 태생의 미국 소설가이자 철학자로 그녀의 합리적 개인주의 사상은 오늘날 미국의 자유주의 사상에 많은 영향을 미쳤다.

음악과 약물의 조합은 막강한 위력을 발휘하는데 아직 과학적으로 그 비밀을 다 풀지 못한 상태다. 약물의 종류에 따라 뇌에 작용하는 방식이 각기 다르며, 음악적 경험에도 저마다 독특한 효과를 미친다. 가령 코카인이나 스피드 같은 약물은 의식을 바꾸거나 음악이 완전히 달리 들리게 하지 않는다. 대신 환각물질은 신경 발화 패턴을 바꿔 연상과 기억을 강화하고 상상력을 끌어올릴 수 있다. 예컨대 LSD나 페요테를 복용하면 환각과 실제 지각이 번갈아 일어나 상상적이고 통찰력 있고 시적인 새로운 생각들이 이어질 수 있다. 많은 이들이 약물에 의해 유도된 경험을 돌이켜 평가하기를, 자신을 더 잘 이해하고 자신이 세상과 남들과 어떻게 연결되어 있는지 더 잘 이해하게 된 듯한 느낌이었다고 말했다. 자연과의 유대감이 한층 강화된 듯했다는 말도 있었다. 제퍼슨 에어플레인의 폴 캔트너는 멤버들이 LSD를 복용하고 자연을 명상했을 때를 이렇게 회상했다. "다들 (샌프란시스코의 골든게이트 공원 같은) 아름다운 공원에 둘러앉아 마음이 맞는 자유로운 사람들과 사랑과 선의의 분위기에 둘러싸인 광경을 상상했습니다. 매춘과 범죄, 가난으로 들끓는 도심지에서 마약을 복용하는 광경을 생각할 수는 없잖아요. 이런 환경에 처한 사람에게는 약물이 완전히 다른 효과를 미치니까요."

각각의 약물이 저마다 뇌에 미치는 영향도 있겠지만 환경과의 상호작용도 중요하며, 개인마다 각기 다른 신경화학 조합도 약물의 작용에 관여한다. 사람들마다 뇌가 생긴 모양(물리적 크기나 주요 구조물의 배치 등)과 신경 경로에 차이가 나며, 뉴런들끼리 서로 정보를 주고받아 그 결과 사고, 감정, 희망, 욕망, 믿음을 형성하게 만드는 여러 화학물질들의 한계 기준도 저마다 다르다. 나는 신경과학자로서 백 명이 넘는 LSD 복용자들을 알고 있는데, 이 물질이 무엇보다 개인의 마음을 구성하고 있는 보이지 않는 요소들에 크게 좌우된다는 믿음을 갖고 있다. 어떤 사람은 수백 차례나 약물 여행을 떠나도 전혀 부작용에 시달리지 않는데, 고작 서너 차례 하고는 다시는 하고 싶지 않다는 사람도 있다. 이른바 약물의 희생자 가운데 상당수가 캘리포니아 해안에 거주했다. 나는 이들을 산타크루즈와 산타바바라 같은 도시에서 만났는데 다들 뇌가 제대로 작동하지 않아 고생이 이만저만이 아니었다.

음악이 마리화나와 결합되면 극도의 행복감을 안겨 주고 음악과 음악가에 연결되어 있다는 느낌이 들게 한다. 마리화나의 구성성분인 테트라히드로카나비놀($\triangle^9$-THC)은 뇌의 쾌락중추를 자극하는 동시에 단기 기억을 교란하는 것으로 알려져 있다. 단기 기억의 붕괴가 듣는이를 음악이 펼쳐지는 순간 속으로 밀어 넣는다. 방금 연주된 것을 마음속에 담아두거나 곧 연주될 것을 미리 내다보지 못하기 때문에 약에 취한 사람들은 음악을 한 음 한 음 듣는 경향이 있다. 무의식적으로는 평소와 같은 예측의 과정이 여전히 진행되고 있지만(나의 전작 『뇌의 왈츠』에서 이를 대략적으로 설명했다), 의식은 음악 경험을 시간이 정지된 현상으로 받아들인다. 그래서 이들은 완전한 순간 속에서 음이 진행되는 동안만 살아간다.

LSD, 실로시빈, 페요테, 메스칼린 등 환각물질은 시간이 멈춘 듯한 이런 경험 말고도 감각들이 서로 뒤섞인 공감각적 경험을 하게 해준다는 공통점이 있다. 다양한 감각 수용체로 들어온 입력물이 서로 뒤섞여 가령 소리가 맛을 불러일으키고 냄새가 촉감을 불러일으킨다. 한편 이런 약물은 아직 이유가 다 밝혀지지는 않았지만 뇌의 세로토닌 체계의 작용에 영향을 미쳐 주위 사람들과 사물이 마치 자기와 하나가 된 듯한 감정을 불러일으키기도 한다. (세로토닌은 수면, 꿈, 기분의 조절에 관여하는 신경전달물질로, 우울증 치료제 프로작이 세로토닌의 작용을 규제하여 효과를 발휘하는 약품이다.) 뭔가에 연결되어 있다는 이런 느낌은 음악가들이 함께 모여 환각물질을 복용하고 함께 노래하며 황홀경을 경험할 때 최고조에 달한다. 이렇게 신경화학적·영적 체험을 공유하는 전통은 수세기 동안 아메리카 원주민들(남반구와 북반구 모두)의 제의를 신성하게 해주는 밑바탕이었다. 우리 시대에 이런 전통을 이어받은 밴드로 그레이트풀 데드가 있다. 이들은 마찬가지로 LSD를 복용한 청중들과 강한 일체감을 형성하여 예술가와 청중 사이에 경험의 일치를 이끌어낸다. LSD를 복용하고 그레이트풀 데드의 음악을 들은 사람들은 자신의 경험을 전기에 빗대 설명한다. "그들에게 플러그가 꽂힌 기분이에요", "우리는 파장이 같아요", "제리의 솔로를 듣고 있노라면 짜릿하게 감전됩니다." 피시, 데이브 매튜스 밴드 같은 밴드들이 1990년대와 2000년대에 이런 전통을 더욱 확장시켰다.

1960, 70년대에는 약물 전통이 반문화 운동을 대표할 정도로 널리 퍼져 있었다. 사회의 소수자들과 문화계의 선봉 내지 언저리에 있는 자들이 반문화 운동을 이끌었는데, 이들은 관점에 따라 약물에 대해 찬성하거나 반대했다. 지난번에 뉴욕에 갔을 때 내 친구 올리버 색스Oliver Sacks를 만났는데, 그는 1960년대에 로스앤젤레스 토팽가 캐년 지역에서 약물을 복용해 본 적이 있다는 말을 해서 나를 놀라게 했다. 신경과학자로서 약물이 신경계에 미치는 작용에 관심이 많아 직접 경험해 보고 싶었다는 것이다. "언젠가 프링글스 감자칩과 관련해서 공감각적인 꿈을 꾼 적이 있지. 꿈속에서 나는 프링글스를 먹는 중이었는데, 입 안에서 와삭 깨무는 순간 교향곡인가 협주곡인가 하는 작품이 연주되었어. 프링글스 하나가 몇 마디에 해당되었어. 당시는 약물을 복용하지 않았는데 어쩌면 그 전에 있었던 약물 경험의 여파인지도 몰라. 아무튼 나는 약을 할 때면 음악을 듣기

보다는 밖에 앉아 풍경을 바라보거나 소형 오토바이를 타고 달려. 가끔 음악을 듣기도 하는데 그러면 감각적으로는 흥분되지만 대개는 음악의 구조를 제대로 따라가지 못해."

올리버는 언젠가 친구 집에 갔던 경험도 털어놓았다. 친구가 잠깐 밖에 나갔는데 "메스칼린과 어쩌면 마리화나도 조금 했을 거야. 약효가 일어나기를 기다리면서 아파트 거실에 있는 전축을 틀었어. 약물의 효과가 처음 나타나자 음악이 엄청 흥미롭게 들리더군. 동시에 입 안에서 씁쓸한 맛이 약간 느껴졌지." 영국인 특유의 강세로 말하는 올리버의 목소리는 멋진 이야기꾼에게서 느껴지는 경쾌한 음악적 가락을 탔다. "갑자기 음악이 스피커뿐 아니라 사방에서 울려 퍼지더니 내 모든 생각을 잠식했어. 나는 몬테베르디까지 거슬러 올라가는 400년의 음악 역사에 묶여 하나가 된 듯했어. 그보다 멋질 수 없는 색깔들이 보였고 내 생각은 정상적인 패턴에서 벗어나 자유롭게 떠돌았지. 한 번도 본 적 없는 색깔이 눈앞에 아른거렸고 무척이나 평화로운 느낌이 들었어. 문득 세상이 예전에 내가 생각했던 것보다 더 오래되고 더 조직된 모습으로 다가왔어. 나야 물론 공공연한 무신론자이지만 선한 존재가 옆에 있다는 느낌이 강하게 들더군. '아인슈타인의 신'*이라 할 만한 경험이었지."

이런 이야기를 나누고 얼마 지나지 않아서 올리버가 내가 사는 몬트리올로 왔다. 겨울이면 내가 인지심리학 강의를 하는 강의실에서 800명의 사람들을 상대로 특별 강연을 하기 위해서였다. 그는 다양한 뇌 질환으로 음악 경험이 달라진 사람들의 사연을 다룬 통찰력 넘치는 책 『뮤지코필리아』 가운데 세 장을 주제로 강연을 했다. 다음날 아침 나는 그가 묵

---

* 인간처럼 인격을 갖춘 신이 아니라 전 우주가 모두 신이라는 범신론에 가까운 개념.

고 있는 호텔에서 그와 실무보조자이자 편집자인 케이트 에드가를 만나 멋진 뷔페를 들었다. 올리버와의 뷔페 식사는 … 잊을 수 없는 경험이었다. 그는 음식을 접시에 조금 덜어 자기 자리에 와서 먹고는 잽싸게 식탁으로 다시 달려갔는데, 눈을 가늘게 뜨고 등을 구부려 진귀한 음식이 없나 찾는 모습이 사냥꾼과도 같았다. 그의 이런 노력은 보상을 받았다. 케이트와 내가 미처 보지 못했던 청어와 바나나너트 빵, 그라놀라를 접시에 담아 왔다.

우리가 음악 환청에 대해 이야기를 나누던 중 올리버가 자리에서 벌떡 일어났다. 몇 분 뒤에 그는 별모양으로 생긴 카람볼라라는 열대과일을 갖고 왔다. 올리버는 인생에서 그 무엇도 그냥 넘기는 법이 없었고 사소한 수많은 순간들에서 기쁨을 찾았다. 그는 외과의처럼 정확한 손놀림으로 카람볼라를 반으로 가르고는 별모양으로 생긴 내부 패턴을 경외의 눈으로 찬찬히 들여다보았다. 이어 과일을 씨까지 다 먹었다. 나는 그에게 잠이 막 들었을 때(전문적인 용어로 하면 입면기hypnagogy) 내가 자주 겪는 음악 환청에 대해 이야기하는 중이었다. 올리버는 내가 최근에 『뉴욕타임스』에 기고한 특집기사에 각별한 관심을 보였다. 음악과 동작 간의 신경유전적·신경해부학적 관계를 설명한 글로 마지막에는 반농담조로 링컨센터의 좌석을 다 걷어내고 사람들이 진화의 자연스러운 경향인, 음악에 맞춰 춤추는 것을 허락하라고 요청했다. 올리버는 기사에 대해 이야기를 나누는 동안 자리에 앉아 앞뒤로 몸을 흔들었다. "지금 머릿속에서 음악이 들려?" 내가 묻자 그가 이렇게 대답했다. "나는 거의 항상 머릿속에서 음악을 듣지!"

우리가 아침식사를 한 곳은 페어몬트 퀸엘리자베스 호텔이었다. 올리버는 즐거운 표정으로 '존 레넌 특실'에 묵었다고 말했는데 그 방에 얽힌 사연은 제대로 알지 못했다. 레넌은 1969년에 그 방에 머물면서 유명한 반전 이벤트를 펼쳐 화제를 모았다. 레넌이 퀸엘리자베스에 머물며 침대 시위를 펼치고 있다는 보도를 접했던 때가 생각난다. 그때 나는 캘리포니아에서 그 소식을 들었더랬다. 몬트리올에서 지낸 지도 이제 8년이 되어 가는데 그 방이 여태까지 보존되어 있는 줄은 미처 몰랐다. 레넌의 이름을 갖다 붙였다는 사실은 더더욱 몰랐다. 내가 레넌의 팬이라는 걸 잘 아는 올리버는 아침을 먹은 뒤에 내게 방을 보여주겠다고 했다. 그래서 같이 1742호에 올라갔다. 엘리베이터에서 내리자마자 나는 그만 얼어붙고 말았다. NBC 야간뉴스 '헌틀리 브링클리 리포트'에서 보았던 바로 그 1742호 앞 복도라는 것을 금방 알아보았던 것이다.

케이트와 나는 그 방에 '존 레넌/요코 오노 특실'이라는 이름이 붙은 이유를 올리버에게 열심히 설명했다. 1969년 5월의 마지막 주에 레넌과 오노는 베트남전쟁에 항의하는 이벤트를 펼쳤다. 자신의 유명세 덕분에 기자들이 자신의 일거수일투족에 주목한다는 사실을 깨달은 레넌은 이를 좀더 고귀한 목적에 사용하기로 했다. 그래서 요코와 함께 신혼여행 때 연좌시위 비슷한 '베드인' 퍼포먼스를 펼치기로 계획했다. 일주일 동안 침대를 차지하고 앉아 기자들에게 전쟁과 평화에 대해 이야기하면서 자신들의 견해를 널리 알리려는 것이다. 많은 기자들이 그들을 조롱했다. 두 사람이 혹시 카메라 앞에서 사랑을 나누지 않을까 기대했다가 실망하는 사람도 있었다. 존과 요코는 엄청난 인내심을 발휘해 끝없이 몰려드는 기자들을 일일이 다 상대해 주었다. 진지한 이야기를 기대하고 오는 기자들도 있었지만 대부분은 그렇지 않았다.

올리버가 문을 열고 우리를 안으로 들였다. 방을 보는 순간 화면이 쫙 나뉘어져서 현재의 모습 위로 40년 전 헌틀리-브링클리, 월터 크롱카이트, 피터 제닝스의 보도로 보았던 방의 모습이 생생히 떠올랐다. 1969년 6월 1일, 레넌은 이 방에서 '평화에게 기회를'을 작곡하고 녹음했다. 티모시 리어리, 토미 스머더스 등이 뒤에서 보컬을 거들었다. 매트리스가 바뀐 것을 제외하면 호텔 방은 그때랑 변한 게 없어 보였다. 베드인 퍼포먼스를 벌였던 존과 요코의 사진들이 벽에 붙어 있었다. 침대 바로 옆에 붙은 컬러사진 한 장이 눈에 띄었다. 존의 적갈색 머리와 짙은 눈썹, 그리고 두 눈 사이에 난 작은 점이 보였다. 요코가 존의 몸에 있다고 한 3개의 점 가운데 하나였다. 좀처럼 사진에서 포착되지 않는 이 점은 제3의 눈처럼 보였다. 그는 자신의 깁슨 J-160 기타를 마치 아이처럼 껴안고 있는데 존이 기타를 안고 있는 사진은 예전에 한 번도 본 적이 없다. 기타 앞쪽에 그가 펜으로 그린 자신과 요코의 캐리커처가 보인다. 컬러사진 양 옆에는 두 사람이 침대에 앉아 기자들에게 말하는 흑백사진이 두 장 있다. 티모시 리어리와 토미 스머더스가 각각의 사진에 보인다.

올리버는 침실 옆에 마련된 대형 응접실에 서서 액자에 든 '평화에게 기회를' 가사와 500만 장 판매고에 수여한 골드레코드를 보고 있다. 존과 요코의 많은 사진들과 선불교 회화 두 점, 과일 정물화 한 점이 벽을 우아하게 장식했다. "나는 1960년 이후의 대중문화는 잘 몰라." 그렇게 말하는 올리버의 억양과 톤이 마치 세스 맥팔레인Seth McFarlane의 스튜이 그리핀* 을 생각나게 했다. 그러나 케이트와 나는 이 모든 것을 보고 자랐고, 당시에는 우리가 원하기만 하면 세상을 정말로 바꿀 수 있을 줄 알았다.

우리 두 사람은 사진에 시선이 박혀 꼼짝도 않는다. '존과 요코가 항의를 시작했던 침대 바로 옆에 내가 서 있어. 바로 여기서 그들이 노래를

---

* 그가 제작한 애니메이션 「패밀리 가이」에 나오는 캐릭터.

불렀다고.' 머릿속에 노래가 들린다. 평화를 갈망하는 노래, 사람들에게 무기를 내려놓으라고 간청하는 노래, 진심이 담긴 거대한 송가가. 이 노래는 독특하게도 자신을 둘러싼 미디어의 난리법석을 언급하고 있다. 각절의 가사는 이벤트에 대해 적절한 꼬리표를 생각해내고 캐릭터를 부여하느라 여념이 없고, 정작 노래에 담긴 메시지는 안중에도 없는 기자들에게 한 방 먹이는 내용이다.

일상 화법으로 메시지를 요약하는 후렴구의 가사가 인상적이다. "우리가 말하려는 것은 평화에게 기회를 주라는 것뿐." 우리는 다른 모든 것—폭탄, 총, 네이팜탄, 백병전, 공습, 기총소사—을 다 해봤다. 그렇다면 잠시 무기를 내려놓고 싸움을 멈추고는 어떤 결과가 나타날지 지켜보면 안 될까? 참으로 단순한 메시지다. 스물여덟의 나이에도 세상에 대해 아이처럼 경이로운 감각을 간직하고 있는 사람에게서 나올 법한 말이다. 이후 그는 겨우 11년을 더 살았다.

그토록 많은 사람들이 죽었는데 어떻게 전쟁에서 승리했다는 말을 할 수 있을까? 누가 승자이고 그들은 어디서 승리한 걸까? 그렇게 많은 사람들을 죽여 놓고 아무 책임도 지지 않는 권리는 뭐란 말인가?

***

사진들을 둘러보고 침대를 보고 다시 사진으로 눈을 돌린다. 난방기 옆에 서서 내가 지금 서 있는 방과 사진 속의 모습을 찬찬히 맞춰 본다. 창문가로 다가가 밖을 내다 본다. 존도 여기서 이런 광경을 보았겠지. 도시의 마천루, 도로 위의 자동차들, 거리 저편의 빌딩. 그가 여기서 노래를 작곡했어. 사진에서 눈을 돌려 방 안을 찬찬히 돌아보니 케이트가 눈물을 흘리고 있다.

"그 노래를 처음 들었을 때 내가 어디 있었는지 기억나요." 그녀가 말한다.

내가 그녀의 말을 거들었다. "희망이 가득한 시기였죠. 레넌은 자신이 노래로 세상을 바꿀 수 있다고 믿었어요. 바로 그 노래로요. 음악의 힘을 믿었던 거죠." 노래가 머릿속에서 계속 돌아간다. 짜증을 불러일으키는 귀벌레가 아니라 풍성하고 생생한 소리다. 그의 기타 소리(마이크를 급하게 대충 설치해서 어엿한 악기보다는 사포로 쓱싹 문지르는 듯한 빈약한 소리에 가깝다), 방 안에 모인 스무 명 남짓한 사람들의 박수소리, 다들 바닥에 발을 굴려 베이스드럼 대용으로 만들어낸 비트가 우렁찬 소리를 낸다.

오랫동안 잊고 있던 생각들이 다시 밀려왔다. 할아버지의 죽음, 마틴 루터 킹과 로버트 케네디의 죽음, 전쟁터에서 죽은 참전용사들, 켄트 주립대 학생들, 그리고 레넌의 비참한 죽음. 레넌이 묵었던 1742호에서 그들 모두의 삶을 생각하며 그들이 지키려했던 것을 생각하자 눈물이 흐른다.

3

기쁨의 노래를 부르면

살다 보면 누구나 주체하기 어려울 만큼 아찔한 기쁨을 느낄 때가 있다. 오랜 겨울이 끝나고 따스한 햇살이 처음 비치는 날일 수도 있고, 거의 죽을 거라 생각했던 연인이 다시 회복된 모습을 보던 순간일 수도 있으며, 세 살짜리 꼬마가 몇 달째 보이지 않던 곰 인형을 침대 밑에서 찾았을 때일 수도 있다. 아무 이유 없이 그냥 기쁜 감정이 들기도 한다. 아침에 일어났는데 기분이 좋다. 이는 뇌에서 분비되는 화학물질이 무작위로 요동친 결과일 수 있다. 이런 감정을 거의 무의식적으로 찬양하고 싶은 욕망은 자연스러운 현상이다. 1장에서 나는 삶의 소소한 순간들을 찬양하는 시와 노래를 언급한 적이 있다. 방금 딴 토마토를 입에 물었을 때, 자기 아이가 첫걸음 떼는 광경을 보았을 때, 특별하게 생각한 사람이 당신을 사랑한다는 사실을 처음으로 깨달았을 때 등등. 이에 대한 자연스러운 반응은 노래하고 뛰어오르고 춤추고 소리치는 것이다. 이 모든 반응이 사회에서 찾아볼 수 있는 표준적인 음악과 춤의 일부가 된다. 이런 감정을 일관된 구조로 조직하면 노래가 되고 춤이 되는데, 그런 형식이 없어도 음악이나 춤이라 할 수 있다.

우리 시대의 위대한 두 싱어송라이터인 스팅과 로드니 크로웰 모두 인간이 불렀던 최초의 노래는 바로 기쁨을 표현하기 위한 노래였을 거라고 확신한다.

2007년 여름 스팅이 자신의 밴드 폴리스와 함께 순회공연을 돌 때 내 실험실에 들른 적이 있다. 그에게 『호모 무지쿠스』의 기획을 말하자 그는 음악의 기원에 대한 생각들을 함께 이야기했으면 좋겠다고 했다. 그래서 그해 가을 폴리스의 세계 투어가 열리던 바르셀로나에서 그와 다시 만났다.

"제 생각에 최초의 노래는 아무 뜻 없이 소리를 갖고 이런저런 장난을 치다가 나왔으리라 봅니다. 그냥 입을 벌리고 '아아아아 오오오오 아아아아 에에에에 요오오!' 하고 외치는 거죠. 이렇게 놀이 감각을 개발하고 기도를 활짝 열어 공기 중에 숨을 내보내는 연습을 하다가 노래가 나오게 된 겁니다. 하지만 본질적으로는 재미예요. 즐기려고 이런 소리를 내는 거죠. 공연장에서 노래할 때 저도 종종 이런 식으로 모음을 갖고 장난치는데, 그럴 때마다 소리에 주술적인 매력이 있다는 것을 깨닫곤 합니다. 마술 같아요. 내가 모든 것에 연결되어 있다는 신비한 느낌이 드니까요."

내가 말했다. "소리는 광경과 달라요. 뭔가를 볼 때는 저 밖에 있는 것으로 느끼지만 소리를 들을 때는 내 안에 있는 것으로 느끼죠." 말하면서 나는 손으로 머리를 가리켰다.

"맞아요. 소리는 내 안의 세상을 바깥세상과 연결시키죠. 폴리스 공연

때 내가 즐겨 하는 놀이가 청중들과 두 개의 모음을 주고받는 겁니다."

"에오오."

"그래요. '에오'를 자주 하죠. 이탈리아어로 '나'라는 뜻입니다. 내 심리 상태가 이런 놀이를 선호하는지도 모르겠지만, 아무튼 분명한 건 청중들이 즐거워한다는 사실입니다. 단순한 모음이잖아요. 이것이 청중과 나 사이에 유대감을 만들어냅니다. 공연장 전체를 이런 함성으로 채울 수 있어요. 의미의 유무를 떠나서 이런 놀이가 어떤 힘을 행사하는 것만은 분명합니다. 이건 개인적인 힘이 아니에요. 소리 자체에 힘이, 서로를 연결해주는 힘이 있어요. 이것이야말로 가장 위력적인 노래가 아닐까 생각합니다. 정말로요."

"폴리스 시절에 '아무리 사소한 것도 그녀가 하면 다 마술이죠'와 '데 두 두 두, 데 다 다 다'를 부르면서 이렇게 했죠."

"맞아요. 그리고 오늘밤에 연주할 '워킹 온 더 문'과 또 다른 노래에서도 그렇게 할 겁니다. 효과가 있어요. 사람들은 여기에 호응하면서 기뻐하고 마술적 힘을 느끼죠. 다시 주제로 돌아오자면, 제 생각에 최초의 '노래'는 원시인 한 명이 소리를 갖고 장난치자 주위의 다른 사람들이 여기에 호응하면서 만들어졌습니다. 마음에 들었겠죠. 기분이 좋았을 테니까요. 어쩌면 동작도 취했을 겁니다. 동작 없는 음악은 있을 수가 없죠."

로드니는 이런 말을 했다. "나는 노래가 주위 환경에서 처음 생겨났다고 생각합니다. 원형적인 노래인 셈인데 아마도 최초의 노래는 요즘으로 치자면 '당신은 나의 태양' 정도가 되지 않을까 싶어요. 원시인들이 소리를 갖고 삶의 면면들을 설명하려 한다면, 처음으로 노래하는 대상은 아마 태양이 되겠죠. … 우리는 감각으로 느끼는 것, 감수성에 와 닿는 것, 인식의 대상에 음악을 붙입니다. 오늘 같은 날 밖에 나가서 처음으로 눈에 들어오는 것은 태양의 움직임입니다. 그래서 이것이 내가 부르는 최초의 노래가 되는 거죠. 물론 지미 데이비스의 '당신은 나의 태양'은 해가 아니라 사람에 관한 노래지만, 원시인에게는 해에 관한 노래가 창조에 관한 노래나 마찬가지입니다. 화염덩어리 해가 내뿜는 빛과 열기는 궁극적으로 생존을 나타내니까요. 송라이터로서 창조자로서 우리가 하는 일은 주위의 것들을 승인하는 겁니다. 화가가 붓으로 하는 일을 우리는 음악으로 하려는 거죠."

우리가 둘러보는 인간 경험의 모든 모퉁이마다 기쁨의 노래가 있다. 외할머니는 끔찍한 독재와 강압을 피해 독일에서 미국으로 건너온 이민자셨다. 거실에서 부모님이 병사들에 의해 사살되는 광경을 바로 눈앞에서 보았다고 하셨다. 여덟 살 때 들었던 기억으로는, 할머니께서는 매일 아침 일어나면 '신이시여, 미국을 축복하소서'를 부르셨다고 한다. 이렇게 살아남아 자유를 얻고 여섯 손자들을 키워냈다는 사실에 기쁨과 감사를 느끼며 투박한 강세로 이 노래를 불러 주시던 외할머니 모습이 지금도 생각난다.

외할머니가 여든 살이 되셨을 때 어머니와 내가 80달러를 주고 작은 전자 키보드 한 대를 선물로 사드렸다. 연주하는 법을 모르는 외할머니를 위해 번호가 적힌 테이프를 건반 위에 붙이고, 어떤 순서로 건반을 누르면 그 노래를 연주할 수 있는지 시범을 보였다. 결국 외할머니는 여섯 달 만에 연주하는 법을 터득했고, 아흔여섯의 나이로 돌아가실 때까지 매일 아침 '신이시여, 미국을 축복하소서'를 연주하며 노래하셨다. 마치 자신의 삶 전체가 그 노래에 달려 있기라도 하듯 말이다. 어쩌면 정말 그랬는지도 모른다. 초보적인 화성을 연주하는 법도 마침내 배우셨다. 나는 음악으로 인해 외할머니의 인생이 연장된 게 아닐까 하는 생각도 했다. 삶에 새로운 목적과 의미가 생겼을 테니까.

음악을 연주하면 이른바 기분을 좋게 하는 도파민 호르몬의 수치를 조절할 수 있다는 사실을 최근에 신경과학자들이 알아냈다. 정확한 기제는 아직 밝혀지지 않았지만, 음악을 연주하고 들을 때 뇌 속에 기분 좋은 화학물질이 분비된다는 사실은 음악과 기분 사이에 진화적으로 이로운 연관관계가 있음을 나타낸다. 2장에서 설명했듯이, 음악으로 서로 소통하고 이런 과정을 즐길 줄 알았던 선조들은 사회적 유대를 형성하고, 긴장된 관계(음악이 아니라면 싸움이 일어나 죽을 수도 있는)를 완화시키고, 주위 사람들에게 자신의 감정 상태를 알리는 데 무척 유리했을 터이다. 도파민 수치의 상승이 기분을 고양시키고 면역계를 증강시킨다는 것은 확인된 사실이다. 음악을 연주하는 기쁨, 음악을 터득했을 때의 소리와 감각이 어쩌면 외할머니를 그렇게 장수하시도록 만들었는지도 모른다.

외할아버지 막스는 내가 태어나기 전에 쿠바로 여행을 갔다가 커다란 콩가 드럼을 사와서는 양손으로 가죽을 두드리며 외할머니에게 노래를 불러 주셨다고 한다. 두 분의 결혼생활에 우여곡절이 많았다는 것을 이제는 알지만, 그래도 두 분을 생각할 때마다 가장 먼저 떠오르는 것은 외할아버지가 북을 연주하며 노래를 불러 주실 때 외할머니 얼굴에 떠오르던 표정이다. 그것은 황홀과 용서의 표정이었다. 외할아버지의 노래 솜씨는 그리 좋다고 할 수 없었지만, 그때마다 외할머니의 눈썹이 풀어지면서 웃음을 짓고 머리를 부드럽게 매만지던 모습이 생각난다. 노래를 부르고 북을 두드릴 때 외할아버지가 느끼던 열광적인 기쁨의 감정은 금세 옆 사람에게 전달되고 분위기를 화기애애하게 만들었다.

오늘날 기쁨의 노래는 흔하게 찾아볼 수 있다. 엘라 피츠제럴드에서 아제르바이잔의 가수 아지자 무스타파 자데의 스캣 싱잉까지, '지프-어-

디-두-다'[주]에서 애니메이션 「렌과 스팀피」에 나오는 '통나무 블루스'에 이르기까지 수없이 많다.

> 계단 아래로 홀로 또는 짝을 지어 굴러다니고
> 당신 이웃의 개를 즐겁게 하는 저것은 무엇?
> 간식 먹을 때, 등이 결릴 때 무엇이 좋을까?
> 통나무, 통나무, 통나무라네!
>
> 통나무, 통나무, 무겁고 나무로 만들었지!
> 통나무, 통나무, 나쁘기는커녕 좋기만 하네!
> 모두가 통나무를 원해! 당신도 좋아할 거야!
> 이리 와서 당신도 통나무를 챙겨! 모두들 통나무가 필요하니까!
>
> _ '통나무 블루스'[주]

사실 지난 30년 동안 순수한 기쁨의 노래를 만들어내고 널리 퍼뜨린 주역은 바로 광고업자들이다. 소비자들에게 좋은 기분을 전해 주고 자사의 제품과 관련하여 긍정적인 신경 화학물질을 이끌어내고자 경쟁하는 입장이기 때문이다. 광고노래에 따르면 피터 폴 사탕을 먹거나("때로는 자신이 괴짜로 느껴지기도 하고 그렇지 않기도 하죠") 펩시콜라를 마시거나("펩시 세대와 함께 강함을 느껴봐요/펩시에 몸을 맡겨요/당신이 살아 있다면 누릴 자격이 있어요") 시보레 자동차를 몰면("시보레를 타고 미국을 둘러봐요") 티 없는 순수한 기쁨을 느끼게 된다고 한다. 아동용 장난감 제조업체 슬링키는 귀에 쏙 들어오는 광고노래에 힘입어 용수철을 아이들의 영원한 애용품으로 만들었다! (앞서 살펴본 '통나무 블루스'가 바로 이 슬링키 광고노래를 패러디한 것이다. 제작자들은 이를 통해 광고노래만 좋으면 통나무도 멋진 장난감으로 활용할 수 있음을 보여주려 했다.)

오늘날 상업적인 영역에서 기쁨의 노래가 상당한 비중을 차지하는 것을 볼 때, 이것이 진화의 과정에서 중요한 역할을 행해 왔음을 알 수 있다. 털 고르기를 해주거나 성행위를 하거나 더 많은 음식을 주는 식으로 다른 사람의 기분을 좋게 할 줄 알면 높은 평가를 받아 집단의 지도자 위치에 오를 수 있었고, 그러면 집단은 그가 원하는 것을 충족시키는 방향으로 작동되었다. 소리를 활용한 의사소통은 일대일로 털 고르기를 할 때와 달리 한꺼번에 수많은 사람들에게 영향을 미치므로 지도자가 될 가능성이 그만큼 더 높았다.

"음악은 인간이 본성상 그것 없이는 살아갈 수 없는 큰 즐거움을 안겨준다." 중국의 공자가 남긴 말이다. 그로부터 2천 년이 지나 철학자 니체가 이와 비슷한 말을 했다(그는 대부분의 문제에서 공자와 생각이 완전히 달랐다). "나의 우울한 감성은 완벽한 심연의 은신처에서 편히 쉬고 싶다. 그래서 내게 음악이 필요하다." 음악과 건강은 고대 주술사의 치유에서 오늘날 음악치료 프로그램에 이르기까지 인간의 역사에서 서로 밀접한 관계를 갖는다. 다윗 왕은 사울 왕의 스트레스를 풀어주려고 하프를 연주했고(사무엘상 16장 1~23절), 고대 그리스인들(특히 제노크라테스, 사르판데르, 아리온)은 정신병에 시달리는 환자들의 발작을 가라앉히는 데 하프 음악을 활용했다. 음악치료의 예는 고대 이집트, 인도, 아메리카 원주민 등 지리적으로 완전히 다른 문화에서도 발견된다. 환자가 음악을 듣거나 곡조를 흥얼거리거나 작곡을 하거나 가사를 쓰거나 연주에 적극 참여했을 때 건강이 호전되었다는 보고가 있다. 음악은 나이, 인종, 종교, 병의 진행 상태와 상관없이 모든 환자들에게 유익하다고 한다.

이런 주장을 전면적으로 받아들이기 전에 먼저 과학적 설명부터 들어보자. 과학자들은 실험을 통해 타당하게 입증하지 못한 주장이나 현상의 밑바탕에 놓인 기제가 밝혀지지 않은 발견에 대해서는 당연하게도 회의적이다. 가령 우리는 노래를 부르면 엔도르핀(기분을 좋게 하는 '호르몬')이 배출된다는 사실을 알지만 그 이유는 모르며, 그래서 많은 과학자들이 노래와 엔도르핀 사이의 관계에 대해 인정하지 않는다. 일차적으로 호흡과 관련된 현상일까? 그게 아니라 노래에만 특유하게 나타난다면 왜 그럴까?

인지과학자 개리 마커스Gary Marcus가 강조하듯이, 뇌는 특정 문제를 해결하기 위해 서로 독자적으로 발전해 온 진화와 적응의 산물이다. 무엇보다 뇌 적응이 일어나게 된 가장 큰 이유는 우리가 식량을 찾고, 질병과 포식자를 피하고, 에너지를 비축하고, 위험을 피하고, 신체의 안위(우리의 몸과 기관의 균형을 유지하는 항상성을 포함하여)를 구하고, 번식을 유도하고, 자손을 성공적으로 키워내는 데 도움을 주기 위해서였다. 이런 목록에 데이빗 휴런은 미래를 예측하고, 수수께끼를 풀고, 생물과 무생물을 구별하고, 친구와 적을 분간하고, 속임수를 피하는 능력을 추가한다.

뇌가 우리로 하여금 적응적 목표를 추구하도록 이끄는 방식은 이른바 보상과 처벌이라는 시스템이다. 보상과 처벌은 감정을 통해 우리에게 영향을 미친다. 2장에서 나는 감정이 행동을 유발하기 위한 뇌의 복잡한 신경화학적 상태라고 설명한 바 있다. 결국 감정과 동기부여는 진화적 과정에서 동일한 동전의 양면이다. 우리는 특정 순간 우리의 뇌에 있는 특정 신경화학물질이 작용한 결과로 긍정적이거나 부정적인 감정을 경험하며, 이것이 우리에게 특정한 방식으로 행동하게끔(혹은 행동하지 않게끔) 이끈다. 고통은 자연이 우리에게 해로운 일을 하지 말라고 경고하는 방식

가운데 하나다. 반면 쾌락은 우리가 적응적 적합성을 높이는 행동——생식, 식사, 수면 등——을 하도록 유도하는 하나의 방식이다. 우리가 아기를 예쁘다고 생각하는 것은 아기가 '본질적으로' 예뻐서가 아니라, 우리가 아기를 예뻐함으로써 아기를 보살피고 보호하여 결국 ('예쁨 탐지기'를 통해) 보상을 받은 자들의 후손이기 때문이라는 대니얼 데닛의 주장을 떠올려 보라. 우리가 썩은 음식이나 배설물의 냄새를 역겨워하는 것은 그것이 객관적인 의미에서 정말 고약한 냄새를 풍겨서가 아니라, 우리 조상들이 유전적 돌연변이를 통해 (후각기관을 끌어와) 이런 것들을 피했고 그래서 유전자를 후세에 물려주는 경쟁에서 승리했기 때문이다. 우리가 어떤 것을 유쾌하거나 불쾌하다고 판단할 때는 수만 년 동안 뇌가 진화하면서 이런 감정을 선호하게 된 역사가 밑바탕에 깔려 있게 마련이다. 이런 감정을 가지게 된 조상들이 자원과 짝과 건강을 차지하기 위한 경쟁에서 유리하게끔 동기부여를 받은 것이다.

마빈 게이의 '소문으로 들었지'에 보면 이런 가사가 나온다.

> 사람들은 나보고 보이는 것의 절반만 믿고
> 들리는 것은 아무것도 믿지 말라고 해
> 혼란스러워, 정말 그게 사실인지 말해 줘.
>
> _ 마빈 게이, '소문으로 들었지'[•]

여기서 그는 연인과의 관계에 대해 의심을 나타내고 있다. 이런 상황이 일상적으로 계속 되풀이된다면 여기에 이의를 갖는 것이 진화적으로 적응적 경향이다. 다른 남자와 짝을 맺을 수도 있는 여자를 보살피는 것은 장기적으로 보면 부적응이기 때문이다. 노래의 주인공은 지금 자신의 아이가 아닌 아이에게 자원을 나눠줘야 할지도 모르는 상황을 맞이하고 있다.

반대편 입장에서 이런 정서를 노래한 곡으로 엘비스 프레슬리가 부른 '의심하는 마음'를 들 수 있다.

> 모르겠어요?
> 당신이 지금 내게 어떤 짓을 하고 있는지
> 내가 하는 말을 하나도 믿지 않잖아요
>
> 서로를 믿지 못한다면
> 우리는 함께 지낼 수 없어요
> 서로를 믿지 못한다면
> 꿈을 함께 키워갈 수 없어요
>
> _ 엘비스 프레슬리, '의심하는 마음'[1]

너무도 많은 의심은 장기간 계속되는 협력에 필요한 상호신뢰의 밑바탕을 허물어뜨린다. 여기서 말하고 싶은 것은 의심, 신뢰, 화해, 심지어 사랑을 비롯한 모든 감정조차도 자연선택에 따른 진화의 산물이라는 점이다. 데이빗 휴런은 이를 다음과 같이 멋지게 표현했다. "우리가 경험하는 감정이라는 것도 결국은 자연선택을 통해 생존 가능성을 끌어올리려는 적응으로서 일어나는 것이다. 질투, 당혹, 굶주림, 혐오, 황홀, 의심, 분노, 동정, 갈망, 사랑, 이런 것들 모두가 다 적응이다. … 자연이 만들어낸 정신적 장치들은 하나같이 적응적 적합성과 관계가 있다."

이제 이런 쾌락과 적합성의 시나리오를 음악에 적용해 보자. 음악이 쾌락을 유도하고 이에 관여하는 화학물질이 면역계 증강에 도움을 준다는 데는 의심의 여지가 없다. 그러나 쾌락에 관여하는 신경생리학 기제는 대단히 복잡하다. 뇌에는 분명한 '쾌락중추'가 존재하지만, 수많은 신경전달물질과 여러 뇌 부위가 가동하여 쾌락의 감각을 만들어낸다. 음악이 환자들에게 긍정적인, 때로는 엄청나게 위력적인 효과를 미쳤다는 보고가 많은데 정작 이런 보고를 확증하기 위해 진행된 실험은 그리 많지 않다. 음악의 효과를 전하는 사연들이 많다고 해서 과학적 증거가 되는 것은 아니다. 외계인 납치를 주장하는 사람들이 많다고 해서 녹색 인간들이 캔자스와 네브래스카 상공에 비행접시를 띄우고 오싹한 실험을 진행하고 있다는 증거가 되지 않는 것처럼 말이다. (어째서 외계인 납치가 대평원 지대에서 더 많이 보고되는가 하는 점도 미스터리다.)

　과학자들은 모든 것에 대해 증거를 찾는 사람들인데, 나는 음악가이기도 해서 이 문제에 관해 좀 독특한 입장이다. 일단 음악을 하는 사람으로서 음악이 행사하는 도저히 말로 표현할 수 없는 엄청난 힘을 매일매일 느낀다. 음악으로 병이 치유된 사람들을 직접 본 적도 있다. 알츠하이머병, 뇌졸중, 기타 퇴행성 뇌 질환으로 기억을 잃은 사람들이 양로원이나 재활원에서 마지막으로 의지하는 것이 음악이라고 한다. 배우자나 자식들 이름이 뭔지, 올해가 몇 년인지 기억하지 못하는 노인들도 젊었을 때 즐겼던 음악을 들으면 놀라운 집중력을 발휘해 함께 따라하거나 발을 구르거나 가사를 생각해 내곤 한다. 파킨슨병으로 몸을 거의 움직이지 못하는 환자들이 내가 CD 플레이어에 글렌 밀러와 아티 쇼의 음반을 올려놓자 갑자기 걸어 다니고 종종걸음을 하고 춤추고 뜀박질하는 광경을 직접 보기도 했다. 보고에 따르면 구두끈을 제대로 매지 못하는 다운증후군 아동들이 음악을 틀어주면 순서에 맞춰 끈을 맬 수 있다고 한다.

　음악의 이런 위력은 비단 음악을 듣는 사람들만이 아니라 만드는 사람에게도 발휘된다. 위대한 작곡가와 즉흥 연주가들은 음악을 만들 때 마치 음악이 밖에서 자신의 몸과 머리로 불쑥 들어와 지나가는 것 같다는 말을 자주 한다. 자신들은 그저 길을 내주는 통로에 지나지 않는다는 것이다. 제3세계 문화권의 위대한 음악가들이 연주하는 광경을 보면 완전한 몰아의 경지에 빠져드는데, 이때 그들의 마음과 몸은 뭔가에 홀린 것 같은 양상을 보인다. 나도 그런 경험을 한 적이 있다. 산타모니카 시립강당의 무대에서 멜 토메와 함께 즉흥연주를 했을 때, 그리고 영화 「리포 맨」에 사용할 음악을 작곡했을 때 마치 외계의 힘에 사로잡힌 듯한 경험을 했다. 로잔 캐시는 내가 가장 좋아하는 그의 노래 '우리가 진정 원하는 것'[6]의 작곡 과정을 설명하면서 이런 말을 했다. "마치 내가 손을 쭉 뻗어 노래를 잡는 듯했어요. 투수가 글러브로 공을 잡듯이 말이에요. 노래가 내가 손으로 잡아주기만을 계속 기다리고 있었던 것 같더라니까요." 우리의 과학 이론은 이런 일상의 경험과 음악이 마술적이라는 직관을 서로 조화시킬 수 있어야 한다.

음악치료의 효과에 대한 연구들이 꾸준히 행해졌지만 엄격한 과학적 기준에 따라 진행된 것은 많지 않아 그들의 주장을 그대로 믿기 어렵다. 이런 상황은 심령연구의 불운한 역사와 궤를 같이한다. 엄격한 실험에서 가장 중요한 것으로 대조군 활용을 꼽을 수 있다. 우리가 던져야 하는 질문은 이런 것이다. 내가 지금 연구하고 있는 것이 아무 효과가 없다면 그래도 이런 결과가 나왔을까? 너무도 많은 음악치료 실험이 부적절한 대조군을 사용한다. 이 말은 음악치료 없이 실험이 진행되었다면 사람들에게 어떤 일이 일어났을지 우리가 모른다는 뜻이다.

예를 들어 두통을 앓고 있는 20명의 사람들 중에서 몇 명은 그저 몇 시간 쉬기만 해도 증세가 나아진다고 해보자. 우리가 이런 20명에게 고전음악을 들려주고 그중 6명이 두통이 사라졌다고 하면, 몇 명이 음악 덕분에 나았고 몇 명이 그냥 치유된 것인지 알 수 없다. 이런 실험에서 대조군은 우리가 지금 연구하는 사람들과 모든 면에서 똑같아야 하며, 우리의 관심사인 한 가지 면을 제외한 모든 면에서 똑같은 대접을 받아야 한다. 우리가 10명의 두통 환자를 쾌적하고 볕이 잘 드는 방에 앉혀 고전음악을 들려주고, 대조군으로 다른 10명의 두통 환자들은 불편하고 컴컴한 방에 두고 고전음악을 들려주지 않는다면, 우리는 세 가지 변수를 한꺼번에 달리하는 실수를 저지르는 셈이다. 이렇게 해서는 어떤 변수가 작용한 것인지 판단할 수 없다.

한 음악치료 연구를 예로 들어보자. 한국의 연구자들이 뇌졸중 환자를 대상으로 8주간 물리치료 프로그램을 실시했는데, 여기에는 음악에 맞춰 동작을 일치시키는 과정이 포함되었다. 환자들은 대조군에 비해 상당한 수준의 동작과 유연성을 되찾았다. 여기까지는 좋다. 그러나 대조군은 아무런 치료도 받지 못했다. 개인 접촉도 동작도(음악이 있든 없든) 없었고, 누구로부터 응원을 받거나 나아지리라는 말을 듣지도 못했다. 따라서 우리는 앞선 그룹의 상태가 나아진 것이 음악 때문인지 동작 때문인지, 아니면 그저 의료진에 대한 믿음에서 나온 위안 때문인지 알 수 없다. 건강의 개선은 그렇게 눈에 띄지 않았다.

앞서 심령연구를 언급했는데 이는 매혹적인 주제다. 내 평생 가장 흥미로웠던 경험 가운데 하나로 심령현상 연구기금을 신청한 과학자들을 심사한 일이 있었다. 그들이 제출한 자료들을 검토하고 심령현상의 증거라며 내놓은 예비 실험의 결과들을 살펴보는 것이 내가 맡은 일이었다. 하나같이 신중한 과학적 통제가 이루어지지 않아 자료들을 어떻게 해석해야 할지 몰랐다. 내가 검토한 한 연구를 보면 '마음을 읽는' 사람이 질문에 맞게 대답하는 경우는 대답을 이미 알고 있는 실험자와 교감을 나눌 때뿐이었다. 만약 실험자가 입을 다물면 효과는 완전히 사라졌다. 나는 두 사람이 누군가를 현혹시키려 한다고는 생각지 않지만, 궁색한 설명과 실험일지를 검토해 본 결과, 실험자가 '독심술사'에게 미묘한 단서를 무의식적으로 흘리는 게 아닐까 하는 의구심이 강하게 들었다.

내가 흥미롭게 여겼던 점은 일반인은 물론 훈련된 과학자들조차도 실험에 오류가 있다는 증거에 직면하면 초자연적인 것에 대한 믿음에 집착했다는 것이다. 확률 이론이 심령현상의 주장과 어떤 식으로 연결되는지 보여주는 예가 있다. 당신에게 52장의 카드가 한 벌 있다고 해보자. 친구가 각각의 카드의 패(하트, 클럽, 다이아몬드, 스페이드)가 어떻게 되는지 알아맞히려 한다. 당신은 카드를 보거나(그래서 정보를 텔레파시로 전달하고자 하거나) 혹은 친구가 추측할 때까지 카드를 뒤집어진 채로 그냥 둔다. 문제를 수학적으로 계산하지 않아도 친구에게 마음을 읽는 능력이 없어서 추측만 한다면 몇 장의 카드 정도는 분명 알아맞힐 것이다. 그리고 여러 차례 반복하면 25퍼센트의 적중률에 가까워질 터이다. 확률 이론과 통계는 그가 추측하는 게 아님을 우리가 어느 정도 확실하게 알려면 그가 얼마나 많이 맞혀야 하는지 우리가 알 수 있게 해준다.

캘리포니아 실리콘밸리에서 비슷한 실험이 행해진 예를 검토한 적이 있다. 다면적이고 무척 복잡한 실험이었는데, 나는 실험을 이끌고 있는 과학자(물리학 박사학위를 받은)한테 심령실험에서 올바른 대답을 맞힐 확률이 4분의 1이라 지적했고, 그가 그렇다고 했다. 나는 그의 실험에서 스무 명 가운데 가장 뛰어난 피험자가 대답을 맞힌 확률이 겨우 4분의 1이라고 했다. 이 말에도 그가 그렇다고 했다. 그래서 나는 피험자가 마구잡이로 추측을 한 모양이라고 했다.

그가 말했다. "아닙니다. 그는 정말 집중해서 대답했다고 했어요."

나는 그의 실험이 겨우 25퍼센트라는 보잘것없는 적중률을 보이는데 무작위로 번호를 생성해 내는 기계도 그 정도는 맞힐 수 있지 않느냐며 맞섰다.

그가 대답했다. "그 사람은 시도 가운데 4분의 1에서 자신의 능력을 보여주었어요. 뭘 더 바라죠?" 이제 화가 나는 모양인지 아주 천천히 말하기 시작했다. "심령능력은 다른 것과 마찬가지로 그냥 왔다 사라질 수 있어요. 아르투르 루빈슈타인도 매번 피아노 앞에 앉아 베토벤을 완벽하게 연주하지는 않잖아요." 그는 내 약점을 알았다.

"그가 4분의 1에서 능력을 보였다면, 그가 맞히지 못한 다른 4분의 3에서는 마구잡이로 추측을 했다는 거네요!" 나도 반격할 근거가 있었다. 만약 4분의 3에서 정말 마구잡이로 추측했다면 거기서도 25퍼센트는 맞아야 했다. 한데 그는 그런 점을 전혀 고려하지 않았다. 그는 이제 자리에서 일어서서 불그레한 얼굴에 주먹을 꽉 쥐고는 나를 아래로 노려보았다. 손가락 마디가 유령처럼 희끄무레한 노란색으로 변했다.

마침내 내가 입을 열었다. "좋은 생각이 있어요. 피험자한테 어느 시도에서 추측을 하고 어느 시도에서 정말로 답을 아는지 알려 달라고 부탁하면 어때요? 만약 피험자가 25퍼센트의 정답을 맞힐 수 있고 자신이 심령능력을 사용하는 시도가 언제인지 미리 우리에게 알려준다면, 뭔가를 더 알아낼 수 있을 거 같은데요."

"이미 우리는 현재의 방법으로 수백 번도 더 실험했어요. 자료가 다 있어요. 그런데 당신 같은 $@%한 자들을 만족시키려고 또 다시 실험을 하라고요? 왜 그래야죠? 나는 그에게 심령능력이 있다는 것을 알고 그도 알아요. 그런데 왜 당신만 이를 인정하지 않나요? 왜 그렇게 매사에 부정적으로 구는 거죠?"

직업 마술사이자 회의론자인 제임스 랜디James Randi는 언제 어디서든 심령현상의 존재를 입증하는 사람에게, 예컨대 마음을 읽는다거나 미래를 예측한다거나 동전의 면이나 카드 패를 미리 알아맞히는 사람에게 100만 달러의 상금을 주겠다고 제안했다. 아직까지 상금을 타겠다고 나선 사람이 아무도 없지만, 돈은 제3자의 계좌에 기탁되어 언제든 가져갈 수 있게 해두었다. 조사 담당자는 사실과 속임수를 구별할 목적으로 마련된 규약을 그저 따르기만 하면 된다.

이제 음악의 치유력이라는 문제를 살펴보자. 음악이 환자에게 효과가 있음을 보여주는 자료는 무수히 많지만 모두가 믿을 만한 것은 아니다. 좋은 자료와 나쁜 자료를 구별하는 일만 잘해도 젊고 모험적인 연구자에게 박사학위가 수여될 수 있다. 지금 내 말이 부정적으로 비꼬는 것처럼 들리겠지만, 어려움에 처한 사람들을 돕고 있는 수많은 훌륭한 음악치료사들을 모독하려는 뜻은 없다. 사실 미국음악치료협회는 사기꾼, 착취자, 무능력자를 솎아내는 데 나만큼이나 열의를 보인다. 협회의 정의에 따르면 음악치료란 "자격을 갖춘 전문가가 치료적 관계 내에서 개개인이 가진 목표를 이루기 위해 '증거에 입각해서' 음악을 활용하는 것"이다[강조는 내가 했다]. 공인된 음악치료는 고통과 스트레스를 줄여주고 동기를 부여하고 화를 다스리는 데 활용된다. 운동 능력이 손상된 사람에게는 물리치료의 보조 수단으로도 쓰이며, 그밖에도 여러 목적에 사용된다.

그러던 중 지난 3~4년 동안 과학자들에게 새로운 방향을 알려주는 증거들이 속속 드러났다. 신중하고 엄격하게 진행된 연구는 열 건 남짓이라서 호들갑 떨고 싶지 않지만, 이는 옛 주술사들이 이미 알고 있었던 사실, 즉 음악, 특히 기쁨의 음악이 우리의 건강에 지대한 영향을 미친다는 사실을 지지해 주는 것으로 보인다. 음악을 들으면 뇌의 화학구조에 변화가 일어나 기분이 좋아지고 스트레스가 줄고 면역계가 튼튼해지며, 직접 노래하거나 연주하면 이런 효과가 증대된다. 사람들에게 노래 교습을 시킨 다음 이들의 혈중 화학성분을 조사한 연구가 있었다. 그 결과 옥시토신의 혈청 농도가 몰라보게 상승한 것으로 나타났다. 옥시토신은 오르가즘 때 분비되어 기분을 좋게 해주는 호르몬으로 함께 오르가즘을 느낀 사람들에게 옥시토신이 분비되면 서로 간에 강한 유대감이 생긴다. "기분이 좋아/내 그럴 줄 알았지/당신은 내 거야." 이것이 어떻게 진화적 적응으로 자리 잡았는지 이해하는 것은 어렵지 않다. 사랑의 행위는 (적어도 피임약이 없던 시대에는) 임신으로 이어지기 쉬웠으므로 남녀가 서로 한 몸이라는 느낌을 갖는 것이 적응이었다. 그래야 남자가 아이의 양육을 돕고, 그 결과 아이가 생존할 가능성이 높아지기 때문이다. 의미심장하게도 옥시토신은 사람들 사이의 신뢰를 높여주는 효과도 있는 것으로 밝혀졌다. 사람들이 함께 노래할 때 옥시토신이 분비되는 이유는, 어쩌면 진화적으로 볼 때 우리가 앞선 장에서 살펴보았던 음악의 사회적 유대 기능과 관계가 있는지도 모른다.

정신 건강에서 눈을 돌려 신체의 건강을 살펴보면, 면역글로블린 A(IgA)는 감기나 독감, 기타 점막조직 감염과 맞서 싸울 때 필요한 항체다. 최근의 연구에 따르면 다양한 형식의 음악치료를 받은 뒤에 IgA 수치가 올라갔다고 한다. 또 다른 연구를 보면 4주간 음악치료를 받는 동안 멜라토닌, 노르에피네프린, 에피네프린의 수치가 올라갔고, 음악치료가 끝나자 이전의 수준으로 돌아갔다고 한다. 멜라토닌(뇌에서 자연스럽게 분비되는 호르몬)은 우리 몸의 수면/각성 주기를 조절하는 것으로 일종의 우울증인 계절성 정서장애를 다스리는 효과가 있다. 또 면역계와도 관계가 있는 것으로 추정된다. 몇몇 학자들은 멜라토닌이 사이토카인^{cytokine} 생성을 증강시키고 이것이 면역을 담당하는 T세포에게 감염이 일어난 곳으로 이동하라는 신호를 보낸다고 믿는다. 노르에피네프린과 에피네프린은 각성에 영향을 주고 뇌의 보상중추를 활성화시킨다. 이 모두가 노래를 들을 때 생성된다.

한편 음악 청취는 기분 조절에 관여하는 신경전달물질인 세로토닌에도 직접 영향을 미친다. (프로작 같은 항우울제는 세로토닌 체계에 작용하며 세로토닌 재흡수 선택적 억제제[SSRI]라고 불리는 의약품의 범주에 속한다.) 즐거운 음악을 들으면 세로토닌 수치가 실시간으로 증가하는 것으로 밝혀졌다. 불쾌한 음악에는 이런 효과가 나타나지 않았다. 그리고 음악 장르에 따라 신경화학적 반응도 달랐다! 가령 테크노 음악은 혈장 노르에피네프린(NE)과 성장호르몬(GH), 부신피질자극 호르몬(ACTH)의 수치를 높이고 베타엔도르핀(β-EP)의 농도를 높이는데, 이 모두가 면역 기능 개선과 밀접한 관계가 있다. 테크노 음악은 코르티솔 수치도 높이는 것으로 밝혀졌고(면역계에 좋지 않지만 다른 장점이 이를 상쇄한다), 이와 달리 명상 음악은 코르티솔과 노르아드레날린 수치를 떨어뜨린다. 같은 연구에서 록 음악은 (적어도 테크노를 사랑하는 이 청자들의 경우) 기분 좋은 감정과 연관되는 호르몬인 프롤락틴을 떨어뜨리는 효과가 있었다.

오늘날 우리를 속상하게 하는 스트레스는 선조들이 고생하던 스트레스와 완전히 다르다. 선조들의 라이프스타일이 DNA의 변화를 일으켜 오늘날 우리가 되었고 이런 과정을 가리켜 진화라고 부른다. 라이프스타일이나 주위 환경이 바뀌면 변화에 재빨리 적응하는 사람들이 생겨나는데, 이런 사람들이 자연선택에 따라 오래 살아남아 자신의 DNA를 후세에 전달한 사람들이다. 이런 과정 전체는 수십만 년의 오랜 세월이 걸릴 수 있다. 결국 우리의 DNA의 많은 부분들은 4천 년이나 4만 년 전의 세상에 대처하기 위해 진화가 선택한 것이다. 생물학자 로버트 새폴스키Robert Sapolsky가 지적했듯이, 오늘날 우리가 갖고 살아가는 몸과 뇌는 현재 우리에게 거의 해당되지 않는 문제들을 풀기 위해 만들어진 것이다.

선조들이 살던 시대에는 사자가 다가오는 것이 스트레스였다. 이때 코르티솔 수치가 올라가고, 편도체와 기저핵이 우리에게 도망갈 준비를 시킨다. 적어도 지금까지 살아남은 우리들은 이렇게 했다. (이런저런 이유로 도망쳐서 사자를 피하지 못했던 초창기 인간들은 이렇게 살아남아 이야기를 들려주거나 자손을 남기지 못했다.) 달리면 포도당이 소모되는데 이렇게 되면 부신피질이 만들어내는 코르티솔을 쉽게 소진시킬 수 있다. 오늘날에도 직장 상사가 소리치거나, 제대로 준비하지 못한 중요한 시험을 앞두고 있거나, 운전 중에 누군가가 우리의 앞을 가로막으면 부신피질이 코르티솔—스트레스 호르몬—을 만들어낸다. 문제는 이를 소진시킬 기회가 없다는 것이다. 우리의 다리와 어깨는 옛날의 진화 공식에 맞춰 도망칠 태세를 갖추지만 … 우리는 그냥 앉아만 있다. 어깨 근육에 힘이 들어가지만 팔을 앞뒤로 흔들지 않기 때문에 해소되지 않은 채로 그냥 남는다.

코르티솔은 소화기능을 일시적으로 방해한다. 도망칠 때면 모든 에너지를 소화가 아니라 동작과 민첩함에 쏟아부어야 하기 때문인데, 문제는 오늘날에는 스트레스를 받아도 말 그대로 싸우거나 도망칠 일이 별로 없어서 복통, 위염, 궤양 같은 부작용에 고스란히 시달리게 된다는 점이다. 코르티솔 수치가 올라가면 IgA 생산이 줄어들어 면역계가 타격을 받는다. (사람들이 스트레스를 받으면 몸이 쉽게 아픈 이유다.) 현대 사회에서 정신적으로 스트레스가 가장 심한 상황에 처할 때 코르티솔 수치가 올라간다는 것이(그리고 IgA는 줄어든다는 것이) 실험을 통해 확인되었다. 시험을 앞둔 학생, 경기 중인 코치, 근무 중인 항공교통 관제사의 얼굴 표정이 실험의 대상이었다. 위협에 직면하여 몸을 긴장시키는 것은 우리 선조들에게 적응이었다. 이런 스트레스 요인이 장기간 만성적으로 계속되어 더 이상 심각한 몸의 반응을 불러오지 않으면 부적응이 된다.

이렇듯 코르티솔은 우리의 면역계를 일시적으로 억압하는데, 당면한 과제를 처리하려고 가동할 수 있는 모든 자원을 쏟아붓기 때문이다. 이것은 우리가 음악을 들을 때 발을 구르거나 손가락을 까딱거리는 이유 가운데 하나가 될 수 있다. 음악이 계속 근육을 움직일 수 있게 해주고 교감하도록 도와주는 신경계와 같은 행동체계를 활성화할 때 손과 발이 그런 활성화의 도구가 되는 것이다. 이런 동작을 통해 우리는 독성이 있는 과도한 에너지를 소진시킨다. 신경화학물질이 춤추는 가운데 음악은 노르에피네프린과 에피네프린을 조절해 경각심을 높이고, 코르티솔 분비를 통해 운동반응계를 가동시킨다. 그러는 한편 IgA, 세로토닌, 멜라토닌, 도파민, 부신피질자극 호르몬(ACTH), 베타엔도르핀(β-EP)을 조절해 면역계를 강화한다. 음악을 연주하고 듣는 동안 우리가 느끼는 활력의 일부는 한편 강화된 정신 활동(음악 활동에 수반되는 시각적 이미지나 계획하고 생각하고 감상하는 등의 기타 정신 활동)에도 사용된다. 손가락을 까딱거리고 손뼉을 치고 발을 구르면 나머지 것들을 소진하는 데 도움이 된다. 물론 음악에 대한 가장 자연스러운 반응으로 실제로 일어나서 춤을 춘다면 그보다 더 좋을 수 없겠지만, 서양의 많은 어른들은 이런 활동을 사회적으로 길들였다.

그렇다면 음악, 달리 말해 '소리의 집합'을 들을 때 이런 화학물질과 뇌의 행동중추가 자극되는 이유는 무엇일까? 여기에는 어떤 진화적 장점이 있는 것일까? 먼저 음악과 춤을 우리가 만들고 듣는 단순한 소리의 집합이 아니라 동작과 소리와 지각의 조직체가 서로 통합된 경험으로 정의할 필요가 있다. 음악과 춤은 진화 과정에서 사실상 하나로 묶인 채로 발전해 왔기 때문이다. 둘째, 음악적 뇌는 다른 정신적·육체적 속성과 분리되어 독립적으로 진화하지 않았다. 초창기 인류나 원인류가 다른 인지력은 그대로인데 달랑 음악과 춤만 손에 얻은 것이 아니라는 말이다. 음악적 뇌는 인간 의식의 다른 면면들도 가져왔다. 사회적 유대와 더불어 초창기 인간들에게 아주 중요한 것이 자신의 감정 상태를 남들에게 전하는 능력이었는데, 이들은 음악과 춤을 통해 기쁨을 나타낼 수 있었다.

넘쳐나는 기쁨은 긍정적인 사고방식을 가져오게 마련이다. 성공이 보장되지 않은 상황에서 긍정적인 사고방식을 가진 사람들은 패배주의에 젖은 사람들보다 성공할 가능성이 높다. 물론 신중한 균형이 필요하다. 버락 오바마가 2008년 대통령 선거운동 당시 말했듯이(독일의 개신교 신학자 위르겐 몰트만Jürgen Moltmann의 말을 인용했는데, 그의 말은 가톨릭교회의 공식 문서에서도 활용된 바 있다) "희망은 맹목적인 낙관주의가 아니다." 지나치게 낙관적인 사람은 많은 실패를 겪고 보상 없는 일에 너무도 많은 에너지를 쏟을 우려가 있다. 이와 달리 패배주의에 젖은 사람은 상당한 보상을 안겨줄 일들을 지레 포기할 가능성이 있다. 사냥이든 약탈이든 짝짓기든 최고의 적응 전략은 중간에서 약간 낙관적인(쾌활한) 쪽으로 기운 태도를 갖는 것이다. 여기서 음악은 몸과 마음 양쪽으로 작용한다. 첫째, 기쁨의 음악은 우리로 하여금 기분을 좋게 하고 활기를 불어넣어 우울함을 벗어던지게 만든다. 둘째, 기쁨의 음악은 일종의 모델로 작용하여 음악을 만든 사람에게서 영감을 구하고 그를 닮고 싶게 만든다.

낙관주의의 진화적 이점을 가장 분명하게 보여주는 예는 원시인 여자가 남자에게 보낸 눈길이 여기로 오라는 뜻인지 꺼지라는 뜻인지 알쏭달쏭할 때다. 결국 눈길을 무시한 남자는 적어도 애매한 표정의 본심이 무엇인지 파악하려 노력한 경쟁자에게 기회를 빼앗기고 만다. 하나의 종으로서 우리는 지나치게 낙관적인 사람에 대해서는 걸핏하면 속아 넘어갈 수 있으므로 건강한 불신을 갖도록 발전시켰고, 자신감 있고 낙관적인 사람에 대해서는 우리가 모르는 것을 알고 상황에 잘 대처할 수 있으므로 상당한 매력을 느끼게끔 진화했다. "그와 같은 편이 되어 도움을 받는 게 좋겠어" 하고 생각하는 것이다. 낙관주의자는 갈등이 불거질 때 외교적 노력으로 문제를 해결하려 한다. 비관주의자는 싸움이 불가피하다고 생각하는데 이런 판단은 자멸을 초래하기도 한다. 우리의 뇌가 기쁨의 음악에 반응하도록 진화한 까닭은 기쁨이야말로 한 사람의 정신적·신체적 건강을 알려주는 믿을 만한 지표이기 때문이다.

***

데이빗 휴런은 기념비적인 책 『달콤한 기대』에서 음악적 뇌가 어떻게 인간의 생존에 도움을 주었는지 찬찬히 설명한다. 그의 설명에 내가 덧붙이고 싶은 것은, 음악적 뇌가 우리 선조들이 위험한 옛 환경에서 살아남을 수 있도록 도움을 준 바로 그 신경화학물질을 배출함으로써 스트레스를 줄였으리라는 점이다. 이는 중요한 사실이므로 자세히 살펴볼 가치가 있다. 휴런의 명제는 그가 ITPRA라고 부르는 다섯 가지 단계의 과정을 중심으로 한다. 나는 그 가운데서 네 가지 단계를 여기서 설명하려 한다.

그의 주장의 핵심은 오늘날 같은 사회를 형성하고 유지하기 위해 필요한 정신적·육체적·사회적 근육을 음악 덕분에 뇌가 탐험하고 연습하고 단련할 수 있게 되었다는 것이다. 음악은 우리가 살아가는 내내 필요한 솜씨를 갈고 닦을 수 있는 안전한 장을 제공한다. 나는 데이빗 휴런의 ITPRA 모형을 단축 버전인 TRIP 모형으로 정리했는데 각각 긴장tension, 반응reaction, 상상imagination, 예측prediction을 나타낸다.

데이빗의 예를 따라 우리가 사자의 공격을 목격한다고 상상해보자. 다음번에 사자를 볼 때는 당연하게도 긴장을 하게 될 것이다. (그러지 않고 사근사근하게 행동했다가는 사자의 먹이가 되었을 테니까.) 긴장하면 우리의 뇌와 척수에서 일련의 전기화학적 과정이 일어나 반응하게 된다. 그런 반응 덕분에 살아남으면 이제 우리는 시간을 할애하여 상상한다. 마음의 눈(과 귀)으로 사건을 되짚어 보고, 앞으로 공격을 받으면 어떻게 반응할지 미리 생각해 본다. 이런 과정에는 미래의 공격 장면을 상상하고 다양한 공격을 예측하는 것이 포함된다.

이렇게 되면 이제 사자, 방울뱀, 혹은 성난 이웃 부족을 가까스로 피함으로써 세상을 하나하나 배워가는 것이 더 이상 효율적인 방법이 아니다. 사실 5장에서 나는 시간에 구애받지 않고 쉽게 기억되고 전달되도록 필수적인 정보를 끼워 넣은 지식의 노래를 설명할 참이다. 하지만 지식의 노래가 만들어지기 전에 먼저 음악적 뇌가 맨 처음 생겨나게끔 만든 인지적 기초와 적응 동기가 있었음이 분명하다. 여기가 바로 음악과 TRIP이 만나는 지점이다. 만약 우리 인간에게 위협적이지 않은 안전한 환경에서 긴장을 이끌어내고 반응하고, 새로운 형식의 긴장을 만들어 이에 반응하는 것을 상상하고, 일련의 반응을 미리 준비할 수 있는 방법이 있다면 어떨까? 실제적인 위협이 없는 안전한 야영지, 마음속에서 말이다. 꼭 음악만이 이를 가능하게 한 유일한 적응일 필요는 없다. 이런 식으로 음악의 기원을 설명하는 이론이 설득력을 가지려면 음악이 그럴듯한 하나의 적응이기만 하면 된다.

아리스토세누스와 아리스토텔레스를 필두로 레너드 마이어Leonard Meyer, 레너드 번스타인Leonard Bernstein, 유진 나무르Eugene Narmour, 로버트 제르딩엔Robert Gjerdingen 등 여러 음악이론가들이 하나같이 말하기를, 긴장이야말로 음악의 가장 핵심적인 속성 가운데 하나라고 말한다. 사실상 모든 음악이론은 음악작품이 긴장과 이완이 주기적으로 얽히는 구조를 이루며 전개된다고 가정한다. 몇 년 전 『음악 지각』이라는 저널에 발표한 논문에서 나는 내 학생이었던 브래들리 바인스(현재 캘리포니아 데이비스 대학에서 연구자로 있다)와 레지나 누조(현재 워싱턴 갤러뎃 대학에서 교수로 있다)와 함께 음악의 이런 속성을 물리학의 관점에서, 정확히 말하자면 뉴턴 역학의 관점에서 설명한 바 있다. 우리는 음악을 차고 문에 부착하는 코일 용수철에 비유했다. 용수철은 밀거나 당기면 원래 있었던 자리로 돌아오려는 성질을 보인다.

음악가와 작곡가들이 말하는 긴장과 완화는 물론 은유적인 의미에서 하는 말이다. 그러나 비음악가들과 서로 다른 문화권에서도 이런 은유는 일관된 의미를 갖는 것 같다. 아무리 은유라고 해도 우리는 음악적 긴장과 물리적 대상(용수철), 신체(근육), 사회적 상황(학교 춤)에서 느끼는 긴장 사이에 관계가 있음을 본능적으로 깨닫도록 타고난 것 같다. 공통된 이런 삶의 경험 덕분에 우리는 음악과 관련하여 긴장과 완화의 의미를 서로 이야기할 수 있다. 인지심리학자 로저 셰퍼드Roger Shepard는 인간의 마음이 물리적 법칙을 통합하는 식으로 물리적 세계와 함께 진화해 왔음을 내게 상기시켰다. 물체가 아래로 떨어지는 것을 보고 놀라는 유아는 없다. 중력의 법칙은 태어날 때부터 인간의 뇌 속에 통합되어 있기 때문이다. 실제로 태어난 지 몇 주 된 유아들에게 실험을 통해 물체가 위로 '올라가도록'

조작하거나 당구공들이 부딪혔는데 이상하게 움직이도록 조작하자 놀랍다는 표정을 지었다고 한다.

음악을 듣다가 긴장이 차곡차곡 쌓여 절정에 도달하면 이제 완화되어 잠잠해지는 과정을 거치기 마련이다. 음악이 끝날 무렵 우리가 '아하' 하고 탄식을 뱉게 되는 이유가 여기에 있다. 오늘날 우리가 즐기는 그 어떤 음악형식보다도 (고전주의 시대의) 교향곡이 이런 역동성을, 즉 긴장을 차곡차곡 쌓아가다가 마지막 순간에 이를 터뜨려 보상을 안겨 주는 방식을 특기로 삼는다. 인도의 고전음악에서는 연주자가 안정된 음의 바로 위나 아래를 계속 맴돌아 해결을 가급적 지연시킴으로써 청자를 애타게 만든다. 그래서 마침내 해결이 이뤄지면 청중들은 고개를 절레절레 저으며 탄식을 내뱉는다. 삶처럼 음악도 속도를 조절한다. 호흡을 하고 감정의 기복을 겪는다. 우리의 주목을 끌었다 놓았다 하고, 우리를 붙들었다가 놔주며, 다시 우리를 쥐고 흔든다.

잡아 늘인 코일 용수철을 잠재적 에너지를 가진 것으로 생각해 보자. 물리학자들은 이를 '저장 에너지'라고도 부른다. 용수철은 원래의 위치로 돌아가면서 운동 에너지를 만든다. 음악에서도 마찬가지로 작곡가와 음악가들은 다양한 수단을 통해 잠재적 에너지와 운동 에너지를 만들어낸다. 주로 음높이, 음길이, 음색에 변화를 주는 식이다. 그러나 음악적 긴장의 '용수철 같은' 성격은 물리적 대상이 아니라 우리의 뇌에서 비롯되는 것이다. 음들 자체에는 긴장이 없다. 긴장은 음악 스타일의 규범과 통계적 속성, 그리고 예전에 지금 이 음악을 들었을 때의 기억을 바탕으로 우리의 뇌가 만들어내는 '기대감'에서 나오는 것이다. 예상치 못했던 음이나 표준적인 개연성을 사소하게라도 위반하는 음이 들리면, 음악적 긴장의 용수철이 불쑥 튀어나와 우리의 뇌는 음악을 더 안정적인 위치로 돌려

놓으려 한다. '오버 더 레인보우'⁺의 옥타브가 도약되는 첫 두 음을 들으면 누군가가 우리의 음악적 뇌에서 스프링을 잡아당기는 것 같은 기분이 든다. 이어지는 세 번째 음은 음높이가 내려와야 하고 실제로도 그렇다. 사실 이 노래의 코러스 부분은 첫 두 음이 만들어내는 긴장에서 벗어나 편안한 대목으로 나아가려는 복잡하고도 멋진 여행이라 볼 수 있다. 조니 미첼은 '헬프 미'⁺에서 선율의 용수철을 늘리고 처음 출발했던 음 근처로 돌아오도록 하는 수법을 여러 차례 사용했다. 긴장의 진정한 해결은 노래의 마지막에 가서야 이루어진다.

음악의 긴장 덕분에 우리는 다음에 무엇이 올지 상상하게 된다. 긴장이 예측을 만들어내는 것이다. 우리의 예측이 맞으면 보상받았다는 느낌이 들고 스스로를 격려하게 된다. 하지만 예측이 맞지 않아도 더 많은 것을 배울 수 있다. 음악적 사건이 논리적으로 흐르면서도 예전에 미처 생각지 못했던 방식으로 우리를 놀라게 하면 말이다. 원시인 친구가 식량을 더 쉽게 구하는 방법을 보여주면, 옆 사람은 학습의 가치, 즉 영양분을 얻어야 하는 문제에 대한 적응적 해결책의 레퍼토리를 늘려야 한다는 것을 깨닫게 된다. 새로운 것을 학습하는 일은 대개 적응적이므로 우리의 뇌에 좋은 기분을 만들었을 것이다.

휴런은 음악이 TRIP의 네 가지 과정 모두를 가동시킨다고 주장한다 (내가 편의상 제외한 다섯 번째 요소는 '평가'appraisal이다). 그가 예로 들고 있는 노래는 비틀스의 '그녀는 널 사랑해'⁺이다. 50년대 팝 음악과 두 왑에서 가장 상투적이던 화성 진행이 바로 I-vi-IV-V 진행이다. (G조를 예로 들자면, G메이저-E마이너-C메이저-D메이저로 진행된다. 때로는 IV 대신에 ii가 들어가기도 하는데, 이렇게 되면 C메이저 대신 A마이너가 된다. C메이저와 A마이너는 세 음 가운데 두 음을 공유하는 관계다.) '그녀는 널 사랑해'의 첫 소절에서 레넌과 매카트니는 C메이저가 기대되는 곳에 C마이너를 둔다. C메이저와 C마이너는 불과 한 음 차이지만 누구라도 그 차이를 금방 알 수 있을 만큼 성격이 다르다. C마이너는 그렇게 오래 지속되지 않으며 우리가 기대했던 D메이저로 돌아간다. 이때 청자들은 전체 시퀀스를 다시 바라보게 되고―물론 무의식적으로―자신들이 기대했던 상투적인 시퀀스와 다른 그럴듯한 대안이 있음을 깨닫게 된다. 이렇듯 작곡가의 도움으로 청자는 세상에 대해 새로운 뭔가를 배운다.

음악 진행을 일종의 지도라고 생각해보면 쉽게 이해가 된다. 원시인 오그는 샘물로 가는 길을 하나만 알고 있고 매일 그 길로 다닌다. 어느 날 커다란 돌 하나가 길 중앙에 떨어져서 보행을 막았다. 다행히도 오그는 친구 글루준크가 옆으로 돌아서 샘물로 가는 오솔길을 가르쳐준 것이 생각났다. A에서 B로 가는 길이 하나만은 아니다. 이런 식의 정보―실제 생활과 관련된 정보든 은유적 정보든 혹은 음악적 정보든 간에―를 모으며 기뻐했던 우리 선조들은 자신의 목표 획득에 방해되는 일이 생겼을 때 보다 쉽게 대처할 수 있었다.

이렇듯 음악 청취 과정에는 긴장과 이에 대한 반응, 그리고 음악이 다음에 어떻게 진행될지 상상하고 예측하는 일이 수반된다. 이 모두를 식량과 거처와 짝을 찾고 위험을 피하기 위해 필요한, 세상에 대한 추상적 사고의 예비 활동으로 볼 수 있다. 이렇게 되려면 선조들이 TRIP 게임을 즐겨야 했다. 예측하고 그것이 맞는지 다른지 지켜보는 것을 즐겨야 했다. 감정(동기부여와 연관된)이란, 적합성에 영향을 주는 행동에 대해 우리의 뇌가 내리는 보상과 처벌의 수단임을 기억하라. 무작위 돌연변이로 인해 일부 선조들이 마음의 극장에서 성공적인 예측을 할 때마다 기분을 좋게 하는 도파민 호르몬이 배출되었다. 그 결과 이들은 이런 행동을 강화했다.

마음속으로 생각하고 상상하고 이를 뒤집어보는 일에 점점 더 많은 시간을 쏟았다. 예측과 해결의 게임을 반복했다. 이런 마음의 연습이 실제 세계에서 이로운 점을 안겨 주자 이런 식의 적응이 상대적으로 짧은 시간만에 사람들 사이에 널리 퍼졌을 것이다. 데닛의 말을 빌리자면, 우리가 노래하고 춤추고 머릿속에 노래를 담아두는 것은 노래와 춤이 본질적으로 매력적이거나 기억이 잘 되거나 미적으로 아름답기 때문이 아니다. 이를 음악적으로 즐긴 선조들이 자신의 유전자를 후세에 성공적으로 남겼기 때문에 우리가 음악과 관계를 갖게 된 것이다.

결국 우리가 기쁨의 노래를 갖게 된 것은 이리저리 돌아다니며 춤추고 몸과 마음을 놀리는 것이 진화의 역사에서 적응적 가치를 지녔기 때문이다. 팔다리를 펴고 뜀박질하고 소리를 이용해 소통하면 우리의 뇌가 자연선택을 통해 이런 행동에 보상을 내려 기분이 좋아진다. 오늘날 우리가 기쁨의 노래를 들을 때 갖게 되는 기분 좋은 감정은, 기쁨의 노래가 수천 년의 진화의 역사를 지나는 동안 생물학적으로 중요했다는 사실을 우리의 뇌가 좋은 화학물질의 배출을 통해 알리는 것이다. 오프라 윈프리는 이런 말을 했다. "나는 기쁨이라는 감정을 안녕의 상태와 내적 평화가 지속되는 것으로 정의합니다. 중요한 뭔가와 연결되어 있다는 느낌이 기쁨입니다." 기분 좋은 감정을, 편안하고 긍정적인 감정을 찬양할 수 있다면 자신의 감정을 남들과 나누기에 훨씬 유리할 터이다. 이는 사회를 만들고 협력적인 집단을 조직하기 위해 필요한 핵심 요소였다.

4

위로의 노래를 부르면

내가 일하는 팬케이크 식당에서 접시를 닦던 에디가 식칼을 들고 나의 상사 빅터를 향해 돌진했다. 빅터는 식당 안을 요리조리 도망치다가 높이 쌓여 있는 의자들과 비쩍 마른 10대 웨이트리스 몇 명을 들이받았다. 뒤뜰로 달아나는 빅터의 등에 대고 에디가 소리쳤다. "너를 죽이고 말겠어!" 일요일 아침 식당을 찾은 고객들은 난데없는 소란에 어안이 벙벙했다. 두 사람은 식당과 뒤뜰을 두 바퀴 더 돌았고 빅터가 유리컵을 쌓아둔 쟁반을 넘어뜨렸다. 에디가 깨진 유리컵을 망설임 없이 뛰어넘어 케이크를 굽는 철판을 지나갈 때 내가 그의 팔을 잡아 잠시나마 붙잡아 두었다. 에디의 손에서 칼이 떨어졌다. 나머지 직원들이 칼을 수거하는 동안 빅터는 주차장을 지나 무사히 도망쳤다. 나는 팬케이크 굽는 일로 다시 돌아갔고, 에디는 절뚝거리며 옆문으로 나가 다시는 돌아오지 않았다. 이 모든 게 노래 하나 때문에 벌어진 일이었다. 그것은 토니 올랜도 앤 돈의 '오래된 참나무에 노란 리본을 달아요'였다. 나는 에디의 좌절을 이해했다(그렇더라도 칼을 들고 설칠 것까지야 없었지만). 뒷방에서 흘러나오는 음악은 지루한 작업을 견뎌내도록 도움을 주었기 때문이다. 그렇다고 아무 음악이나 다 되는 것은 아니었다. 오리건 주 뉴포트의 삼보 레스토랑에 오게 된 어수룩한 우리들은 항상 이 문제로 싸웠다. 우리는 모두 음악에서 위로를 찾았다. 애초에 내가 이곳 뉴포트에 정착하게 된 것도 실은 음악에서 얻은 위로 때문이었다.

나는 대학을 그만두고 록 밴드에 가입했다. 미적분과 물리학보다 로큰롤에 더 관심이 있어서가 아니라 내 정신 건강 때문이었다. 학교에서 배운 과목들은 지적으로 흥미로웠지만, 집을 떠난 첫 해에 친구들을 거의 사귀지 못해서 외로웠다. 이 외롭던 시기에 내게 위안이 되었던 것은 음악이었다. 음악을 자꾸 듣다보니 어느덧 음악이 연주하고 싶어졌다. 1975년에 내 마음을 사로잡은, 적어도 당시 나로 하여금 음악가의 길로 들어서게 만든 여섯 곡의 노래는 다음과 같다.

1. 크라프트베르크의 '아우토반'. 이 친구들은 테크노(혹은 일렉트로니카)라고 하는 완전히 새로운 장르를 개척한 선구자들로, 위대한 뮤지션들이 그렇듯이 이런 작업을 아주 쉬워 보이게 해냈다. 장대한 고전음악 같은 주제에 전자음악에 대한 괴짜스러운 관심을 결합시키고 자신만의 신시사이저 사운드를 만들어낸 이들은 과학과 음악을 좋아하는 공부벌레 집단처럼 보였다. 내가 이들에게서 매력을 느낀 것은 당연했다. 같은 제목의 앨범에 수록된 이 곡은 장황한 아르페지오와 장·단음계를 오가는 매카트니풍의 유려한 솜씨가 빛나는

25분에 달하는 걸작이다.

2. 베토벤의 교향곡 6번(카라얀 지휘, 베를린 필하모닉 연주).[1] 주선율의 발전과 변주기법, 그리고 이를 넘나드는 대위법 솜씨가 너무도 명료해서 마치 작품이 저 혼자 알아서 작곡된 것처럼 들릴 정도다. 어떤 하나의 악기를 귀담아 듣더라도 다른 악기 소리가 금세 귀에 쏙 들어오는 것이, 마치 내가 하나의 선율만 작곡하면 다른 파트가 자동적으로 떠오를 것 같다. 물론 실제로는 그렇지 않다는 것을 잘 안다. 아무튼 그만큼 베토벤이 화성 영역을 다루는 방식이 수월해 보였고, 그 솜씨는 지금도 나를 흥분시킨다.

3. 비틀스의 「리볼버」 앨범. (이 앨범은 처음부터 끝까지 마치 하나의 곡처럼 쭉 이어서 수백 번 들었기 때문에 한 곡만을 따로 골라내기가 어렵다.) 이 음반이 처음 나왔을 때 겨우 아홉 살이던 나는 아직 이를 받아들일 준비가 되지 않았다. 대학에 가서야 이 음반을 들었다. 네 명의 뮤지션들이 서로 우애를 나누며 장난을 주고받는 것이 인상적이며, 사운드는 지금 들어도 신선하다. 앞서 발표한 앨범들에 비해 가사와 선율, 화성면에서 좀더 복잡해졌다. 이 앨범을 만들면서 즐거워하던 멤버들 모습이 귀에 생생히 들리는 것 같다!

4. 닐 영과 크로스비, 스틸스 앤 내시의 '스루 마이 세일스'.[1] 섬세한 보컬 하모니는 지금 들어도 짜릿하다. 에벌리 브러더스 저리 가라 할 정도로. 목소리가 아름답게 섞여 편안하고 따뜻하게 들린다. 보통은 스틸스가 솔로 보컬을 맡고 나머지 멤버들이 뒤에서 적절하게 거드는 것이 일반적인데, 이 노래에서는 닐 영이 그 자리를 차지하며 몇 차례 치고 나올 때 그의 목소리는 앙상블과 혼연일체가 된다. 나는

항상 닐이 혼자서 노는 타입이라 같이 어울려 리허설이나 연습을 하기 어려운 성격이라 생각했기에 과연 그가 이런 섬세한 하모니를 제대로 끌어낼 수 있을까 의구심이 들었다. 몇 년 뒤 한 파티에서 만난 그레이엄 내시가 내 추측을 사실로 확인해 주었다. 사연인즉슨 닐이 먼저 자신의 파트를 녹음한 뒤 테이프를 그와 크로스비*와 스틸스*에게 건네주어 나머지 사람들이 각자의 파트를 공들여 더했다고 한다. 닐 자신도 이런 식의 꼼꼼한 작업을 좋아하지 않고 순간의 자발성을 선호한다고 내게 말한 적이 있다. 한 번은 앨범 전체를 이틀 만에 작곡하고 녹음까지 마친 적도 있다며 자신의 음반사 리프라이즈의 사장이자 내 친구인 하위 클라인에게 자랑까지 했다.

5. 핑크 플로이드의 '더 그레이트 기그 인 더 스카이'.* 「메들」에 이어 수록곡들의 주제를 통합하려고 시도한 콘셉트 앨범 「다크 사이드 오브 더 문」에 실린 곡이다. 기존의 어떤 록 음악보다 교향곡에 가까운 시도라 할 수 있는데, 고전음악적 장치와 장중한 내러티브로 인해 고전음악과 록의 융합을 떠올리게 했다. 이 곡에서 게스트 보컬로 참여한 클레어 토리의 목소리는 으스스하기까지 하다. 목소리 자체에 깃든 정열과 슬픔이 너무 압도적이어서 가사가 없는데도 분명한 메시지가 전달되는 듯하다.

6. 스탄 게츠의 '밤과 낮'.* 나는 색소폰을 연주하므로 존 콜트레인, 캐넌볼 애덜리, 웨인 쇼터, 찰리 파커 같은 연주자들을 즐겨 듣지만, 개인적으로 각별하게 생각하는 연주자는 독특한 음색과 경제적인 연주 스타일을 자랑하는 스탄 게츠다. 그는 내가 모든 파트를 따라 할 수 있었던 최초의 색소폰주자였다. 일단 파트가 무척 쉬웠고, 내가 딱딱한 고무 마우스피스를 즐겨 사용했기에 누구보다 그의 톤

을 따라 하기가 쉬웠다. 내가 파커만큼 빠르게 연주할 수 있다고는 아예 생각도 못했지만, 게츠(색소폰계의 비비 킹?)처럼 상대적으로 느린 연주자도 훌륭한 경력을 이어갈 수 있다는 사실을 알자 마음이 놓였다.

내가 학교를 그만두려 하자 부모님은 실망하는 기색이 역력했다. 대학 졸업장도 없이 어떻게 살아가려고 하는지 걱정이 이만저만이 아니셨다. 나는 전문 뮤지션이 되겠다는 계획을 말씀드리고는 솔직히 어떻게 해야 할지 모르겠다고 털어놓았다. 부모님도 음악가에 대해서는 잘 모른다고 하셨다. 록 밴드를 여러 팀 거쳤는데 신통치 않았다. 무능함 때문에 주저앉기도 했고 클럽 무대에 서는 것 자체가 어려울 때도 있었다. 2년 이상을 그렇게 버둥대다가 10월에 아버지 생신을 맞아 집에 돌아왔다. 어릴 때부터 사업가 기질을 타고나 회계사 사업을 시작했다가 곧 대기업으로 자리를 옮긴 아버지는 문제를 푸는 데 신기하리만치 재능이 있으셨다. 그는 마음속으로 사업과 밴드의 비슷한 점을 재빨리 포착해 내셨다. 바닥부터 밴드를 시작하는 것은 잘나가고 있는 밴드에 들어가는 것보다 훨씬 어려울 수 있다는 것이었다. 순간 내가 나보다 못한 뮤지션들과 연주하고 있다는 것을 깨달았다. 대개는 내가 거쳤던 밴드에서 내가 가장 잘하는 축에 속했다. 그렇다고 내가 특별히 잘하는 것도 아닌데 말이다. 배울 게 없었다. 전문가가 되려면 내가 밴드에서 가장 못하는 멤버여야 했다. 그래서 나는 정말 잘하는 밴드에서 가장 실력이 떨어지는 멤버가 되기로 했다! 나의 능력을 한 단계 끌어올려주고 내게서 가능성을 볼 줄 아는, 나와는 급이 다른 뮤지션들과 함께 밴드를 해야겠다고 마음먹었다.

　사람들이 각자의 영역에서 어떻게 전문가가 되는지를 설명한 조지 플림턴의 책 『엑스 팩터』 *The X factor* 를 아버지가 읽으라며 주셨다. 이 책에서 플림턴은 성공한 사람들이 그렇지 않은 사람보다 훨씬 많은 실패를 겪는다는 점을 강조한다. 물론 이는 역설처럼 보이지만 말하고자 하는 바는 분명하다. 결국 성공하고 마는 사람들은 그 과정에서 대단히 많은 실패를 경험하며, 이들을 다른 사람들과 구별해 주는 것은 포기할 줄을 모른다는 사실이다. 기업 총수, 체스 플레이어, 배우, 작가, 운동선수 등 각 분야의 지도자들은 실패를 남들과 다르게 본다. 우선 이들은 실패해도 자신에게 뭔가 잘못이 있다고 생각하지 않으며("나는 안 돼", "구제불능이야"), 영원히 그러리라 생각하지도 않는다("나아지지 않을 거야", "내가 항상 이렇지 뭐"). 또 실패를 최종목표에 도달하는 과정에 있는 필수 단계로 여긴다. 성공한 사람들은 목표로 이어지는 과정마다 불가피하게 사소한 좌절이 일어난다고 생각한다. "이것은 목표에 도달하기 위해 꼭 알아야 할 사항이야. 한데 지금까지 나는 이것을 알아야 한다는 사실조차 몰랐잖아. 그러니까 이런 좌절은 내가 성공하려면 꼭 알아야 할 지식을 얻도록 해준 기회야."

내가 이제껏 몸담았던 밴드들보다 더 나은 데서 가장 못하는 뮤지션이 되려면 일단 연습을 더 많이 해야 했다. 하지만 대학 학위도 없이 변변치 않은 일을 해서는 캘리포니아의 높은 집세를 감당하기 어려웠다. 수입을 모두 쏟아부어도 다섯 명이 침실 세 칸짜리 아파트에 겨우 들어가 살 정도였다(한 명은 거실에서 또 한 명은 주방에서 자야 했다). 결국 나는 집세가 싼 오리건 주로 이사를 갔다. 대부분의 시간을 기타 연습에 보내기 위해서였다. 나는 팬케이크 체인점인 삼보 레스토랑에 일자리를 얻었고, 거기서는 일주일에 이틀만 일해도 생활비를 벌 수 있었다. 덕분에 기타 연습 시간을 많이 벌었다. 매일 여덟 시간씩 6개월을 연습해 자신감이 붙자 앨시 리버 밴드가 리드 기타리스트를 구한다는 광고를 보고 오디션을 보았다. 오리건 지역에서는 꽤 유명한 밴드로 이미 몇 달을 무대에서 함께 호흡을 맞춰 연주 경력이 탄탄했다. 리더는 캐나다 퀘벡 출신의 에티엔이라고 하는 친구로 보컬과 작곡을 맡았다. 나이가 마흔다섯 정도였는데 당시 내가 봤을 때 그는 록 음악을 하기에 나이가 많아 보였고, 몹시 주름진 얼굴은 세상사에 지치고 피곤해 보였다. 그는 자신이 몸소 겪었던 실연을 노래했다. 내가 들어갔을 때 밴드는 4인조였다. 에티엔이 리듬 기타를 연주했고, 부부 사이인 두 명이 베이스와 키보드를 맡았으며, 드러머가 한 명 있었다. 에티엔은 리드 기타를 연주하지 못했지만 자신이 원하는 소리가 무엇인지 알았다. 리드 기타가 나가기 전에 밴드가 함께 연주했던 노래와 자신이 좋아하는 행크 스노, 조지 존스, 태미 위넷의 곡을 담은 카세트테이프를 내게 주었다. 나는 컨트리 음악을 연주해 본 적이 없었고 딱히 이런 음악에 흥미가 있는 것도 아니었지만 선택의 여지가 없었다. 그들은 좋은 연주자들이었다. 정말 연주를 잘했다.

만약 내가 컨트리 음악을 연주하고 싶어 하지 않았다면 어떻게 되었을까? 아버지는 사업에서는(그리고 어쩌면 음악에서도) 융통성이 중요하다고 말씀하셨다. 덕분에 내가 밴드 일원으로 뮤지션으로 살아간다는 것에 대해 많은 것을 배우지 않았는가?

우리는 부부 멤버가 지내는 앨시 강변 숲의 트레일러에 매주 사흘 밤을 모여 연습했다. 당시에는 일을 많이 하는 친구가 없었다. 오리건이 불경기였다. 드러머는 자동차 부품 가게 카운터에서 일했다. 베이시스트는 목재를 잘랐고, 그의 부인인 키보드주자는 일주일에 몇 시간 가정부 일을 했다. 에티엔도 멀쩡한 일을 했는데 아무도 무슨 일인지 이야기해주지 않았다. 우리가 처음 함께 공연한 장소는 왈드포트 로지였다. 쇠락하고 있는 곳이었지만 금요일 밤 공연이라 사람들이 많았다. 바텐더가 우리를 "오리건 해안의 명물, 앨시 리버 밴드"라고 소개했다. 에티엔이 마이크를 잡더니 자신의 장기라 할 수 있는 셸 실버스타인의 '난 못생긴 여자랑은 절대안 해(어쩌다 같이 일어난 해도)'[*]를 연주하기 시작했다. 내가 연주로 채울 부분이 별로 없는 쉬운 곡이었다. 행크 윌리엄스 메들리를 연주한 다음 '엄마들은 애들이 카우보이가 되도록 가만두지 않지'[*]를 연주했다. 곡이 끝날 때마다 청중들이 좋아하며 요란하게 환호했다.

이어 에티엔이 카우보이모자를 벗어 공손하게 한 손에 들고는 청중들에게 말을 하기 시작했다. 그는 오리건 남쪽 지방을 여행해 본 적이 한 번도 없었지만 멤피스와 미시시피 델타 지역의 억양을 완벽하게 구사했다. "오늘밤 우리 연주를 들으러 이곳에 와주신 청중 여러분께 감사드립니다. 한 주의 힘겨운 삶을 마친 여러분에게 위로를 줄 수 있도록 최선을 다하겠습니다." 에티엔은 청중들 대다수가 직업이 없는 지역 사람들로, 있는 돈 없는 돈 긁어모아 이곳에 와서는 싸구려 술을 홀짝이며 라이브 밴드의 연주를 즐긴다는 것을 알고 있었다. 이들은 이런 공연에서 그나마 힘을 얻어 다음 몇 주 동안 또다시 일거리를 찾아 나서는 힘겨운 발걸음을 뗐다. "오늘밤 여러분은 운이 아주 좋습니다. 아주 특별한 친구, 우리의 새 기타리스트 눈부신dazzling 댄이 무대에 섰으니까요." 그는 내 성을 기억하지 못해서 나를 그렇게 불렀다. 기억했더라도 제대로 발음하지 못했을 것이다. 내가 특별히 눈부신 존재라 생각해 본 적이 없었던 터라 나는 일터에 나갈 때 입는 찢어진 청바지와 고기국물 묻은 티셔츠를 그대로 입고 공연장에 갔다. 무대의상을 따로 마련할 여유가 없었던 것이다. 에티엔도 무대의상이 없었다. 무대에 오르기 직전에 그가 더플백을 열더니 낡은 진과 셔츠를 내게 건넸다. 내가 입기에는 너무 컸지만 적어도 깨끗했고, 소매 부분을 말아 올리자 그럭저럭 세련되게 보였다. 에티엔은 어깨에 손 모양의 스티치가 나 있고 번쩍거리는 자개 버튼이 달린 웨스턴셔츠를 입었다. 눈부시게 보이는 사람은 내가 아니라 그였다. "자, 눈부신 댄의 가세로 다섯 명이 멋진 음악을 연주할 때 얼마나 근사한 소리가 나오는지 지금부터 보여 드리죠." 이 말은 내가 그동안 갈고 닦았던 솜씨를 발휘하라는 신호였다. 밴드의 또 다른 장기인 행크 스노의 '지독한 사랑'* 맨 앞에 나오는 현란한 핑거링을 보여줄 때였다. 내 연주는 그저 무난한 수준이었는데 청중들이 술에 취해서였는지 너그럽게도 열광했다. 에티엔이 첫 소절을 부르기 시작했다. "오, 당신의 지독한 사랑은 내 마음과 영혼의 활력을 더럽히고 있어…."

새로 사귄 친구들과 같은 무대에 서니 마음이 편안했다. 나는 노래가 언제까지고 계속되기를 바랐다. 여자로부터 해코지를 당해본 적은 아직 없었지만 에티엔과 청중들은 분명 그런 경험이 있을 터이다. 문득 청중들이 연인의 부정과 배신의 이야기를 들으며 왜 그렇게 행복해하는지 궁금했다. 아마도 남들과 함께 경험을 나누며 동지애를 느끼기 때문인 듯했다. 여럿이 함께 들으며 위로를 받는 것이다. 에티엔은 이런 일에 노련한 전문가였다. 그는 여자의 남자이자 남자의 남자였다. 나이와 상관없이 모든 여자들이 그와 잠자리를 갖고 싶어 했고, 남자들은 편안하게 그와 이야기를 나누고 싶어 했다. 그가 이제까지 어떤 삶을 살았든 그의 얼굴과 목소리에는 일체의 간교함과 속임수도 없었다. 그와 같은 뮤지션을 여러 명 알았지만, 방 안의 모든 사람들로 하여금 자신의 삶에서 벌어지는(혹은 벌어지지 않는) 일들을 모두 잊고 4분짜리 노래에 실린 가상의 현실을 즐기게 만들 줄 아는 사람은 많지 않았다. 그는 마치 이렇게 노래하는 듯했다. "그래, 우리 모두 상처를 받고 살지. 하지만 그게 인생이야. 그래도 마지막에는 모든 게 잘 풀릴 거야. 이렇게 함께 있잖아."

팬케이크 식당 삼보의 뒷방에는 작은 카세트플레이어가 있었다. 대형 냉장고가 있고 음식 재료를 갖다 놓는 곳으로 설거지도 여기서 했다. 이곳에서 내가 팬케이크 반죽을 하고 웨이트리스가 시럽 병에 싸구려 시럽을 채워 넣는다. 설거지 담당인 에디는 덩치가 엄청나게 컸고 둔했으며 중학교 과정을 마치지 못했다. 근무 첫날에 몇몇 직원들이 내게 오더니 에디는 미쳤으니 가까이하지 말라고 했다. 누구도 그에게 말을 걸지 않았다. 이유는 몰랐다. 하지만 에디는 나를 가깝게 여겨 비밀도, 자신의 사연도 털어놓았다. 가장 큰 꿈이 왈드포트 로지에서 일하는 것이라고 했다. 호바트라고 하는 설거지 기계가 있기 때문이란다. "놀랍지 않아요?" 그는 일주일에 여러 차례 이렇게 말했다. "접시를 깨끗이 닦는 기계가 있다니까요. 기계 안에 접시를 넣고 녹색 불이 들어올 때까지 기다렸다가 꺼내면 끝이에요. 언젠가 녹색 불의 남자가 되고 싶어요. 거기서 일하려면 머리가 잘 돌아가야 해요. 당신이야 똑똑하지만 나는 그렇지 못하거든요."

에디는 심성이 여리고 친절했다. 내게 매일 식당 반대편에서 머핀을 갖다 주었다. 아무도 보지 않을 때 머핀을 슬쩍 훔쳐다가 몰래 냅킨에 싸서 가져와서는 내게 상이라도 내리듯 주고 머핀 맨을 합창하는 것이다. 그가 그런 의식을 너무도 정성껏 행했기에 나는 머핀은 직원들 누구나 공짜로 먹을 수 있다는 사실을 차마 그에게 말하지 못했다. 사실 직접 요리하는 나야말로 머핀을 가장 먼저 맛보는 사람이었다.

매니저 빅터는 라스베이거스에서 자랐고, 산타바바라 근처 카펜테리아에 본부를 둔 삼보 매니저 훈련학교에서 교육을 받고 유감스럽게도(이는 그가 자주 쓰는 표현이다) 오리건 해안의 이 작은 가게에 발령받았다. 그가 고생하며 훈련받은 대가라고 여기는 찬란한 불빛과 거대한 도시와는 거리가 멀었다. 나를 고용한 사람이 빅터였는데 그가 일을 맡은 지 이틀째 되던 날이었다고 한다. 동네 사람들은 다들 그를 미워하거나 불신했다. 마츠다 차를 몰았는데 동네에서 외제차를 모는 사람은 그가 유일했다. 빅터는 금색 버클이 박힌 흰색 에나멜가죽 구두를 신었고, 서부 사람들이 이상하게 여기는 말투를 썼다. "당신에게 유감이군요." 그는 일 속도가 뒤지는 웨이트리스에게 이렇게 말하곤 했다. 내가 마음에 들었는지 그는 돈이 조금 모일 때까지만 여기서 일할 생각이라 했고, 본부가 솔트레이크나 새크라멘토 같은 '진짜' 도시에 자신을 보내줘 이름을 떨칠 수 있는 기회를 잡기만을 바라고 있다고 했다. 웨이트리스가 접시닦이 에디보다 더 불편하게 여기는 사람이 바로 빅터였다.

웨이트리스는 잡다한 음악을 테이프에 녹음해 와 카세트플레이어에 틀었는데 가장 자주 나왔던 여섯 노래는 다음과 같다.[*]

1. 수프림스의 '내 남자'(대단한 히트를 기록했던 메리 웰스 버전에 비해 좀처럼 듣기 어렵다)
2. 태미 위넷의 '스탠드 바이 유어 맨'
3. 에디 래빗의 '나는 비 내리는 밤이 좋아'(웨이트리스 왈, "그는 너무 귀여워요")
4. 비지스의 '브로드웨이의 밤'
5. 릭 디스의 '디스코 덕'
6. 모린 맥거번의 '더 모닝 애프터'

빅터는 여자애들의 테이프를 묵묵히 듣더니 자신이 좋아하는 음악을 테이프에 담아 왔다. 이른 아침이나 저녁 퇴근 무렵 주로 뒷방에 있을 때 테

이프를 틀었는데 그가 가장 좋아했던 여섯 노래는 다음과 같다.[*]

    1. 보스턴의 '포플레이 롱 타임'
    2. 에디 머니의 '천국행 티켓 두 장'
    3. 알이오 스피드웨건의 '계속 당신을 사랑해'
    4. 캔자스의 '캐리 온 웨이워드 선'
    5. 스틱스의 '레이디'
    6. 제퍼슨 스타십의 '우리가 이 도시를 지었지'

'레이디'가 흘러나올 때면 상체를 뒤로 젖히고 기타 치는 시늉을 하며 록스타처럼 얼굴을 찡그린 채로 가사를 중얼거렸다. 가끔 눈을 치켜뜨고는 혹시라도 자신의 이런 남자다운 모습을 쳐다보는 웨이트리스가 없나 이리저리 살폈다.

    에디는 헤비메탈에 열광했다. 형제 중 한 명이 곤봉으로 경찰을 두들겨 패 감방에 가기 전에 그를 위해 테이프를 만들어주었다고 한다. 그 테이프에 담긴 곡은,[*]

    1. 포가트의 '로드 피버'
    2. 위시본 애시의 '워리어'
    3. 블랙 새바스의 '패러노이드'
    4. 주다스 프리스트의 '러닝 와일드'
    5. 밴 헤일런의 '악마와 함께 달려'
    6. 토니 올랜도 앤 돈의 '오래된 참나무에 노란 리본을 달아요'

에디는 헤비메탈이 흘러나오면 설거지를 몹시 거칠게 했다. 그릇을 새로

산 마냥 깨끗하게 닦았고 상당한 몸무게를 양쪽 발을 오가며 이리저리 움직여 마치 춤을 추는 것 같았다. 그가 서 있는 두툼한 고무매트가 패일 지경이었다. 하지만 '노란 리본을 달아요'가 흘러나올 때면 한 자리에 가만히 서서 고개를 쳐들고 팔을 양쪽으로 내리고 몸무게를 한쪽 발에 지탱했다. 에디는 그 노래가 언젠가 집에 돌아갈 날만을 기다리는 죄수에 관한 노래라고 이해했다.

결국 에디와 빅터는 카세트플레이어를 차지하기 위해 다투는 불편한 관계가 되었다. 빅터는 에디의 헤비메탈이 마음에 들지 않았고 식당에서 듣기에 '부적합'하다고 여겼다. 그래서 자신의 테이프로 바꾸었는데, 그가 방을 떠나자마자 에디가 자신의 테이프를 도로 넣었고, 이어 빅터가 돌아와 테이프를 다시 갈았다. 우연하게도 한 달이 넘게 빅터는 에디의 리스트에서 여섯 번째 노래가 흘러나올 때 한 번도 들어간 적이 없었다. 그래서 에디가 일은 않고 생각에 잠겨 있는 것을 보지 못했다. 그러던 중 문제의 일요일 아침, 빅터는 자신의 테이프를 틀었고, 회사가 선보이려는 새 메뉴를 준비시키려고 나를 앞쪽에 마련된 철판으로 데려갔다. 팬케이크에 오렌지 두 조각과 계란 프라이를 위에 올리고, 아래에는 소시지와 베이컨을 팬케이크 얼굴의 입처럼 보이게 간 것으로, 우리의 경쟁업체 아이홉도 2년 뒤에 이와 비슷한 메뉴를 선보였다. 빅터의 테이프가 끝나고 몇 분간 음악이 들리지 않아 내가 문틈으로 뒷방을 살짝 들여다보니 에디가 카세트플레이어를 열고 있었다. 그는 빅터의 테이프를 꺼내 거품투성이 바닥에 내동댕이쳤다. 그러고는 자신의 테이프를 집어넣었다. 지난번에 테이프를 다 듣고 맨 앞으로 돌리지 않았는지 토니 올랜도의 노래가 흘러나왔다.

"형기를 마치고 집으로 돌아왔어" 하며 노래가 시작되었다. 순간 빅터가 인상을 쓰더니 뒷방으로 총알같이 달려갔다. "어떤 자식이 이런 쓰레기 음악을 튼 거야?" 주위를 둘러본 그는 냅킨을 정리하고 있던 티파니라는 웨이트리스를 노려보았다. "누구야?" 그가 다시 물었다. 티파니는 어깨를 으쓱했다. 그때 싱크대 위로 고개를 숙인 채 가만히 서 있는 에디가 그의 눈에 들어왔다. "에디! 일 안 하고 거기서 뭐해?" 에디는 그냥 거기 서서 소리를 내지 않고 노래를 따라 불렀다. 빅터가 한 호흡 쉬더니 음악을 찰칵 껐다. 이어 바지춤을 끌어올리며 몸을 앞으로 숙였다. "오 이런, 설마 자네가 계집애 같은 녀석들이나 좋아하는 이런 쓰레기를 튼 건 아니겠지? 하 하 하!" 그의 목소리에 조롱기가 담겼다. 그저 웃기만 한 게 아니라 만화에 나오는 캐릭터처럼 배를 부여잡고 몸을 떨며 발을 굴렀다. "멍청한 에디가 이런 바보 같은 음악을 좋아하는 줄 진작 알았어야 했는데." 그는 팔을 활짝 벌리고 몸을 약간 돌려 사람도 거의 없는 방 안에 대고 말했다.

"멍청하다고 하지 말아요." 에디가 말했다. 비눗물이 든 싱크대를 여전히 내려다보며 등을 우리에게 돌린 채였다. "똑똑하진 않지만 그렇다고 멍청하다는 소리를 들을 정도는 아니니까요."

빅터는 그의 말을 듣지 않았다. "어허허허," 그는 과장되게 웃음소리를 길게 늘어뜨렸다. "터프한 접시닦이가 애기들 음악을 좋아하다니!" 그는 또 웃으며 손가락으로 에디를 가리켰다.

"그만해요." 보다 못한 티파니가 옆에서 살며시 말렸다.

빅터는 에디의 팔을 잡았지만 손이 작아서 에디의 굵은 팔뚝을 완전히 쥐지 못했다. "내가 말할 땐 돌아서서 봐야지, 멍청아!"

돌아선 에디가 울고 있었다. "그 노래는 내 동생에 관한 노래란 말입니다."

"동생?" 빅터가 그를 놀렸다.

"제발 그만해요." 티파니가 이번에는 좀더 소리를 높였다. "빅터, 제발 그만하고 가요."

"동생이라고? 너한테 전해줄 소식이 있어, 멍청아. 네 동생은 집에 돌아올 수 없어." 빅터는 그를 조롱했다. "지난주 신문도 안 봤어?" 에디가 글을 못 읽는다는 것을 그도 잘 알았다. "경찰 한 명이 죽었어. 그러니 네 동생은 오랫동안 감옥에서 썩을 거야. 나무에 노란 리본을 매달지도 못할 걸. 참나무든 뭐든 간에. 고작 자신의 목을 매달 밧줄만 걸겠지. 내 말 알아들어? 네 동생은 절대 집에 돌아오지 못한다고."

에디가 갑자기 개수대에서 비눗물 묻은 칼을 사납게 쳐들고 팔을 뒤로 뺐다. 두 뺨에 눈물이 흘러내렸다. 빅터가 놀라 뒤로 물러났다. 그 바람에 바닥에 있던 그의 테이프가 망가졌다. 그는 내가 오렌지 조각을 올리고 있던 철판으로 잽싸게 달려왔다. 에디가 바로 뒤에서 그를 쫓았다. 두 사람은 일요일 아침 손님들이 놀라움 반 두려움 반으로 쳐다보는 가운데 고함을 지르고 비명을 외치며 달렸다. 그 뒤로 노래 소리가 경쾌하게 울렸다. "오래된 참나무에 노란 리본을 달아요/벌써 3년이나 지났네요/지금도 나를 사랑하나요? …"

그 뒤로 우리는 식당에서 에디의 모습을 볼 수 없었다. 몇 달 뒤에 그의 동생이 교도소에서 싸움에 휘말려 칼에 찔려 죽었다는 소식을 신문에서 보았다. 나는 거리에서 에디를 몇 차례 본 적이 있다. 구인사무소에 줄을 서 있는 그에게 다가가 인사를 했다. 그는 나를 '댄 댄 머핀 맨'이라 불렀다. 우리는 가게에서 있었던 사건에 대해 말하지 않았다. 그 뒤로 빅터는 뒷방의 음악은 오로지 자신만이 결정할 수 있다는 규칙을 만들었다. 시각 장애인이 접시닦이로 들어왔다. 빅터는 깨끗한 접시를 들고 계속해서 트집을 잡았다. "이 접시에 얼룩이 있어. 다시 해. 여기 얼룩이 있는 게 느껴지지 않아? 앞을 못 보는 너희들은 초감각적 지각이 무척 발달했다던데 아니야?"

***

음악은 내가 일한 여러 곳에서 직원들이 하루 일과를 해나가는 것을 돕는 사운드트랙 역할을 했다. 물론 모두가 좋아하는 노래로 모두를 만족시키기란 어렵지만, 적절하게 균형만 잡으면 음악은 지루함을 달래고 단조롭고 스트레스 많은 일과에 시달리는 우리에게 위로를 줄 수 있다. 내가 아는 많은 외과의들이 수술 중에 음악을 듣는다. 정교함을 필요로 하는 뇌외과의들도 말이다! 내가 자동차 정비공으로 일하던 시절에는 차고에 마련된 라디오가 히트곡 록 방송국에 주파수가 맞춰진 상태로 하루 종일 돌아갔다. 맥길 대학 연구실에는 여덟에서 열 명의 사람들이 항상 일하고 있었는데 컴퓨터마다 자체 스피커와 우퍼를 갖춘 오디오가 장착되어 있었다. 그래서 헤드폰을 끼고 통계 자료나 뇌 영상을 분석하면서 자신이 좋아하는 음악을 들을 수 있었다. 우리 모두 버스나 기차역에서, 치과나 엘리베이터, 월마트에서 대기하는 동안 음악을 듣는다. 음악의 이런 용도는 우리를 위로하기 위함으로 보인다.

엄마가 아기에게 노래를 불러 주는 것은 모든 문화에 공통된 현상이며, 우리가 아는 한 오랜 옛날부터 이어져온 것이다. 노래를 통해 아기가 받는 위로는 다른 무엇으로도 대체할 수 없는데, 청각적 자극의 본질적 특성에서 그 이유를 어느 정도 찾아볼 수 있다. 소리는 어둠 속에서도, 두 눈을 꼭 감은 상태로도 전달된다. 청각 신호는 세상 '저 밖에' 있는 것처럼 보이는 시각 신호와 달리, 우리의 머릿속에서 나오는 것처럼 여겨진다. 아기의 시각 기관이 제대로 형성되기 전, 그러니까 엄마와 다른 어른들의 차이를 알아볼 수 있기 전에 청각계는 아기가 엄마의 음성을 일관되게 알아볼 수 있도록 해준다. 엄마들은 왜 본능적으로 말이 아니라 노래를 하며, 아기들은 왜 노래가 특별히 편안하다고 느끼는 걸까? 아직 명확하게 대답할 수는 없지만 신경생물학에 따르면 말이 아니라 음악은 소뇌, 뇌간, 뇌교 같은, 모든 포유류가 공통으로 갖고 있는 아주 오래된 뇌 구조물들을 활성화시킨다고 한다. 노래는 리듬과 선율 모티브의 반복으로 구성되는데 이런 반복이 말에는 없는 예측가능성의 요소를 노래에 부여한다. 그래서 우리가 노래를 들으며 편안하게 느끼는지도 모른다.

편안함을 안겨 주는 대표적인 노래로 자장가가 있다. 저명한 작곡가이자 음악 인지 학자로 스탠퍼드에서 종신 교수로 일하는 내 친구 조너선 버거에 따르면, 우리가 알고 있는 대부분의 자장가는 구조적으로 유사하다고 한다. 나는 『호모 무지쿠스』에 대해 조언을 들으려고 스탠퍼드 캠퍼스로 그를 찾아갔다. 우리는 악보로 가득한 서점으로 자리를 옮겨 이야기를 나눴다.

"내 생각에 자장가는 독특한 범주에 둘 수 있는데, 우선 독자적인 기능을 갖고 있어. 자신이 아니라 다른 사람을 편안하게 하려고 부르는 노래지. 그리고 틀에 박힌 패턴을 갖고 있고. 데이빗 휴런도 이 점을 지적했지. 거대한 도약 다음에 서서히 내려오는데 도약으로 주목을 확 끈 다음 서서히 자극을 잠재우려는 거지. 이렇듯 선율 패턴만 봐도 하나의 범주로 묶을 수 있는 공통된 특징이 존재해.

거의 모든 자장가가 이런 선율 패턴에 들어맞아. 학부생들을 대상으로 하는 음악 인지 수업에서 가장 처음 들었던 자장가를 불러보라고 하면 거의가 다 이 규칙에 들어맞아. 여러 나라에서 온 학생들인데 여기에 맞지 않은 자장가는 들어본 적이 없어. (브람스의 유명한 자장가를 생각해봐. 다다디, 다다디, 다다디이 다다다다아.) 여기서도 9번째 음이 거대한 도약을 한 다음 선율이 반대 방향으로 하강하지."

음악이론가 이언 크로스는 자장가가 유아들만을 편안하게 하기 위한 음악이라는 생각에 반대한다. "아기를 처음 가진 엄마들은 상당히 두려워하고 걱정한다. '이 아이한테 어떻게 해야 하지?'" 이때 엄마와 아기가 서로 노래를 부르면 위로가 된다. 자장가는 일정한 리듬의 호흡을 갖고 있으므로 엄마에게 생각할 여유를 준다. 느리고 지속적인 자장가 리듬이 호흡과 심장 박동을 안정시키고, 맥박을 낮추고, 근육을 이완시키는 작용을 한다.

자장가처럼 분명한 형식은 아니지만 또 다른 종류의 위로 음악이 있다. 소외된 자, 사회 언저리로 밀려난 자들을 위한 음악이다. 항상 오해받고 친구 없이 혼자라고 느끼는 10대들은 비슷한 소외를 노래하는 가사에서 우군을 발견한다. 경제적으로 풍요로운 사회에서는 스스로를 제대로 적응하지 못하고 잘나지 못한 외로운 존재로 느끼는 10대들이 많다. 이들에게 이런 노래가 유대감을 제공하고 위로를 안겨 주는 역할을 한다.

1970년대에 우리들 가운데는 자유연애, 교내 흡연, 마리화나 복용 같은 금지된 것을 노래하는 뮤지션들의 음악을 듣는 친구들이 있었다(브라운스빌 스테이션의 '남자 애들 방에서 담배 피자'이나 애니멀스, '타바코 로드'를 생각해 보라). 이런 노래들의 메시지는 이런 것이다. "너도 우리와 같은 편이야. 혼자가 아냐. 네가 생각하고 느끼는 감정은 정상이라고." 재니스 이언의 '앳 세븐틴'은 자신이 매력적이지 않아 세상에 어울리지 않는다고 느끼는 수많은 10대 소녀들(그리고 소년들)을 위한 노래다.

> 고통이 무엇인지 알고
> 밸런타인 선물을 한 번도 받지 못한 친구들에게
> 편을 짜서 농구 시합을 할 때
> 어느 편에도 초대받지 못한 친구들에게
> 오래 전이었지
> 세상이 지금보다 더 젊었을 때
> 나처럼 미운 오리 새끼 소녀에게
> 그들이 공짜로 준 것은 꿈뿐이었어.
>
> _ 재니스 이언, '앳 세븐틴'[*]

1980년대와 90년대에는 R.E.M.의 마이클 스타이프와 모리시(밴드 스미스 시절과 솔로 아티스트 시절)가 소외와 우울과 고독의 노래를 불러 수많은 청자들을 위로했다.

오늘날 소외감을 느끼는 고등학생들은 쿨리오의 '갱스터의 천국' 같은 힙합 음악을 듣는다.

> 나는 죽기 살기로 지내고 있어, 무슨 말이 더 필요해?
> 내 나이 지금 스물셋, 한데 스물넷까지 살 수 있을까?
> 어떻게 될지 나도 잘 모르겠어.
>
> _ 쿨리오, '갱스터의 천국'[*]

한편 위험에 처한 우리의 마음을 차분하게 하거나 죽음(우리 자신의 죽음이나 가까운 이의 죽음)을 앞둔 자의 마음을 가라앉히기 위한 후렴구로 이루어진 위로의 노래도 있다. 밥 딜런은 '죽음은 끝이 아니죠'라는 곡에서 송가풍이면서 왠지 무덤덤한 후렴구를 노래했다. "당신이 슬프고 외롭고 친구가 없을 때 죽음이 끝이 아니라는 사실을 기억해요. … 도시가 불타고 살점 타는 냄새가 진동할 때 죽음이 끝이 아니라는 사실을 기억해요." 딜런의 노래가 대개 그렇듯이 이 노래의 가사도 알쏭달쏭하다. 그는 방금 친구를 잃은 누군가에게 그 친구가 실은 죽은 게 아니라고 말하는 것일까? 아니면 노래를 듣는 청자에게 자살도 괜찮은 선택이라고 권유하는 것일까? 어찌되었든 죽음이 끝이 아니라 입구일 뿐이며 당신은 그 뒤로도 계속 살게 된다는 메시지는 죽음이 모든 것의 종착지라는 메시지보다 훨씬 큰 위로를 안겨준다.

데이빗 번은 위로가 필요하다고 느낄 때마다 듣는 세 곡의 노래가 있다고 말한다. '지금은 별로 말하고 싶지 않아요', '미켈란젤로', '보울더 투 버밍엄'으로 모두 에밀루 해리스가 작곡한 곡들이다. 그녀의 목소리를 가리켜 로드니 크로웰은 "사이렌과 지상의 천사를 섞어놓은 듯한 여성성의 진수, 무인도에 갈 때 가져가고 싶은 목소리"라고 말하기도 했다. ('보울더 투 버밍엄'은 존 덴버의 '테이크 미 홈, 컨트리 로즈' 같은 히트곡을 작곡했던 빌 대노프와의 공동작이다.)

> 사랑노래는 이제 듣고 싶지 않아
> 그저 어디론가 떠나려고 이 비행기를 탔어
> 저 아래 삶이 있는 줄 알지만
> 여기서는 대초원과 하늘밖에 보이지 않지
>
> _ 에밀루 해리스, '보울더 투 버밍엄'

"'보울더 투 버밍엄'은 그녀가 그램 파슨스의 죽음을 기리며 만든 곡입니다. 해머로 손가락을 얻어맞은 것처럼 비명을 내지르지 않고 고통을 대단히 아름답게 토로하고 있죠. 아주 서서히 진심으로 고통을 드러내는 곡이라고나 할까요."

데이빗 번에게 기타를 잡고 본인이 작곡한 괜찮은 위로의 노래를 한 곡 불러달라고 부탁했다.

"몇 곡 있어요. 보통 최근에 작곡한 노래들인데 이따금씩 연주도 하고 즐기는 곡이 몇 곡 있습니다. 노래는 내게 마음을 달래고 카타르시스를 안겨 주는 경험입니다. 내가 항상 하고픈 일이죠. 내가 작곡한 노래로도 다른 사람들에게 그랬듯이 나 자신을 위로할 수 있습니다. 앨범 「룩 인투 디 아이볼」에 수록된 '혁명'과 '거대한 도취'^[*]가 바로 그런 곡들입니다."

> 앰프와 낡은 기타 소리
> 술집에서 들려오는 컨트리 음악
> 그녀가 혁명이 가깝다며 노래하네
>
> 다들 비틀거리며 집으로 걸어갈 때
> 미인은 마이크를 잡고
> 혁명의 도래를 보지
>
> 먼지, 물고기, 나무, 집
> 담배 연기와 소매 말린 여인의 블라우스
> 내가 기대했던 건 이런 게 아니야
>
> 여기저기서 거품이 터지고

분석과 비판의 목소리가 일어날 때
미인은 혁명이 왔다는 것을 알아

미인이 집에 돌아가
문을 닫고 계단을 올라 잠들면
이제 혁명의 기운이 꿈틀거리네

속옷차림으로
미인이 침대에 눕네
그녀가 깨어나면 혁명이 여기 와 있겠지
그녀가 깨어나면 혁명이 여기 와 있겠지

_ 데이빗 번, '혁명'❶

2001년 9·11 이후로 미국인들은 위로가 필요했다. 대다수가 생각지도 예상치도 못했던 일이었다. 미국 본토에 불시의 공격이 감행되면서 국가 자존심이 손상되었을 뿐 아니라 안전하다는 인식이 심각한 위협을 받았다. 공격이 있은 직후 몇 주에 걸쳐 거리에서 미국 시민들과 인터뷰한 내용을 보면, 이런 심한 상처를 드러낼 뿐 복수해야겠다는 호전적인 감정은 상대적으로 없는 것으로 나타났다.

이런 감정은 시간이 흐른 뒤에야 생겨났는데 아마도 백악관의 정치적 공세의 결과로 보인다. 최초의 충격이 사람들에게 전해지면서 라디오와 텔레비전 방송국, 기차역, 버스 정거장 등 많은 공공장소에서 음악을 틀기 시작했다. 무슨 음악을 틀었을까? 미국 국가처럼 전투적이고 씩씩한 곡이 아니라 제1차 세계대전 말미인 1918년에 미국으로 건너온 한 이민자가 작곡한 노래, 바로 어빙 벌린의 '신이시여, 미국을 축복하소서'❷였다. "그 노래는 누가 시키지도 않았는데 자연스럽게 우리의 국가가 되었습니다." 로스앤젤레스의 영적 지도자 랍비 요세프 카네프스키 Yosef Kanefsky 의 말이다. "사람들이 자신을 표현할 뭔가를, 자신을 하나로 묶어줄 뭔가를 찾던 시기였죠. 놀라웠습니다. 그토록 단순한 선율이 온 나라에 위로와 힘을 불어넣어 단합시킬 수 있다는 사실이 말입니다. 모든 경계를 훌쩍 뛰어넘었죠."

***

내 친구 애미는 몇 달 전에 뇌종양 판정을 받아 지금 방사선치료를 받고 있다. 매일 병원에 들러 한 시간씩 가만히 누워 있어야 한다. 양자 밀도 영상을 찍을 때 광선이 조금이라도 흔들려 표적을 놓치는 일이 없도록 한니발 렉터가 착용한 것 같은 티타늄 소재의 마스크를 머리에 꼭 쓴채 말이다. 무척 불편하고 겁나기까지 하는 경험이다. 그녀의 담당 신경과의사가 그녀에게 매일 치료를 받으러 올 때마다 음악을 가져오라고 했다. 발표된 자료를 통해 음악이 불안을 누그러뜨리고 치료가 가져올 고통을 줄이는 데 도움이 된다는 것을 아는 것이다. 애미는 첫날 치료에 스팅의 「더 드림 오브 더 블루 터틀스」 앨범을, 두 번째 치료에는 「낫싱 라이크 더 선」 앨범을 가져갔다. 자신의 음반이 이런 맥락에 사용될 수도 있음을 과연 스팅이 알았을까 싶지만, 아무튼 덕분에 애미는 메스껍고 몸에 해로울 정도로 아드레날린이 분비되는 시련을 썩 좋지는 않더라도 그럭저럭 참을 만한 경험으로 바꿀 수 있었다.

컨트리 음악의 가사를 보면 변심이 심심치 않게 등장한다. 행크 윌리엄스의 유명한 표현을 빌자면 '부정한 마음'[*]이다. 이때 우리만 그런 것이 아니며 다 이해한다는 말을 들으면 어느 정도 마음이 추슬러진다. 그리고 좋은 음악은 좋은 시가 그렇듯이 하나의 사연을 우리 자신의 문제보다 큰 보편성의 차원으로 승화시킬 수 있다. 예술이 우리를 감동시키는 까닭은 우리를 더 높은 진실, 전 세계 공동체의 일부라는 깨달음과 연결해 주기 때문이다. 예술을 통해 우리는 혼자가 아니라는 사실을 실감하게 된다. 위로의 노래가 바로 그래서 있는 것이다.

언젠가 조니 미첼과 함께 야외식당에 간 적이 있다. 그때 40대 후반으로 보이는 두 여자가 그녀를 알아보고는 우리에게 다가왔다. "그저 당신에게 고맙다는 말을 전하고 싶었어요." 그들은 식사를 방해해서 미안하다며 그렇게 말했다. "20대 시절을 헤쳐가기가 참 힘들었어요. 1970년대 였죠. 우리는 당신의 앨범 「블루」를 들으며 위안을 얻었어요. 프로작 이전에 우리에겐 당신이 있었습니다!"

슬플 때 많은 사람들이 슬픈 음악을 듣는다. 왜 그럴까? 얼핏 생각하면 행복한 음악으로 기분전환을 해야 할 것 같다. 그러나 연구에 따르면 그렇지 않다. 슬플 때면 신경안정 호르몬인 프롤락틴이 배출된다. 슬픔에는 진화적 목적이 있다. 외상의 사건 이후 미래를 위해 에너지를 보존하고 우선순위를 재조종하도록 돕는 것이다. 프롤락틴은 오르가즘 때, 출산했을 때, 그리고 수유를 하는 동안 분비된다. 눈물의 화학적 성분을 분석해 보면 눈물에 항상 프롤락틴이 들어 있는 게 아니다. 눈이 뻑뻑하거나 염증이 생겨서 나오는 눈물과 기쁨의 눈물에는 없다. 오로지 슬픔의 눈물에만 프롤락틴이 들어 있다. 데이빗 휴런은 슬픈 음악이 우리의 뇌를 '속여' 음악이 유도하는 무해한 가짜 슬픔에 대한 반응으로 프롤락틴을 분비하게 만든다고 생각한다. 아무튼 이렇게 해서 나오는 프롤락틴이 우리의 기분을 전환시킨다는 것이다.

우리가 슬픈 음악에서 위로를 받는 이유를 심리나 행동의 관점에서 설명할 수도 있다. 슬픈 기분이 들거나 임상적으로 우울증에 시달릴 때면 자기가 혼자이고 다른 사람들로부터 격리되어 있다는 느낌을 받는다. 아무도 자기를 이해해 주는 사람이 없다고 느낀다. 이때 행복한 음악을 들으면 자신이 더 혼자라고, 더 이해받지 못한다고 느끼게 될 수 있어서 역효과가 난다. 이제야 짐작 가는 바인데 삼보 레스토랑의 사장 빅터는 우울증에 시달렸던 것 같고, 그래서 자기보다 약한 사람에게 분풀이를 했던 모양이다. 토니 올랜도의 활기찬 음악은 이런 상황에 처한 그의 성미를 자극하기에 충분했다. 슬플 때 슬픈 노래를 들으면 위로를 얻을 수 있다. 케임브리지의 음악 교수 이언 크로스는 이렇게 말한다. "절벽 가장자리에 단 둘이 있다고 치자. 이 사람은 나를 이해한다. 내가 지금 어떤 심정인지 아는 것이다."

설령 처음 보는 사람일지라도 이런 연대감이 회복의 과정을 돕는다. 기분이 나아지려면 이해받는다는 느낌이 필요하며, 대화요법이 우울증에 그토록 효과가 큰 한 가지 이유다. 우울한 사람은 곰곰이 생각한다. 이 사람은 내가 겪었던 일을 그대로 겪었구나. 그런데 이제 회복해서 그것에 대해 이야기하고 있어. 게다가 가수는 그 경험을 아름다운 예술작품으로 승화시켰어.

지난 한 세기 동안 서양 사회에서 가장 중요한 위로의 노래를 들라면 나는 블루스를 들겠다. '블루스'를 음악적으로 정의하자면, 음악가들이 I-IV-V7이라 부르는 단순한 코드 진행을 기초로 해서 12마디 혹은 16마디 악절로 이루어진 형식을 말한다('12마디 블루스 형식'이라는 말이 여기서 나왔다). 가사의 내용은 무엇이든 가능하다. 비치 보이스는 해변의 아름다움과 여인을 칭송했고('캘리포니아 걸스"'), 척 베리는 뛰어난 기타리스트에 경의를 표했으며('조니 비 굿'[이]), 스틸리 댄은 부처를 주제로 동양의 가르침을 탐구했다('보디사트바'[이]). 하지만 원래는 불운을 맞아 곤경에 처하게 된 사람을 노래했다. 그래서 블루스는 사람들에게 위로를 준다. 슬픈 사람이 슬픈 음악을 듣고 기분이 나아지게 됨을 보여주는 예다.

세인트루이스 지미 오든이 작곡한 '고잉 다운 슬로'(하울링 울프, 애니멀스, 에릭 클랩튼, 레드 제플린, 제프 벡과 톰 존스 등 수많은 뮤지션들이 연주했다)[이]는 20세기 흑인 아메리카의 문화적 유산으로 블루스 전통을 빛낸 대표적인 노래 가운데 하나다. 죽어가는 한 남자가 자신의 삶을 돌아보며 어머니에게 임종을 지켜봐달라고 부탁하는 내용으로 비통하고도 가슴 뭉클한 노래다.

제프 벡 버전은 내가 이제껏 들은 블루스 연주 가운데 최고로 꼽을 만하다. 여기서 톰 존스는 예의 섹시하고 으스대는 폼을 접고 불운하고 고단한 방랑자 역할을 잘 소화했다. 절망과 비탄이 뚝뚝 떨어지는 그의 목소리는 거의 알아보기 어려울 정도다. 제프 벡은 여기서 최고의 기타리스트답게 이보다 더 감성적일 수 없는 전기기타 솔로를 들려준다. 지난주에 블루 오이스터 컬트와 클래시의 프로듀서였던 샌디 펄만 앞에서 내가 이곡을 틀었다. 캐나다 횡단 고속도로를 달리는 차 안이었는데 펄만은 눈을 감고 벡이 연주하는 모든 음들을 머릿속에 그리며 웃음을 지었다. 첫 소절이 끝나고 벡이 주고받기 패턴으로 기타를 연주하기 시작하자 그가 씨익 웃더니 이렇게 말했다. "저 친구는 정서와 음악의 인지 신경과학에 대해 모든 것을 이해하고 있어! 목덜미의 털이 바짝 서게 하려면 어떻게 연주해야 하는지 잘 알고 있으니까!"

슬픈 노래를 들으면 우리를 이해해 주는 사람이 세상에 있으므로 혼자가 아니라는 위로를 얻게 된다. 다른 사람들도 곤경을 이겨냈으니 우리도 할 수 있다는 희망을 주고, 슬픈 경험이 결국에는 미적으로 멋진 경험으로 승화되었다며 우리를 들뜨게 한다.

그날 밤 왈드포트 로지에서 에티엔은 슬픔에 처해 있던 사람들에게 희망을 보여주었다. 슬픔에 젖어 외로운 사람들에게 그들이 지금까지 어떻게 절망을 딛고 일어섰는지 상기시키며, 다음번에 또 다른 슬픈 일이 일어날 때까지 잠시나마 평온을 되찾도록 도와주었다.

5

지식의 노래를 부르면

나는 늦은 나이에 대학에 들어갔다. 학사학위를 30대에 땄으니 말이다. 하지만 이언 크로스와 만나기 오래 전부터 그의 이름은 들어서 알고 있었다. 그가 공동 편집을 맡은 음악 구조에 관한 중요한 두 권의 저술과 음악 형식의 인지적 표상에 관한 논문들을 통해서였다. 음악 인지 분야는 상대적으로 좁다. 이 분야를 전공으로 하는 학자가 전 세계에 겨우 250명 정도될 뿐이다. 이와 달리 신경과학 분야는 미국에서만 매년 3만 명의 사람들이 연례 학술대회에 참가할 정도로 성황을 이룬다. 대부분 대학의 심리학과와 음대에는 음악 인지를 전공하는 사람이 없으며 있다 해도 한 명 정도에 불과하다. 이들에게는 세 개의 주요 학회(북아메리카, 유럽, 아시아)의 연례 모임이 큰 행사로, 이 분야 사람들이 서로 만나 최신 연구를 배우고 논쟁을 벌이고 수다를 떠는 좋은 기회가 된다.

　　나는 대학원에 다니면서 절대음감에 대한 연구를 했고, 책으로 출판하기 전에 여러 사람들의 의견을 들어보고자 유럽 학술대회에서 이를 발표했다. 연구자들은 결함이 있는 실험이나 주장에 대해 가차 없이 지적하며, 자료를 통해 충분히 입증하지 못하는 주장을 펼치는 젊은 연구자를 혹독하게 몰아붙인다. 학생 입장에서는 가혹한 시련이지만 이보다 나은 훈련도 없다. 참가자들이 당신의 연구에서 미진한 부분을 마구 공격하지만, 구멍을 제대로 메우기만 하면 결과적으로 논문이 한층 견고해지기 때문이다. 내 박사학위 지도교수 마이크 포스너가 자주 하는 말로 논문에 결함이 있다면 발표하기 전에 미리 아는 게 낫다. 발표한 논문을 철회하면 난처할뿐더러 경력에 타격을 입을 수도 있다.

　　학술대회 첫날에 아침을 먹으러 내려와 버스에서 만났던 다른 학생들과 대형 원형식탁에 둘러앉았다. 그중 두 명은 이언의 학생들이었다. 그들은 친절한 친구들로 내가 무슨 공부를 하고 무슨 논문을 발표할지 관심을 보였고, 미국에서 대학원 생활은 어떤지, 할리우드 배우는 만나봤는지 (물론! 미국은 배우들로 득실거리는 동네니까!), 어떤 밴드의 음악을 좋아하는지 물었다. 조금 있으니까 이언이 말끔한 정장 차림으로 와 놀랍게도 학생들 사이에 자리를 잡고 앉았다. 나는 학술대회장 식당이 추수감사절에 가족들이 먹는 식사처럼 어른들 식탁과 아이들 식탁으로 나뉘는 줄로만 알았다. (추수감사절 때 나는 나이에 상관없이 늘 아이들 식탁에 앉았다. 부모님 세대가 어른 식탁을 차지했기 때문이다. 지난 추수감사절 때는 우리 두 번째 세대 가운데 여러 명이 상대적으로 작은 식탁에 맞춰진 작고 낮은 의자에 불편해서 몸을 이리저리 뒤척였다. 같은 의자에 무려 40년 동안이나 앉았으니 그럴 만도 했다.)

　　이언이 자신을 모두에게 소개하고 대화를 이끌었다. 그도 절대음감에 대한 연구를 한 적이 있어서 내 발표에 기대를 많이 하는 눈치였다. 교수들이 이렇게 애써 학생들에게 관심을 보이는 경우가 얼마나 자주 있을까? (아마도 많지 않으리라!) 그에 대한 첫인상은 아량이 넓고 사회적 계급에 무심하다는 것이었다. 절대음감 말고도 우리에게는 공통점이 하나 더 있었다. 이언은 기타를 쳤는데, 비록 그는 클래식 기타를 연주했고 나는 블루스를 연주했지만, 우리 모두 상대방 분야의 유명한 음악들을 즐겨 듣고 이해했다. 저녁 식사를 마친 그날 밤, 참가자들 가운데 몇 명이 무대 위에서 번갈아 연주했다. 이언은 내게 자신의 클래식 기타를 빌려줄 테니 사람들 앞에서 연주해 보라고 권했다. 그래서 얼마 전에 독학으로 배운 스티비 레이 본의 '프라이드 앤드 조이'[*]를 연주하며 노래했다. 그날 클래식이 아닌 음악을 연주한 사람은 나밖에 없었지만 모두들 즐거워하는 듯했다. 지금까지도 나를 그날 '스티비 레이 본을 연주한 친구'로 기억하는 사람을 종종 만난다. 이제 이언을 알고 지낸 지도 어느덧 15년이 되는데, 지금도 그는 명석한 사고와 학식, 그리고 음악 인지에 대한 통찰력으로 나를 놀라게 한다. 지난 10년 동안 이언은 음악의 진화적 기원에 관한 논문들을 여러 편 썼고, 하나같이 그 분야에 크나큰 영향력을 행사했다.

2007년 여름 헬싱키 외곽 에스포에서 월렌베리 재단 주최로 열린 '음악과 의학 국제 학술대회'에 이언과 내가 연설자로 초청받았다. 날이 길어서 하루 21시간 동안이나 해가 떠 있었다. 나는 그렇게 북쪽까지 가본 게 처음이었고, 이언과 나 모두 태양의 색채 스펙트럼이 얼마나 다르게 보이는지 실감했다. 모든 게 약간 노란색 기운을 띤 듯이 보였다. 우리는 행사장 주위를 돌며 낯선 식물군을 구경했다. 나무들은 우리가 유년시절을 보낸 스코틀랜드와 캘리포니아에서 보았던 것과 비슷해 보였지만, 나무껍질 패턴이나 잎의 색깔, 침엽수 잎에 미묘한 차이가 있었다. 그래서 우리가 어릴 때 익숙하게 보았던 것과 다른 종인지, 아니면 그저 계절에 따라 극심하게 달라지는 일조량에 적응하기 위해 유전적 변이를 일으킨 것인지 생각했다. 동물군도 달랐다. 야외 식탁에 앉아 음악의 기원에 대해 이야기할 때 낯선 새들이 날아와 우리의 대화를 종종 방해했고, 그러면 우리는 즉석에서 새를 살펴보고 확인하는 작업을 벌였다.

식탁 옆의 연못에서 뛰노는 개구리 소리도 우리의 대화를 방해했다. 찬찬히 살펴보니 미국에서 본 것과 완전히 다른, 작고 부드러운 가죽의 갈색 녀석이었다. 이언과 내가 유년 시절에 알았던 개구리와 두꺼비의 울음소리는 일종의 양서류 교향곡 총주라 할 만했다. 그런데 핀란드의 개구리, 적어도 에스포의 연못에서 놀던 개구리는 생물학자들이 '교창 울음'이라 부르는 방식을 활용했다. 소리를 번갈아가며 내는 것인데, 나중에 현장 안내서에서 읽은 바에 따르면, 암컷 개구리가 자신이 선호하는 수컷을 찾을 확률을 극대화하기 위해서라고 한다. 개구리들은 주로 소리를 기준으로 짝을 고른다. 암컷 개구리에게 스피커로 수컷이 유혹하는 소리를 내보내도 녀석은 홀딱 반해 모형 수컷과 짝짓기를 하려고 한다. 개구리들이 울음소리를 서로 일치시키는(총주) 이유는 그래야 포식자가 자신들의 위치를 알아보기 어렵기 때문이다. 에스포 지방 개구리들이 번갈아가며 소리 내는(교창) 까닭은 포식자에게 잡아먹힐 확률이 높아지더라도 짝을 유인할 가능성을 높여 경쟁에서 우위를 차지하기 위한 것이 틀림없다.

이언은 동물의 체계나 인간의 소통에 필요한 조건이 어떻게 되면 좋은지 살펴보는 것으로 음악의 기원에 관한 대화를 시작했다. "확실히 개인과 집단의 생존 가능성은 신체적 세계와 생명체가 관여하는 사회적 세계에서 벌어지는 상황에 대한 정보를 소통할 수 있을 때 높아집니다. 이런 상황에 대한 반응으로 행동[달린다거나 숨는다거나 싸운다거나 협력한다거나 역할을 분담한다거나 하는 등의]을 조직할 수 있는 능력이 있다면 더더욱 좋겠죠."

내가 그의 말에 끼어들었다. "물론 데이빗 휴런이라면 사실과 허구를 가려낼 수 있어야 생존 가능성이 높아진다고 말할 겁니다. 생명체는 거짓말하고 조작하고 과장하는 자들을 가려내는 능력이 있어야 하니까요." 휴런을 비롯한 학자들이 언어보다 음악의 가치가 우위에 있다고 주장할 때 바로 이런 식의 논지를 펼쳤다. 담대하고 논쟁적인 이 주장은 현재 많은 학자들로부터 지지를 얻어가는 중이다. 이에 따르면 가장 필요한 소통 매체는 생태학자들이 '정직한 신호'라 부르는 것을 가려낼 수 있는 매체다. 여러 이유로 음악에서는 말에서보다 정직을 가장하기가 더 어려워 보인다. 아마도 음악과 뇌가 정직이라는 속성을 보호하려고 함께 진화해왔기 때문이 아닌가 싶다. 음악은 본성상 사실보다는 감정과 더 깊은 관계가 있다(그리고 감정은 사실보다 날조해내기가 더 어렵다). 음악이 뇌의 감정중추와 신경화학물질의 수치에 직접적이고 우선적인 영향을 미친다는 사실이 이런 견해에 힘을 실어준다.

이언이 계속해서 말하기를, 이상적인 소통 체계는 현재 이용할 수 있는 자원이 무엇이고 어디에 있는지 서로에게 알리고, 그렇게 얻은 자원을 나누어 갖게 했다고 한다. 위험을 인식하고 적절한 행동을 준비시키며, 최종적으로 사회적 관계를 만들고 유지하는 것도 이 덕분에 가능해졌다. 그렇다면 왜 하필 음악이 이런 일에 필요하며 심지어 언어보다도 낫다는 것일까? 아마도 음악, 특히 흔히들 노래라고 하는 리듬감 있고 패턴이 정해진 음악이 사회 전체가 꼭 알아야 하는 필수 지식을 나누고 부모가 자식에게 가르침을 전달하기 위해 필요한 막강한 기억의 도구가 되기 때문이 아닐까 싶다. 나는 이것이 음악의 가장 근본적이고 중요한 기능이라고 믿는다. 3장에서 스팅과 로드니 크로웰은 가장 초보적인 음악 형식이 기쁨의 노래라고 추정했지만, 나는 지식을 전달할 필요성이 최초의 노래를 만들어낸 원동력이었다고 생각한다.

10만 년 전에 악어들이 우글거리는 강가에 초창기 선조 한 명이 서 있는 광경을 상상해 보자. 악어들 옆에 누군가가 있다가 잡아먹히는 광경을 그가 보았는데, 악어 한 놈이 인간을 잡아먹기 전에 소리를 내는 것을 들었다. 선조는 이 소리가 악어가 곧 공격할 것임을 나타내는 신호임을 배웠다. 무작위 돌연변이로 인해 그의 전두엽이 다른 사람들보다 조금 더 크다. 그래서 추리하고 소통하는 능력이 남들보다 낫다. 특히 관점을 바꿔 생각할 줄 알고 초보적일지언정 남들이 무엇을 생각하는지 상상하는 능력이 있다. 그는 자신이 가진 이런 지식이 자식들에게는 없다는 것을 깨닫는다. 너무도 소중한 자식들이다. 그래서 조심하라고 알려주고 싶다.

집으로 달려온 그에게는 (당시 다른 인간들과 마찬가지로) 언어가 없지만, 방금 목격한 위험을 자식들에게 알리고 싶은 마음이 굴뚝같다. 그 장소로 직접 데려갈 수는 없는 노릇이다. 너무도 위험하다. 자칫 간식거리가 될 수도 있다. 위험을 상징적으로 전할 필요가 있다. 그래서 생각해낸 것이 악어를 흉내 내는 것이다. 그는 땅바닥에 누워 몸을 뒤틀며 손짓 몸짓으로 악어 동작을 따라한다. 팔과 손을 한데 모아 악어의 턱이 열리고 닫히는 광경을 묘사하고 이어 소리를 낸다. 이런 식의 상징적 몸짓은 아마도 오랜 세월 동안 연습의 과정을 거친 것으로 결국 전두엽이 확대되면서 정교한 형태로 자리 잡게 되었을 터이다. 어린 자식들이 이런 긴급한 메시지에 늘 주목하는 것은 아니다. 장난치고 재잘대고 웃고 움직이고 몸을 흔든다. 아버지는 자식들의 주목을 끌기 위해 이런 몸동작을 자신의 행동에 통합해 같이 웃고 움직이고 이상한 소리를 낸다. 악어에 관한 메시지와 악어 소리에 주목을 끄는 동작을 뒤섞고 높낮이와 리듬이 있는 발성을 더한다. 이렇게 해서 최초의 노래가 생겨났다. 자식들을 가르치면서 동시에 주목을 끌고 즐겁게 하려고 노래가 만들어진 것이다. 오늘날에도 아이들은 주위에서 들리는 음악에 놀랄 정도로 장단을 잘 맞춘다. 음악에 맞춰 몸을 흔들고, 태어난 지 두 해 만에 자신만의 음악 선호도를 갖춘다. 주위 음악에 반응하는 것만이 아니라 직접 음악을 만들어내기도 하는데 이는 유전적으로 각인된 성향이다. 이렇게 해서 언어적 재잘거림이 시작되기도 전에 음악적 재잘거림의 시기에 들어선다.

아이들의 음악 성향은 유아기 때 시작하는 것으로 보인다. 생후 일곱 달이면 음악을 두 주 동안이나 기억할 수 있고, 자기가 들은 모차르트의 특정한 가락을 상당히 비슷하지만 자기가 듣지 않은 가락과 구별할 줄 안다. 음악 지각과 기억의 밑바탕에 선천적인 그리고 진화적인 기초가 있음을 보여주는 대목이다. 그리고 샌드라 트레헙 Sandra Trehub이 입증했듯이, 엄마와 아기가 서로 음성을 주고받는 패턴은 어느 문화권이든 상당히 비슷한 특성을 보인다. 폭넓은 음역과 반복적인 리듬으로 음악적 특징을 보이며, 명료한 감정과 교육적 내용을 전한다. 엄마와 아기는 본능적으로 이런 상호작용을 통해 애정을 조절한다. 엄마는 이를 통해 자기가 곁에서 지켜보고 있다며 아기를 안심시킨다. 그리고 음악적 음성을 활용하여 아기가 주위 환경에서 알아차려야 할 중요한 특징에 주목하게 만든다.

데이빗 휴런은 최초의 노래가 (내가 제시한 악어 시나리오에서처럼) 두려움이 아니라 자긍심과 관계되었다는 의견을 내놓았다. "당신이 사냥에 나갔다가 돌아와서, 어떤 일이 일어났는지 사람들에게 알리려 한다고 해보자. 꿀벌처럼 그저 먹이가 어디 있었는지 보고하는 게 아니라 생생한 미적 경험까지도 전달하고 싶다. 예술적인 방식으로, 고도로 양식화된 형식으로 위험에 처하고 곤경에 빠졌다가 목표를 달성했을 때의 감정이 어땠는지 전달하고 싶다." 이는 아마도 팬터마임으로 시작했다가 점차 음악 또는 춤으로 인식되는 행위로 발전해 갔을 터이다.

한편 이언 크로스는 아이들이 짧은 구절을 반복하는 게임이나 짝을 이뤄 동작을 번갈아가며 취하는 게임에서 최초의 노래가 나왔을지도 모른다고 한다. 이런 게임을 통해 아이들은 자신의 동작을 다른 사람과 일치시키는 법을 배운다.

숫자 체계가 있는 모든 문화에서 아이들은 운율에 맞춰 숫자를 차례대로 외우게 하는 셈하기 노래를 배운다. 영미권 문화에서는 노래와 말이 반반씩 섞인 채로 진행되기도 하는데, 보통 뜀박질 노래에서처럼 운동근육을 조절하는 훈련도 함께 한다.

> 강가에서, 바닷가에서
> 조니가 병을 깨뜨려 놓고 나한테 덮어씌워요.
> 내가 엄마한테 말했고 엄마는 아빠한테 말했어요.
> 그래서 조니는 엉덩이를 맞았대요, 하 하 하.
> 엉덩이를 몇 대나 맞았을까요?
> 하나, 둘, 셋 … [줄넘기 넘는 친구가 실수할 때까지 계속 센다]
> _ '강가에서'[1]

> 신데렐라는 노란색 드레스를 입고
> 계단을 올라가 사내와 키스한다는 것이
> 그만 실수로
> 뱀과 키스했대요.
> 얼마나 많은 의사가

필요했을까요?

하나, 둘, 셋 … [줄넘기 넘는 친구가 실수할 때까지 계속 센다]

_ '노란 드레스를 입은 신데렐라'[1]

세 살 정도가 되면 많은 아이들이 노래를 지어 부르거나 배운 노래를 살짝 바꿔서 부른다. 자신이 속한 문화의 선율/리듬 패턴을 듣고 변형시키는 것으로, 언어 패턴을 응용해서 말을 만들어내는 것과 같은 이치다. 이렇게 자발적으로 새로운 것을 실험하는 현상을 볼 때, 선율과 리듬을 변형시키려는 성향은 우리의 뇌 속에 선천적으로 깔려 있는 것 같다. 아마 우리 선조들의 번식 적합성을 높이는 데 기여한 필수적인 능력이었으리라 짐작된다.

***

우리는 에스포 연못가에서 계속해서 이야기를 나누었다. 이언이 말했다. "궁극적으로 음악은 '사회의 불확실성에 대처하기 위해 최적으로 적응된 소통 매체'로서 발달했습니다." 그는 음악이 언어보다 먼저 등장했느냐 아니냐는 중요하지 않다고 했다. 수만 년 동안 음악과 언어는 공존했으며, 진화와 뇌와 문화가 음악과 언어 모두를 수용했다는 것이 중요했다.

이언의 설명이다. "음악에 없는 그것, 즉 외적 지시체의 결여야말로 음악을 불확실한 상황에 대비하기 위한 최적의 매체로 만드는 요소입니다. 사회적 상황이 까다로운 대치 국면을 이룰 때, 예를 들어 낯선 사람과의 만남, 사회적 동맹의 변화, 논란에 휩싸인 상황 등을 말하죠. 이때 언어가 개인의 감정과 태도, 의도를 명료하게 나타낸다는 사실은 자칫 상황을 위험한 몸싸움으로 몰아갈 수 있어요. 사회적 부담으로 작용하는 거죠. 그러나 이와 유사하지만 다른 소통 체계, 본질적으로 동맹, 단합, 유대감을 강화해 줄 수 있는 소통 체계가 있다고 생각해봅시다. 그리고⋯." 이언은 여기서 말을 멈추고 연못의 수면을 바라보았다. "정직한 신호를 전달하는 체계, 소통자의 진정한 감정 상태와 동기를 들여다볼 수 있는 창문 말입니다."

감정을 나타내는 신호로 치자면 음악보다 나은 게 없을 것이다. 우리가 알고 있는 모든 문화에서 음악은 감정을 유도하고 자극하고 전달한다. 전통 사회에서 음악이 특히 그런 역할을 충실히 행했다. 실험실에서 약물을 쓰지 않고 분위기를 조성하려 할 때 음악은 가장 믿을 만한 의지처이다. 이렇듯 음악과 분위기/감정이 밀접하게 묶여 있다면 진화적 관점에서 이를 설명할 수 있어야 한다.

음악과 감정의 관계를 진화적으로 설명하는 하나의 이론은, 인간과 동물에 있어서 감정이 동기부여와 밀접한 관련이 있다는 생각에서 나온다. 그렇다면 이런 질문을 먼저 해볼 수 있다. 음악이 동물에게서 동기를 부여하는 자극으로 어떻게 기능했을까? 뇌는 세계와 함께 진화했고 그 과정에서 몇몇 물리적 세계의 규칙과 원칙을 흡수했다. 그 가운데 하나가 커다란 대상은 크기 때문에 땅에 부딪치거나 뭔가로 내리치면 낮은 음높이 소리를 내는 경향이 있다는 것이다(내리칠 때 공명주파수가 낮은 것은 바로 크기 때문이다).

낮은 음높이 소리에 주목해야 한다는 것을 배운 고대의 쥐들은 코끼리에게 밟혀 죽는 것을 피할 수 있었다. 사실 이런 능력이 없는 쥐들 가운데 후대에 자손을 남긴 녀석은 거의 찾아보기 어렵다. 특정한 주파수, 특정한 강도와 리듬에 예민하게 반응하는 것이 중요했다. 모든 것에 지나치게 예민하게 반응해서 깜짝 놀란다면 하루 종일 집에만 틀어박혀 있어서 식량이나 짝을 얻지 못할 테니까 별 소용이 없다. 결국 필요한 것은 적절한 것에만 놀라는 반응이다. 한편 낮은 주파수 신호가 거대한 크기를 나타낸다는 사실에 착안해서, 목과 입으로 낮은 음높이 소리를 내면 다른 쥐들(코끼리까지는 아니더라도)을 겁줄 수 있다는 것을 알아낸 쥐들도 있었을 것이다.

주파수에 민감하게 반응하는 쥐에서 음악을 만들어낸 사람으로 건너뛰는 것은 비약일지도 모른다. 하지만 그 정도면 멋진 출발이다. 수많은 작은 적응이 다양한 종들에게 생태적 적소를 찾을 수 있도록 도움을 주었다. 예민한 음높이 반응과 예민한 리듬 반응은 단 한 번의 돌연변이로 결합할 수 있고, 그러면 이제 음악적 뇌의 기초가 그럭저럭 마련된 셈이다. 확장된 전두엽이 이렇게 얻어진 청각적 식별력으로 무엇을 할지 궁리하는 일만 남았다. 이런 뇌의 발달이 어떻게 일어났는지 살펴보기에 앞서(이 문제는 7장에서 자세히 알아보겠다) 먼저 지식의 노래가 대체 어떤 것이며 어떻게 작동하는지 살펴보고자 한다.

오늘날 음악을 만드는 사람은 소수이고 대다수 사람들은 소비하는 입장이다. 그러나 이는 역사적으로나 문화적으로 유례가 없는 상황이라는 사실을 기억해야 한다. 지역과 역사를 통틀어 볼 때 음악성을 나타내는 지배적인 양태는 서로 교감하고 참여하는 것이었다. 불과 몇 세대 만에 이런 양태에 변화가 일어났다. 가령 100년 전만 하더라도 저녁식사를 마치면 온 가족이 함께 모여 노래하고 음악을 연주하며 시간을 보냈다. 1880년대에 폴라 로비슨Paula Robison이 쓴 회고록에 보면 이런 대목이 나온다.

라디오와 전축이 안겨 주는 대리적 쾌감은 좋은 음악을 감상하도록 격려한다는 측면이 있지만, 음악을 통해 스스로를 표현하는 능력에 제동을 거는 듯하다. [어린 시절에는] 더 많이 노래했다. 아이들은 학교에서 공부하거나 놀 때 노래를 불렀다. 사람들도 실내, 실외 가리지 않고 일하면서 노래했다. 그런데 오늘날에는 주정꾼들도 옛날만큼 그렇게 흥이 나서 거리와 버스에서 노래하지 않는다.

오늘날 여름학교와 스쿨버스에서 이런 공통의 역사의 흔적을 찾아볼 수 있다. 지식의 노래가 가장 먼저 만들어진 노래일 수 있으며, 데이빗 휴런은 자신이 '노란색 스쿨버스 노래'라고 부른 노래에 이런 진화적 경향이 보존되어 있다고 주장한다. '저 위에 놓인 맥주 99병', '개미들의 행진', '빙글빙글 도는 버스 바퀴' 같은 노래들이 좋은 예이다. 이런 노래들은 일차적으로 가르치기 위해 부르는 노래다. '맥주 99병'과 '개미들의 행진'은 아이들에게 숫자 세는 법을 가르친다. '빙글빙글 도는 바퀴'는 주위 환경의 물리적·사회적 질서를 구성하고 강화하도록 돕는다. 나이에 어울리는 인식 수준에 맞춰 "버스의 아기가 응아응아 울어요, 자동차 바퀴가 빙글빙글 돌아요, 자동차 와이퍼가 쓱싹쓱싹 돌아요" 하고 가사를 바꿔 불러도 된다. 이런 노래들은 아이에게 세상에 대해 알아야 할 사항들을 가르치면서 동시에 음악형식과 구조를 각인시킨다.

　전 세계 아이들이 즐겨 부르는 또 다른 부류의 노래는 사람을 지목하는 노래다. 북아메리카에서 가장 유명한 노래는 아마도 이 곡일 것이다.

　　이니, 미니, 마이니, 모
　　호랑이 발가락을 붙잡아
　　녀석이 으르렁대면 놓아줘

이니, 미니, 마이니, 모

[이 대목에서 지역마다 조금씩 다른 가사가 등장한다. 한 연구자는 수십 가지의 다른 엔딩을 찾아냈다. 내가 배운 가사는 이런 식이다.]

올 엄마가 그랬어, 가장 잘하는 사람을 고르래, 넌 아냐

[그러면 지목받은 사람이 빠지고, 마지막 한 명이 남을 때까지 놀이가 계속된다. 이때 남은 사람이 해당 행위의 제일인자가 되는 셈이다.]

_ '이니, 미니, 마이니, 모'[•]

이런 노래의 흥미로운 점은 거의 입에서 입으로 전달된다는 사실이다. 책으로 동요를 접하는 아이는 없고 대개는 어른이 아니라 또래 아이들한테서 배운다. 이런 노래의 리듬을 정확히 따라하고 동작을 효율적으로 암기하다 보면 성대 근육을 일치시키는 연습이 되어 보다 복잡한 동작도 할 수 있게 된다. 노래에서 지목되어 빠지게 된 아이들은 나머지 아이들이 제대로 하고 있는지 경계심을 갖고 지켜보며, 혹시 사소한 실수라도 일어나면 처음부터 다시 하라고 윽박지른다. 게임은 사회적으로 강화되며, 이를 통해 훗날 아이들이 필연적으로 배우게 되는 더 복잡하고 더 중요한 노래를 준비할 수 있게 한다. 북아메리카 전역에 걸쳐 이와 비슷한 노래들이 엄청나게 많이 존재한다.

많은 동요들이 기억력 훈련에도 도움을 준다. 비록 이런 노래 자체가 지식을 전하지는 않더라도 서사시나 발라드에 앞서 지식의 노래를 연습시키는 기능을 한다. '파리를 삼킨 늙은 여자를 알아요'[•]와 '아이들만, 아이들만'[•]이 좋은 예인데, 이 경우 절이 하나씩 더해질 때마다 앞선 절에서 나온 이야기가 계속해서 불려나와, 노래가 끝날 무렵에는 기억에 담긴 정보량이 상당히 많아진다. 어린아이들은 보통 단절된 구절을 기억하

며 전체 이야기를 (거의) 이해할 수 있는 형들에게 지지 않으려고 애쓴다. 아이들의 상상력 발달에 좋은 영향을 미치는 생생한 이미지와 동물이 이런 노래의 개념을 마음속에 붙잡아두는 데 도움이 되며, 아이들은 이야기의 심상에 부차적인 것으로 가사를 익히기도 한다. 인상적인 노래를 보면 각운, 두운, 모음운 같은 시적 장치를 활용해 가사에 규칙을 부여하는데, 덕분에 아이들이 즐겁게 암기할 수 있다. 많은 아이들이 '늙은 여자를 알아요' 같은 노래를 통해 먹이사슬에 대해 처음 배운다. 거미가 파리를 잡아먹고, 새가 거미를 잡아먹고, 고양이가 새를 잡아먹고 등등. (또한 이 노래를 통해 '어리석은absurd' 같은 어른스러운 단어를 처음으로 접하는 아이들이 많다.)

집단의 성원들이 살아가는 데 꼭 필요한 정보를 담고 있는 지식의 노래도 모든 문화에서 발견된다. 악어의 공격을 경고하는 것뿐만 아니라 짙은 녹색 잎을 쓴맛이 나지 않게 요리하는 방법이라든지 이웃 부족의 영역을 침범하지 않고 신선한 물을 얻는 장소를 알려준다든지 하는 정보 차원의 노래들이 많다.

> 우리가 물을 긷는 장소는 여기야
> 물을 길려면 여기로 오지
> 거대한 날개를 가진 새들도 이곳에서 물을 마셔
> 오래전에 에르두 족의 어른이
> 박라타 족 여자들이 물 길러 다니는
> 저쪽 우물에 갔다가
> 박라타 족 남자들에 의해 죽고 말았지
> 그래서 우리는 그곳에 갈 수 없어

여기가 바로 우리가 물을 긷는 장소야

인류 역사 초창기에는 이런 노래를 통해 먹어도 되는 음식과 그렇지 않은 음식에 대한 지식을 전달했을 것이다. 오늘날로 치자면 아마 노란색 스쿨버스 노래와 비슷하지 않을까. 이런 지식의 노래는 본질적으로 '어떻게' 노래라고 할 수 있다. 어떻게 동물의 가죽을 벗길까, 어떻게 창을 만들까, 어떻게 물주전자나 방수 보트를 만들까 등등. 오늘날에도 팝 음악에서 이와 비슷한 노래들을 찾아볼 수 있다. 프레이의 '생명을 구하는 길', 리틀 에바(혹은 그랜드 횡크 레일로드)의 '더 로코모션', 버스타 라임스의 '더 하이스트'("그렇게 우리는 영화를 만들지"), 오스트레일리아 가수 대런 헤이스의 '타임머신 만들기'가 대표적인 예들이다.*

이런 지식의 노래 가운데 일부는 의도하지 않게도 미신이나 민간지식처럼 사실이 아닌 내용을 담기도 한다. 미신은 관찰이나 경험 또는 소문을 통해 얻은 부정확한 결론이다. 미신을 다룬 노래는 오늘날 팝 음악에서도 쉽게 찾아볼 수 있는데, 예를 들자면 데보의 '휘프 잇'("갈라진 곳을 밟으면/엄마의 허리가 부러져"), 재닛 잭슨의 '검은 고양이', 키스 어반의 '운이 좋으면'("검은 고양이가 사다리 위에 앉으면/벽에 걸린 거울이 깨지지"), 롤링스톤스의 '민들레'(민들레를 향해 숨을 내쉬면 미래를 내다보는 힘이 생긴다는 메시지를 은근슬쩍 내비친다) 등이 있다.*

인쇄 매체가 등장하면서 지식의 노래의 필요성이 시들해지기 시작했다. 문자가 없던 사회에서는 지식의 노래가 문화적 지식과 역사를 전달하고 하루하루 행해야 하는 일들을 담아두는 유일한 거처였다. 정보 전달에 없어서는 안 되는 기초였다. 오늘날에는 사정이 다르다. 오늘날 가장 잘 알려진 지식의 노래는 알파벳 노래로 서양 문화의 모든 어린이들이 이를 배운다. ('서티 데이스 해즈 셉템버'는 일반적으로 노래라기보다 특정한 음높이가 없이 읊조리는 곡에 가깝지만 아무튼 각운이라는 음악적 측면이 있다.) 그러나 새로운 지식의 노래는 지금도 만들어지고 있다. 1990년대 방영된 TV 애니메이션 시리즈 「애니매니악스」에 나온 노래들을 통해 그 세대 아이들은 미국의 주와 수도 이름('터키 인 더 스트로'의 선율에 맞춰)과 세계 여러 나라의 이름('멕시칸 햇 댄스'의 선율에 각운을 맞춰)을 외웠다. 여기서 인상적인 것은 작곡가 랜디 로겔이 나라 이름에 운을 맞춘 것은 물론 대략 160개 정도 되는 나라를 지리적 위치에 따라 배열했다는 점이다. 세계의 모든 나라 이름을 다 언급한 것은 아니지만 상대적으로 알려지지 않은 일부 나라들만을 제외했고, 그것도 익살을 부리며 슬쩍 뭉개는 식이다.

> 미국, 캐나다, 멕시코, 파나마, 아이티, 자메이카, 페루,
> 도미니카 공화국, 쿠바, 카리브 해, 그린란드, 엘살바도르도 있고
> 푸에르토리코, 콜롬비아, 베네수엘라, 온두라스, 가이아나,
> 과테말라, 볼리비아, 아르헨티나, 에콰도르, 칠레, 브라질 …
>
> 노르웨이, 스웨덴, 아이슬란드, 핀란드, 독일, 여기에
> 스위스, 오스트리아, 체코슬로바키아, 이탈리아, 터키, 그리스,
> 폴란드, 루마니아, 스코틀랜드, 알바니아, 아일랜드, 러시아, 오만,
> 불가리아, 사우디아라비아, 헝가리, 키프로스, 이라크, 이란
>
> 에티오피아, 기니비사우, 마다가스카르, 르완다, 마요트, 케이맨,
> 홍콩, 아부다비, 카타르, 유고슬라비아 …
> 크리티, 모리타니,

그리고 트란실바니아
모나코, 리히텐슈타인,
몰타, 팔레스타인,
피지, 오스트레일리아, 수단

_ '야코스 월드'[1]

매년 내 수업을 듣는 학부생 가운데 몇 명이 이 애니메이션 시리즈에서 배운 '파츠 오브 더 브레인'이라는 노래를 내게 즐겁게 불러준다. 선율은 포스터의 '시골 경마'에서 가져왔고, 원곡의 '두-다'를 '뇌간'이라는 가사로 바꿔 맹맹한 고음역 소리로 부른다. 이런 식이다. "신피질, 전두엽(뇌간, 뇌간)/해마, 신경절, 좌반구." 심리학자들은 실험실 연구와 민족지학 연구를 통해 뇌의 여러 부위들이 그토록 많은 정보를 어떻게 음악에 담고 보존하는지 막 이해하기 시작했다.

1930년대 앨버트 로드Albert Lord와 밀먼 패리Milman Parry가 (당시) 유고슬라비아 산악지대를 돌며 그 지방 민속음악을 녹음했다. 백 년이 넘는 세월 동안 대부분 무슬림인 방랑 가수들이 이 마을 저 마을을 돌며 노래했는데, 어떨 때는 한 곳에 며칠을 머물며 구술 역사를 노래했고, 가끔 길이가 수천 행에 달해 처음부터 끝까지 외는 데 대엿새가 걸리기도 했다. 이런 전통에서 잔뼈가 굵은 가수들은 30개에서 100개 정도의 이런 서사시를 외웠다고 한다. 대단한 암기력을 자랑하는 이들도 있다. 어떤 가수는 노래를 한 번만 듣고 자신의 레퍼토리로 소화했는데, 17년이 지나 레코딩을 들어보니 극히 사소한 몇 개의 오류를 제외하면 거의 똑같았다고 한다.

서아프리카의 골라Gola 족은 부족의 역사를 보존하고 전파하는 것을 아주 중요하게 생각한다. 일단 실용적인 이유를 들 수 있는데, 부족의 기원을 제대로 알면 동시대를 사는 사람들이 서로 어떻게 혈육으로 연결되어 있는지 알고 이에 따르는 책임감을 강화할 수 있다. 자급자족 문화에서 식량이 없을 때 친척을 확인할 수 있다는 것은 생사를 가르는 문제가 된다. 그리고 조상들은 죽은 지 오랜 시간이 지났어도 여전히 현 상황에 영향력을 행사하는 독자적인 인격체로 간주된다. 이런 풍성한 구술 역사가 골라의 구술사가에 의해 음악형식에 담겨 전해지는 것이다.

고대 히브리인들은 토라에 선율을 부여했고, 문자로 적기 전까지 천년이 넘는 세월 동안 이를 외워서 불렀다. 오늘날에도 많은 정통 유대교 랍비들이 토라의 모든 단어를 외워서 부를 줄 안다. 탈무드에 기록된 주석, 해석, 수정사항들인 이른바 구전 토라 역시 많은 사람들이 그대로 암기했고 여기에도 선율이 부여되었다.

송라이터들은 뭔가를 기억하는 최고의 방법이 음악을 갖다 붙이는 것임을 본능적으로 안다. 현대 사회에서는 종이나 PDA 혹은 컴퓨터에 기록해두는 것이 더 실용적일 수 있겠지만 그래도 음악을 통한 기억만큼 강력하지는 않아 보인다. 노래는 머릿속에 달라붙고, 꿈속에 등장하고, 예기치 못한 때에 불쑥 튀어나온다. 올리버 색스는 언젠가 머릿속에서 도저히 떨칠 수 없었던 노래에 대해 말한 바 있다. 말러의 「죽은 아이를 그리는 노래」였는데 무슨 곡인지 생각나지 않고 자꾸 마음속에 '우울과 공포'만 일어나 친구에게 불러 주었다고 한다. "혹시 최근에 어린 환자들 몇 명을 포기한 적 있어? 아니면 문학 책을 버렸거나?" 친구가 물었다. "둘 다 있어." 올리버가 말했다. "그동안 내가 일해 왔던 아동 병동 일을 어제 그만두었어. … 그리고 에세이 한 권을 불태웠고." 올리버의 마음은 창의적이고도 허를 찌르는 방법으로 죽은 아이를 애도하는 말러의 노래를 끄집어내 전날 있었던 사건을 나름대로 상징했던 것이다.[1]

록 그룹 제네시스가 "이날 이때까지 한 번도 네가 말한 것을 잊어본 적이 없어"[1] 하고 노래하거나 브라이언 애덤스가 "네 피부 냄새를 기억해/모든 것을 기억해/너의 동작 모두를"[2] 하고 노래할 때, 이들은 자신의 개인적인 기억을 노래에 담아 부르는 것이다. 이렇게 보자면 인상적인 화음, 리듬, 선율을 통해 중요한 감정과 사건에 원초적인 정서를 새겨 넣는, 천 년 이상 이어져온 강력한 방법을 이들이 활용하는 셈이다. 음악은 가사 없이 그 자체만으로도 적절한 감정을 효율적으로 불러일으킨다. (연구에 따르면 사람들은 생소한 기악 음악을 듣고도 무슨 감정을 의도한 곡인지 아주 정확하게 알아맞힌다고 한다.) 음악에 가사를 더해 선율, 화성, 리듬과 상호작용을 일으키면 평생 기억에서 지워지지 않는 메시지를 새겨 넣을 수 있다. 나아가 새로운 세대가 노래를 듣고 배워 후대에 물려줄수록 생명력은 더 길어진다.

지식의 노래에는 작곡가 개인에게 중요한 특정 사항을 누군가에게 기억해 달라고 청할 목적으로 작곡되는 노래도 있다. 인디 록 밴드 슬리터 키니의 '더 라스트 송'이 바로 그런 예이다.

> 내가 너에게 돌아가기 전까지는 내 눈에 띄지 않았으면 해
> 네가 모든 것을 기억해낼 때까지
> 나는 너를 쳐다보지 않을 거야.
>
> _ 슬리터 키니, '더 라스트 송'[3]

이 노래의 수신자가 관계를 회복하는 유일한 길은 "모든 것을 기억해 내는" 것이며, 이 노래는 바로 그에게 이렇게 하라고 알려주는 기능을 한다.

때로는 작곡가가 다른 사람이 아니라 본인의 기억을 위해 곡을 만

드는 경우도 있다. 조니 캐시의 유명한 노래 '아이 워크 더 라인'을 살펴보자.

> 진실하게 사는 건 무척이나 쉽지
> 하루가 끝날 때면 혼자 있는 나를 봐
> 그래, 당신에게 난 바보 같은 존재야
> 당신이 내 연인이라서 내가 바른 길을 가는 거야.
>
> _ 조니 캐시, '아이 워크 더 라인'[6]

표면적으로 보자면 남자가 집에서 기다리고 있는 연인에게 부르는 달콤한 사랑노래 같다. 그러나 3절에서 캐시는 그녀를 생각하자고 맹세하며 기억을 떠올리려 애쓴다.

> 밤이 어둡고 낮이 밝듯이
> 내겐 밤낮으로 당신 생각뿐이야
> 나의 행복으로 이 모든 것이 옳았음이 증명돼
> 당신이 내 연인이라서 내가 바른 길을 가는 거야.

내가 볼 때 여기서 캐시가 노래를 부르는 대상은 그녀가 아니라 자기 자신이다. 반어적인 노래인데 실은 진실하게 사는 게 무척이나 쉽지 않다고 생각한다. 그러고 싶지만 만만치가 않다. 따라서 이 노래는 그가 왜 진실해야하는지 이유를 되새기려는 노래다. 바로 그녀와 함께한 행복 때문이며 그는 이것을 잃고 싶지 않다. 결국 '아이 워크 더 라인'은 공연을 다니며 이런저런 유혹에 흔들리기 쉬운 남자가 이를 극복하고 진실하게 살고자 마음을 다잡는 노래다. '아이 워크 더 라인'은 "하루가 끝날 때면" 스스로에게 다짐한 것을 다시 한번 되새기도록 감정을 담아 놓은 지식의 노래다.

'아이 워크 더 라인'과 '인 투 딥'⁶ 같은 노래들은 길이가 불과 열 줄에서 스무 줄 남짓이다. 그렇다면 길이가 엄청난 호메로스의 서사시나 유고슬라비아인들, 골라족, 고대 히브리인들의 구술 발라드는 어떻게 기억하는 걸까? 심리학자 완다 월러스Wanda Wallace와 데이빗 루빈David Rubin은 노래가 갖는 여러 제약의 요소들이 서로서로를 강화해 구술 전통을 오랫동안 견고하게 유지시키는 것이라 믿는다. 대개의 경우 노래를 글자 그대로 기억하는 사람은 거의 없는 것으로 밝혀졌다. 그보다는 아마도 시각적 심상의 도움을 받아 이야기의 전체 윤곽이 기억되며, 노래가 어떤 식으로 강제되는지가 기억된다. 이렇게 하면 단어들을 무작정 암기하는 것보다 정신 자원을 훨씬 적게 사용할 수 있어서 기억의 효율이 높아진다. 1장에서 나는 시에서 형식이 얼마나 중요한지 말했는데, 노래에서도 형식은 가사를 상기시키는 데 결정적인 도움을 준다.

노래가사를 쉽게 기억하도록 도와주는 여러 제약의 요소들로 각운, 리듬, 강세 구조, 선율, 클리셰 등이 있다. 1장에서 보았던 두운과 은유 같은 시적 장치들도 이에 포함된다.

대부분의 노래에서 사용하는 각운의 틀은 절의 마지막에 놓이는 단어에 제약을 가하는 식이다. 운이 맞는 단어들이 여러 개 있더라도 의미상의 제약 때문에 맥락에 들어갈 수 있는 단어는 제한되어 있다. 가령 나는 이런 가사로 시작하는 노래를 알고 있다.

> The sun goes down, old friends drink and chat
> 태양이 지면 오랜 친구들과 술을 마시며 떠들지

The wind's in the trees, the dog growls at the —.
나무 위에 걸리는 바람, —를 보고 으르렁대는 개들.

'hat'이나 'fat', 'mat'도 공란을 채워 운을 맞출 수 있지만, 우리의 뇌는 무의식적으로 거의 즉각적으로 이런 단어들을 거부한다. 의미상으로 다른 대안('cat')보다 훨씬 못하기 때문이다. 게다가 우리 문화에서 이야기가 어떻게 전개되는지 경험했다면 개랑 훨씬 자연스럽게 어울리는 말은 다른 후보들이 아니라 고양이('cat')라는 것을 모를 수가 없다. 구문적으로도 그렇고 시적으로도 그렇다. 의미적으로도 훨씬 그럴듯하게 들린다.

이번에는 로드니 크로웰의 노래 '셰임 온 더 문'에서 2절 1행의 마지막 단어가 떠오르지 않는다고 해보자. 행의 마지막 단어가 서로 운이 맞았다는 것은 기억난다(구조적 기억).

Once inside a woman's heart, a man must keep his —
일단 여인의 마음속에 들어가면 남자는 —를 들어야 해요.
Heaven opens up the door, where angels fear to tread
하늘의 문이 열려 있지만 천사들은 안으로 들어가기를 두려워하죠.

'tread'와 운이 맞는 단어로는 'bed', 'bread', 'red', 'shed' 등이 있지만 어느 것도 의미적으로 통하지 않아 보인다. 설령 여러분이 정확한 단어('head')를 기억하지 못하더라도 여러분의 뇌는 즉석에서 노래의 구조를 되짚어보며 이를 곧 찾아낸다. 실제로 우리가 기억력이라고 생각하는 것이 심하게 과장되어 있고, 하루에도 수십 번 혹은 수백 번 기억을 그때그때 즉흥적으로 만들어낸다는 연구 결과가 수없이 많다. 우리의 뇌는 이렇게 만들어낸 기억을 실제 기억과 매끈하게 봉합하는데, 그 과정이 너무도 매끄러워 우리가 의식하지 못한다. 인지과학의 전문용어로 기억의 구성적 측면이라고 하는 현상으로, 너무도 빈번하게 자발적으로 그리고 재빨리 이런 일이 일어나므로 우리는 기억의 어디까지가 진짜 일어났던 일의 회상이며 어디까지가 우리 뇌가 그럴듯하게 추론해 낸 것인지 모를 때가 많다. 이렇듯 노래가사의 일부가 규칙에 따라 즉석에서 만들어지는 것이라면, 기억해야 할 노래의 양은 실제로 그렇게 많지 않으며, 이것이 뇌에게 훨씬 효율적인 방법이다.

이렇게 규칙에 따라 즉석에서 기억을 회수하는 경제적 방식은 비단 노래에서만 작동하는 것이 아니다. 전화번호 기억이 또 다른 대표적 예다. 나는 샌프란시스코에 사는 친구들의 일곱 자리 전화번호를 외웠다. 그들에게 전화를 걸 때 나는 그들이 샌프란시스코에 산다는 것을 기억하고, 샌프란시스코 지역번호가 415라는 것을 기억한다. 그래서 가외의 세 자리까지 다 암기하는 대신 규칙(샌프란시스코의 경우 415를 먼저 눌러라)을 암기한 것이다. 의식적으로 이렇게 한 것이 아니다. 기억을 돕는 전략으로서 내가 의도적으로 택한 것이 아니라 자동적으로 그렇게 한다.

내가 여러분에게 마지막으로 식당에 갔을 때를 물어보는 경우도 구성된 기억의 예가 된다. 아마 여러분은 식당 문에 들어서고, 주인의 인사를 받고 자리에 앉아 메뉴를 보고, 주문을 하고, 음식을 받아들었다는 식으로 대답할 것이다. 이때 여러분의 말에 식사를 마치고 계산서를 받았다는 얘기가 빠진 것을 알아차린 내가 "식사를 마치고 종업원이 계산서를 갖고 왔었나요?"라고 묻는다고 해보자. 실험실에서 이와 같은 상황을 실험한 결과를 보면, 많은 사람들이 계산서를 가져온 것이 생각난다고 답하지만, 실은 기억하는 게 아니라 추정할(혹은 인지과학의 용어를 빌자면 기억을 '구성'할) 뿐이라는 증거가 대단히 많다. 식당에서 대개 일이 진행되는 상황에 대해 우리가 공통된 지식을 갖고 있는 것이다. 결국 우리가 특정한 식당에 갔을 때 벌어졌던 일들을 하나하나 다 기억할 필요가 없는 까닭은 비슷한 요소들이 많아서 하나의 대본으로 묶이기 때문이다(실제로 우리는 종업원이 잘못된 계산서를 가져온다거나 하는 이례적인 일이 벌어졌을 때만을 기억하는 경향이 있다).

흥미롭게도 우리는 대화나 책에서 읽은 문장을 떠올릴 때에도 이와 비슷하게 심리학자들이 '요점 기억'gist memory이라 부르는 과정을 활용한다. 요점을 기억하지 정확한 단어를 하나하나 다 기억하지 않는다. 여기서도 기억의 경제성이 작동하는 셈인데, 환경이 계속 바뀌는 세계에서 곧이곧대로 다 기억하는 것은 그다지 중요하지 않다. 따라서 대부분의 메시지는 그저 몇 마디 말이나 개념으로 압축되어 각인되며, 우리는 해당 언어에 대한 지식과 문장 만드는 법에 대한 노하우를 발휘하여 실제로 말해진 것과 '유사한' 메시지를 재창조해 낸다. 의미는 유사하지만 특정 표현에서는 차이가 날 수 있다. 선율을 기억할 때도 이와 비슷한 일이 일어난다. 나는 고등학교 때 기악대에서 존 필립 수자의 유명한 행진곡 '성조기여 영원하라'를 연주했다. 이 곡에는 관악기들이 낮은 음 하나와 이어 훨씬 높은 음으로 이어지는 음들을 차례대로 재빨리 연주하는 대목이 여러 차례 나오는데, 그 모든 음들을 하나하나 다 외우는 것은 비효율적일뿐더러 불필요하다. 연구에 따르면 이 경우 음악가들은 대개 낮은 음과 높은 음을 기억하고 박이 어떻게 되는지를 기억한 다음, 음계와 조성에 대한 지식 또는 규칙을 활용하여 필요할 때마다 사이의 음들을 구성해 낸다고 한다.

일반적으로 문장을 기억하는 능력에 비해 노래가사를 기억하는 능력이 월등히 낮다. 특히 장대한 서사시와 발라드, 그리고 내가 지식의 노래라고 부르는, 정보를 선율에 실어 전하는 노래를 기억하는 능력은 놀라울 정도다. 이 경우 음악의 형식과 구조가 연합하여 가능한 대안들에 제약을 가하기 때문에 기억이 용이해진다. 우리는 뇌의 기억 공간에 가사의 모든 단어들을 담아두고 있을 필요가 없다. 노래의 대략적인 줄거리와 구조만 이해하고 있으면 일부만 기억해도 된다. 구조적 지식에는 운율 패턴(1행, 2행, 3행은 운이 맞지만 4행은 그렇지 않다던가 1행과 3행, 2행과 4행이 서로 운이 맞는다던가 하는 것)도 포함시킬 수 있다.

이것이 억측처럼 보인다면 그것은 이런 일이 곰곰이 생각해서가 아니라 무의식적이고 자동적으로 일어나기 때문이다. 대부분의 뇌 처리 과정을 신경해부학이나 인지과학의 차원에서 설명하면 정말 그럴까 싶은 의구심이 드는 게 사실이다. 이게 다 진화가 생각과 관련하여 다수의 착각을 만들어냈기 때문인데 적응적 목적을 위한 것이다. 진화가 우리에게 선사한 착각 가운데 가장 정교하고 거대한 착각은 의식 자체에 관한 것으로 이 문제는 7장에서 살펴보겠다. 기억 못하는 단어에 대해 여러분의 뇌가 가능한 모든 운을 시험한다는 사실을 선뜻 받아들이기 어렵겠지만, 연구에 따르면 정말 그렇다고 한다. 0.5초 만에 여러분의 뇌가 수십 개의 대안을 (무의식적으로) 검토한 뒤 인지적 제약이라는 틀로 필터링하는 것으로 밝혀졌다.

노래에는 또한 리듬도 있어서 어떤 대목에 놓일 음절에 제약을 가하며, 우리가 단어를 다 기억하지 못할 때 공란에 올 수 있는 단어의 폭을 줄여준다. '아이브 빈 워킹 온 더 레일로드'라는 노래의 1행을 보자. 여러분이 노래 제목을 잊어버렸고 그게 무엇이든 간에 하루종일 머릿속에 맴돌기만 하는 가사 끝에 'I've been workin' on the ——-——'가 들리고, 리듬으로 판단하건대 공란에 들어갈 단어는 두 음절이 분명하다. 만약 'I've been workin' on the tra-acks' 하고 노래하면 이상하게 들린다. 두 음절이 들어갈 자리에 맞추려고 한 음절 단어를 길게 늘였기 때문이다. 반면 두 음절보다 더 긴 단어, 가령 'the union and Pacific Rail Line'이 여기에 들어가면 너무 부산하게 들린다.

리듬은 선율뿐만 아니라 강세 구조와도 함께 작용한다. 높은 음은 보통 강박(4박 가운데 제1박)에 위치하고 낮은 음은 약박(제3박)에 놓인다. 이런 식으로 리듬 구조가 단어를 제약하므로 만약 첫 음절에 강세가 오는 단어(rái-road) 자리에 두 번째 음절에 강세가 오는 단어(gui-tár)가 놓이면 영 어색하게 들린다.

흔히들 클리셰라고 하는 상투적 표현도 가사 기억에 도움이 된다. "세상 끝날 때까지 널 사랑해"나 "나도 모르게 말이 나오고 말았어" 같은 표현은 너무도 흔해서 한두 단어만 들으면(혹은 떠올리면) 나머지 단어들이 자연스럽게 이어진다. 가령 "우리는 고양이와 ○○처럼 싸우곤 했지" 같은 가사 구절이 생각난다고 하면 누구든 빈 칸에 들어갈 말을 쉽게 채워 넣을 수 있다. 그만큼 일상에서 흔하게 접하는 표현이다. 실제로 "고양이와 개처럼 싸우다"fight like cats and dogs라는 표현이 가사에 등장하는 팝송으로는 돌리 파튼의 '파이트 앤드 스크래치', 폴 매카트니의 '볼룸 댄싱', 해리 채핀의 '스트레인저 위드 더 멜로디스', 톰 웨이츠, 낸시 그리피스의 노래, 인디고 걸스의 '제발 전화해 줘', 필 바사의 '조 앤드 로잘리타' 등 수없이 많다.♪

'비밀을 털어놓다'spill the beans는 표현도 만만치 않은데, 이런 가사가 들어간 노래를 부른 뮤지션들의 면면은 이보다 더 다양할 수 없을 정도다. 예스('홀드 온'), 라드('파인애플 페이스'), 디제이 재지 제프 앤 더 프레시 프린스('아임 올 댓'), 붐타운 랫츠('투나이트'), 칼리 사이먼('우리는 절친한 친구들'), 스매시 마우스('파드리노') 등.⁴⁴ 여기서 송라이터들은 작은 일부만 실마리로 던져주면 미리 저장된 정보를 자동적으로 끄집어내는 뇌의 기능을 십분 활용하고 있다.

모음운이나 두운 같은 시적 요소도 노랫말 기억에 도움을 줄 수 있다. 가사에 이런 특징이 들어가면 모든 단어를 다 기억할 필요가 없다. 기억의 일차적 원리가 바로 경제성이다. 모든 요소를 일일이 다 기억하기보다 규칙을 활용하여 즉석에서 올바른 대답을 수십 내지 수백 개 만들어내는 편이 낫다.

일부 작곡가들은 이런 관습을 뒤틀어 오히려 기억을 돕는 장치로 활용하기도 한다. 폴 매카트니가 '헤이 주드'⁴⁵에서 바로 이렇게 했다. "Hey Jude/Don't make it bad/Take a sad song…" 하고 노래할 때 그는 평소의 기대대로 모든 단어를 선율과 딱딱 맞아떨어지게 했다. 하지만 이어지는 대목에서 '실수'를 저지른다. "… and make it bet-ter-er-er" 하고 노래하며 'better'의 두 번째 음절을 길게 늘어뜨려 이상하게 소리 낸 것이다. 처음 들을 때는 귀에 거슬리지만 오히려 그 특이함 때문에 머릿속에 쏙 들어온다. 그래서 설령 'better'라는 단어가 생각나지 않더라도(사실 이런 일은 일어날 가능성이 거의 없는데 이런 특이한 사항이 기억 속에 또렷이 각인되지 않을 수가 없기 때문이다) 음절을 길게 늘어뜨려 이상하게 들렸다는 기억을 더듬으며 단어를 재구성할 수 있다. 앞선 가사가 가하는 의미적 제약을 생각하면 적합한 후보가 그리 많지 않다. (폴은 이후에도 비슷한 테크닉을 구사해 'be-gi-in'을 세 음절로 길게 늘어뜨린다.)

각운, 리듬, 강세 구조, 선율, 클리셰, 시적 장치는 개별적으로도 미묘한 효과를 내지만, 힘을 합쳐 서로를 강화하면 그 효과가 몇 배로 된다. 하나의 효과만으로 아리송한 단어를 찾아내기는 어렵지만, 이런 효과들이 합쳐지면 불완전한 기억을 거의 완벽하게 복원할 수 있다. 이런 서로 다른 단서들이 상호작용을 일으켜 발라드나 지식의 노래들이 수백 년 넘게 비교적 일관되게 전해지고 있는 것이다.

월러스와 루빈은 발라드 전문가수 연구를 통해 가수들이 가사를 잘못 말하는 실수를 저지르기는 하지만 노래 구조를 잘못 기억하는 일은 거의 없다는 사실을 알아냈다. 각운의 소리, 마디당 박자 수, 한 절에 들어가는 행의 수는 특정한 발라드 내에서 거의 일관되게 유지되며, 가수들은 이런 데서 거의 실수를 저지르지 않았다. 일반적으로 발라드는 공통의 특징을 공유함으로써 견고하게 유지된다. 유고슬라비아든 골라족이든 인도네시아든 노스캐롤라이나든 고대 그리스든 간에 주어진 전통 내에서 잘 알려진 스타일 규범을 지킨다. 이런 공통된 특성이 관습으로 정착되었기에 가수들이 새로 일어난 사건을 다루기 위해 발라드를 새로 만들어낼 때면 해당 전통의 도구와 구조적 특성을 그대로 사용하는 경우가 대부분이다.

월러스와 루빈이 폭넓게 연구한 노래가 '더 렉 오브 디 올드 97'*인데 여기서도 곡의 형식이 기억을 돕는 역할을 했다. "가사와 음악이 서로 뒤얽힌다. 가사는 박자 패턴을 갖고 있고, 이는 음악의 리듬 패턴과 박 구조에 딱 맞아떨어진다. … 이 발라드에서 박자는 강세 없는 두 음절과 강세 있는 한 음절로 구성된다. 보통 강세 없는 음절이 강세 있는 음절보다 길이가 더 짧다. … 강세 있는 음절의 수가 음악의 박과 일치한다는 점에서 박자와 리듬은 밀접하게 연관된다. … 따라서 음악과 가사는 서로를 제약한다."

이렇게 여러 구성요소들이 긴밀히 얽혀 제약을 가하는 것이 노랫말 기억에 중요하므로 이런 요소들이 많지 않은 노래는 그만큼 정확히 기억하기가 어려울 것이다. 월러스와 루빈은 '더 렉'에서 스물네 단어를 바꿔 모음운과 두운을 없애는 독창적인 실험을 했다. 이로 인해 내가 위에서 제시한 구조적 제약 가운데 가장 영향력이 떨어지는 시적 특징이 망가졌다. (각운은 그대로 두었고 음절 수와 강세 패턴도 유지했다.) 이어 이 노래를 한 번도 들어보지 못한 사람들에게 원본과 변화를 준 버전을 가르쳤다. 바뀐 단어에 유의해서 분석한 결과, 가수들이 시적 요소를 갖춘 가사(원본)를 그렇지 않은 것(변화를 준 버전)보다 두 배 이상 더 정확히 기억해 냈다. 결국 상대적으로 영향력이 떨어지는 요소라 하더라도 상당한 제약이 된다는—다시 말해서 도움이 된다는—뜻이다.

이 글과 관련하여 말해둘 사항이 있는데, 현재 미국의 인기 있는 텔레비전 쇼에서 노래가사를 기억하는 데 극히 서툰 사람들을 출연시켜 경쟁에 붙이는 코너를 내보내고 있다. 얼핏 보면 내 논의를 반박하는 사례처럼 보이므로 몇 마디 덧붙이고자 한다. 먼저 이 쇼가 재미있는 까닭은 출연자들이 기억하지 못하는 노랫말을 수백만 명의 청자들이 알고 있고, 이들은 출연자들이 어떻게 가사를 잊을 수 있는지 이해하지 못하기 때문이다. 둘째, 네트워크 텔레비전은 오락이며 가사 기억력이 형편없는 사람들을 일부러 제작진들이 미리 고른 것이다. 그들은 전체 인구에서 얼마 안 되는 사람들이지만 오히려 그렇기 때문에 흥미로운 구경거리가 된다. 셋째, 오늘날 평균적인 사람들은 엄청나게 많은 노래를 접하고 산다. 라디오가 등장하기 전, 구술사가들은 보통 서른 곡에서 마흔 곡 정도만 기억해서 부르면 되었다. 마지막으로, 들었던 노래를 알아차리고 한 소절을 따라 하는 능력과 주의와 에너지를 집중해서 노래 전체를 기억에 담아두는 능력을 혼동해서는 안 된다. 쇼핑몰이나 자동차 라디오에서 배경으로 들었을 뿐인 노래를 다시 불러보라고 요청하는 것은 그들의 능력을 검증하는 엄밀한 방법이라고 볼 수 없다(그리고 전혀 과학적인 실험도 아니다!).

이제 월러스와 루빈의 연구에서 멋진 대목을 소개할 차례다(그들이 나의 영웅인 이유다). 그것은 구성적 기억의 원칙에 근거한다. 세세한 사항을 다 기억하는 것이 아니라 무의식적으로 그럴듯한 추론을 통해 기억의 빈자리를 채워 간다는 것이다. 월러스와 루빈은 변화를 준 버전을 배우도록 요청받은 (그리고 그 버전만을 들은) 가수들이 저지른 실수를 검토했다. 그들 중 상당수가 실험자들이 의도적으로 제거한 시적 단어들을 미리 알지도 못하고서 자발적으로 복원시켜 놓았다. 이 같은 결과는 이런 종류의 서사시와 발라드에 자주 등장하는 모음운과 두운 같은 장치가 이들의 오래된 기억 속에 뚜렷이 각인되어 있었음을 보여준다. 그래서 노랫말을 기억하고자 할 때 단어를 재구성하는 과정을 통해 원래 노래에 들어 있던 단어가 기억되었던 것이다. 예컨대 원래 노래에 두운을 맞춘 "real rough road"(정말 거친 길)라는 구절이 있고 변화를 준 버전에 이를 "real tough road"로 고쳐놓았다면, 몇몇 가수들은 원래의 "real rough road"로 (잘못?) 불렀다.

가족과 부족의 역사를 다루거나 중요한 전투를 찬양한 발라드에서 사소한 단어의 오류는 어쩌면 굳이 언급하지 않아도 될 만큼 사소할 수도 있다. 하지만 조금의 실수도 용납되지 않는 치명적인 경우가 적어도 둘 있다. 먼저 정확하고 실용적인 정보를 전하기 위해 만들어진 지식의 노래다. 방수뗏목 만드는 법이라든가 독성 없는 음식과 약초 마련하는 법, 혹은 순서대로 단계를 밟고 세세한 절차를 꼭 따라야 하는 행동지침을 담은 노래가 그런 예에 속한다. 두 번째는 종교와 관련된 정보를 전달하기 위해 만들어진 노래다. 이 경우 모든 단어 하나하나가 신성한 의미를 가지므로 조금도 왜곡되어서는 안 된다. 이런 노래에는 정확하게 기억해야 한다는 문화적 압력이 작용하기 마련이다. 그런데도 사람들은 대개 놀랄 만큼 완벽하게 기억해 낸다. 어떻게 그럴 수 있을까?

사람들이 상당한 길이의 텍스트를 정확하게 기억해 낼 때 대개는 음악에 붙여진 텍스트일 때가 많다. 즉 대부분이 노래다. 음악을 동반하지 않고 곧이곧대로 텍스트만 정확하게 기억하는 사람이 있다면 그것은 극히 드물고 이례적인 재능이다. 이 경우 서로를 보강해서 제약하는 변수가 없기 때문이다. 루빈이 또 다른 멋진 실험에서 이 문제를 파고들었다.

그는 50명의 사람들에게 미국 헌법의 전문을 외워보라고 부탁했다(당신도 직접 한번 해보라. 책 말미의 부록에 헌법 전문을 실어놓았다). 물론 여기에는 음악이 없는데 바로 이 점이 중요하다. 사람들이 여기서 저지르는 실수는 노랫말을 떠올리려고 했을 때 저질렀던 실수와 완전히 달랐다. 어떤 이들은 첫 세 단어("We the people")만 기억하고는 그만 … 말문이 막혔다. 노래를 떠올릴 때는 이런 일이 거의 일어나지 않는다. 가사가 생각나지 않을 때 흥얼거리거나 랄랄라 하고 계속 노래하다 보면 선율이 머릿속에 이어지면서 드문드문 가사가 떠오르고 때로는 전체 가사가 생각나기도 한다. 어떤 이들은 첫 일곱 단어("We the people of the United States")만 기억하고 더 이어가지 못했다. 50명 거의 모두가 문장의 다음 단어가 기억나지 않을 때 갑작스럽게 꽉 막혀 버렸다.

흥미롭게도 사람들은 텍스트의 아무 지점에서나 막혀 버리지 않았다. 일관된 특성이 있었다. 94퍼센트가 자연스러운 호흡이 단절되는, 구절과 구절 사이의 경계 지점에서 말문이 막혔다. 루빈은 게티스버그 연설문으로도 같은 실험을 반복해 똑같은 결과를 얻었다. 노래는 리듬의 추진력 덕분에 우리의 머릿속에서 가사가 없는 채로도 훨씬 수월하게 중단 없이 이어질 수 있다. 덕분에 우리의 뇌는 눈치를 봐가며 기억나는 단어가 있을 때 다시 뛰어들 수 있으며, 보통 노래를 동반한 가사가 노래 없는 가사보다 기억하기 더 쉽다. 평균적인 사람들이 시보다 노래에 더 친근감을 드러내는 하나의 이유인데, 시보다 노래를 더 많이 더 수월하게 기억하기 때문이다.

리듬이 가사 기억을 돕는 데 어떤 식으로 기여하는지 좀더 자세히 살펴보자. 우리가 노래를 떠올릴 때면 리듬이 먼저 시간 단위의 체계를 세워 음절, 행, 그리고 구절과 연으로 이어지는 발판을 마련한다. 이런 리듬 단위는 말의 의미 단위와 충돌할 때가 많다. 리듬 단위는 강세 구조를 통해 음악에서 단어가 어디로 가야 할지 위치를 정해 준다. 그래서 우리는 리듬 단위의 일부를 멋대로 빼먹지 못하고 행과 연의 원래 모습을 고스란히 보존하게 된다. (만약 빼먹는 일이 일어난다면 그것은 대개 연과 같은 대규모 반복 단위 차원에서 일어난다. 이때 그것을 원래 상태로 보존하기 위해 작동하는 것은 위와는 다른 기억 과정들이다.)

1장에서 우리는 인상적인 시들은 대개 자체의 리듬을 갖고 있음을 보았다. 그래서 시를 크게 소리 내어 읽으면 음악과 비슷하게 들린다. 시의 리듬이 1장에서 살펴본 다른 시적 장치들과 결합하여 텍스트 기억을 돕는다면, 사람들은 텍스트만 있는 것보다 이런 시들을 더 잘 기억할 테고, 이때 일어나는 실수는 음악 기억에서 일어나는 실수와 비슷할 것이다. 이는 사실로 드러났다. 데이빗 루빈은 학부생들에게 시편 23장을 외워보라고 했는데 이는 시적 요소가 풍부하지만 (적어도 영어 버전으로는) 각운이 없다. 대부분의 학부생들이 말문이 막히면 바로 거기서 다시 시작하는 게 아니라 어느 정도 지난 대목에서 시작했다(대개는 새로 들어가는 섹션의 시작 부분이었다). 마치 시편의 내적 리듬이 학생들 머릿속에서 계속 연주되고 있어서 단어가 생각날 때마다 끼어들게 만드는 것처럼 말이다. (원래 시편은 노래에 붙여 부르게 만들어졌음을 기억하라.)

사람들이 기억할 때 머릿속에서 테이프가 돌아간다는 것을 뒷받침하는 또 다른 증거는 내가 프린스턴의 컴퓨터과학자 페리 쿡Perry Cook과 함께한 실험이다. 우리는 학부생들이 기억을 통해 자신이 좋아하는 노래를 부를 때 템포가 거의 원본과 일치한다는 사실을 알아냈다. 가사를 잊어버리면 그래도 계속 흥얼거리며 나중에 가사가 생각나면 타이밍을 딱 맞춰서 들어온다. 마치 밴드가 옆에서 계속 연주하다가 적절한 순간에 들어오는 것처럼 말이다. 그들은 주관적인 보고를 통해 음악을 생생한 심상으로 경험했다고 했다. 기억을 통해 노래를 재생한다기보다는 머릿속에서 돌아가는 트랙에 맞춰 노래를 부르는 것에 가까웠다는 것이다.

텍스트의 기억 문제로 돌아가자면, 단어 연결이 대단히 길게 이어질 때 우리는 보통 두 가지 검증된 기억 방법에 의지한다. 기계적 암기rote memorization와 덩어리로 묶어서 기억하기chunking가 그것이다. 기계적 암기는 그저 머리에 들어올 때까지 (주로 남들 몰래 마음속으로) 계속 반복해서 외우는 것이다. 학교에서 구구단을 외거나 국기에 대한 맹세, 게티스버그 연설문, 헌법 전문을 외울 때 보통 이런 방법을 쓴다. 흥미롭게도 기계적 암기에서 모든 단어는 동등하지 않다. 표현적 강조를 위해 더 중요하게 여겨지는 단어도 있고, 생생한 심상을 불러일으키거나 시적 특징을 드러내므로(작가가 미리 계획한 대로) 중요한 비중을 차지하는 단어도 있다. 예컨대 게티스버그 연설문은 콜 포터의 노래가사처럼 요운, 모음운, 두운 같은 장치를 활용하여 응집력을 높인 예이다(아마도 모음운이 듣는 이의 마음을 더욱 다감하게 만들기 때문일 것이다).

Four score and seven years ago
87년 전

> Our fathers brought forth
> 우리 조상들이 세운

여기서 우리는 반복되는 f음과 four, score, ago, forth의 긴 o음이 기억을 용이하게 한다는 것을 확인할 수 있다.

　기억하려는 텍스트가 열 단어 이상으로 길면, 우리는 누가 시키지도 않았는데 자연스럽게 기억하기 좋은 길이 단위로 자른 다음 나중에 이런 덩어리(chunk)들을 하나로 엮는다. 음악가들이 연주곡목을 바로 이런 식으로 외운다. 특별한 신경 처리 능력을 타고나 사진 같은 기억력(혹은 청각적 비유를 들자면 전축 같은 기억력)을 보유한 사람이 아니라면, 대부분의 음악가와 무용수, 배우들은 새로운 작품을 앉은 자리에서 처음부터 끝까지 한 번에 배우지 않는다. 일부를 집중해서 배우고 다음에 다른 파트를 배우는 식으로 차례차례 작품을 익힌다. 그런 다음 부분과 부분을 잇는 이행부를 배운다. 이런 처리 과정의 증거는 작품이 기억 속에 보존되고 공연이 완벽하게 이루어진 뒤 오래도록 남는다. 배우가 연기를 다시 할 때면 대화나 문단, 혹은 장면의 처음으로 돌아가자고 한다. 음악가들은 악절의 처음으로 돌아가 연주한다. 여러분이 악보를 꺼내 들고 아무 곳이나 손가락으로 짚어 여기서부터 연주해 달라고 해도 대부분의 음악가들은 자신이 익힌 덩어리가 시작되는 대목부터 하겠다고 한다. 음악가들이 저지르는 실수를 보면 그가 처음에 작품을 어떤 식으로 배웠는지 대충 짐작할 수 있다. 하나의 섹션 안에 든 몇몇 음들을 빼먹는 경우보다 (덩어리들을 하나로 엮는 법을 잊어버려서) 아예 섹션을 통째로 빼먹는 경우가 훨씬 많다. 섹션 내의 실수보다 섹션 간의 실수가 더 많다. 음이나 단어마다 중요도가 다르다.

게티스버그 연설문은 그나마 외우기 쉽다. 구구단은 순전히 기계적 암기를 가동해야 하므로 훨씬 어렵다. 개인적으로도 구구단을 외우느라 고생했던 기억이 난다. 카드에 적어 등굣길이나 시간이 날 때마다 카드를 들여다보며 기억력을 시험하곤 했다. 숫자에 리듬이나 선율을 갖다 붙일 수도 없어서 무작정 반복하는 방법밖에는 없었다. 6단까지는 별 어려움 없이 그럭저럭 외웠지만 고등학생이 되어서도 12단을 외우려면* 개인적으로 각별한 의미가 있는 부분부터 올라가야 했다. 그것을 처음 외웠을 당시 내 키와 관계되는 '12 곱하기 4는 48'이 내게는 각별한 부분이었다. 그래서 '12 곱하기 8'을 외우려면 여기서 시작해 차례차례 올라가 '12 곱하기 4는 48', '12 곱하기 5는 60', '12 곱하기 6은 72', '12 곱하기 7은 84', '12 곱하기 8은 96' 이렇게 해야 했다. 이웃에 사는 형 빌리 레이덤(이미 당시에 뛰어난 드러머였다)이 자기는 '12 곱하기 12'까지 다 외웠다며 나 보고 '12 곱하기 9'도 제대로 못하냐고 놀렸던 기억이 난다.

이렇게 기억의 단위가 되는 덩어리의 존재는 심리학 실험을 통해 여러 차례 입증된 바 있다. 사람들에게 기억나는 노래가사를 아무 대목이나 지목한 다음 거기서부터 불러보라고 하면 다들 어려움을 겪는다. 가사에 대해 간단한 질문을 해도 어느 대목이냐에 따라 사람들이 느끼는 압력이 다르다. 인간의 기억이 조직적으로 이루어졌음이 실험실에서 밝혀지는 순간이다. 여기 좋은 예가 있다. 이글스의 노래 '호텔 캘리포니아' 가사에 'my'라는 단어가 나올까? 'welcome'이라는 단어는? 두 단어 모두 등장한다. 'my'는 노래가사에서 9번째로 등장하는 단어이고 'welcome'은 96번째 단어이다. 하지만 사람들은 두 번째 질문보다 첫 번째 질문을 했을 때

---

* 서양에는 구구단이 12단, 인도에는 19단까지 있다.

대답하는 시간이 더 오래 걸린다. 심리학자들의 설명에 따르면 'welcome'
이 여러분의 기억 체계에서 두드러진 위치를 차지하는 코러스 부분에 맨
처음으로 나오는 단어이기 때문에 이런 현상이 일어난다고 한다.

북아메리카의 거의 모든 아이들이 '반짝반짝 작은 별'[♪]의 선율에 붙
인 알파벳 노래로 알파벳을 배운다. 이 노래는 리듬 구조에 따라 악구가
독특하게 나뉜다. g와 h, k와 l, p와 q, s와 t, v와 w 사이에 간격이 생겨 자
연스럽게 덩어리들이 생겨난다.

abcd efg hijk lmnop qrs tuv wxyz[♪]

대부분의 아이들은 앉은자리에서 한 번에 이 모두를 외우지 않는다. 작은
단위들을 먼저 외운 다음 이것들을 이어간다. 운율도 도움이 된다. 3번째
덩어리와 5번째 덩어리를 제외하면 모든 덩어리의 마지막은 서로 운이 들
어맞는다. 우리 어른들은 물론 알파벳을 알지만 (혹은 그렇다고 생각하지
만) 특정한 문자의 위치가 어디인지 찾으려면 대개는 노래를 불러봐야 한
다. 한 실험에서 대학생들에게 h, l, q, w 앞에 무슨 문자가 오는지 물었더
니 g, k, p, v 앞에 무슨 문자가 오는지 물었을 때보다 대답하는 데 시간이
더 많이 걸렸다고 한다. 이렇듯 덩어리의 경계를 가로질러 올라가는 것은
우리의 인지에 부담이 된다.

경계에서 이런 실수들이 자주 벌어지는 게 사실이지만, 완벽한 기억
력을 발휘하여 어느 대목에서도 척척 시작하는 전문 음악가들과 셰익스
피어 연극배우들도 있다. 이런 능력은 아마도 끊임없는 학습의 결과로 발
달하는 듯하며 스트레스를 받으면 사라지기도 한다. 준 프로나 아마추어
배우들도 작품을 처음부터 외워야 할 필요가 있을 때면 이런 능력을 발휘

한다. 이 경우 하위 구조들을 하나로 엮는 능력이 너무도 탁월해서, 작은 하위 단위들의 집합으로 된 전체 작품이 단일한 기억의 고리에 엮여 통째로 기억되는 것이다. 이렇게 결합되면 쉽사리 분해되지 않고, 때로는 평생, 심지어 가족 이름을 기억하는 것보다 더 오래 지속되기도 한다.

덩어리로 나눠 외우고 필요하면 끊임없는 학습을 통해 전체를 통째로 외는 것은 현대 서양사회에만 국한된 얘기가 아니다. 이미 2000년 전 고대 그리스인들이 기억술을 논의하면서 이런 사항을 고려한 바 있으며, 노르웨이 베르겐 대학의 인류학과 교수 브루스 카페러 Bruce Kapferer는 스리랑카 신화를 연구하다가 같은 현상을 찾아냈다. 그는 자신이 연구하는 문화 집단에 나타나는 여러 악령들과 그 특징을 도표로 만들고자 지역 구술사가에게 특정한 악령의 신화를 말해달라고 부탁했다. 그러자 구술사가는 세세한 사항이 전부 포함된 노래가 한 곡 있다고 했다. "당신에게 그 노래를 불러줄 텐데 원하는 악령의 이름이 언급되면 내게 알려주시오. 그러면 내가 속도를 늦춰서 당신이 테이프레코더에 녹음할 수 있도록 하겠소." 신화 정보는 노래에 담겨 불렸고 그 노래는 오직 처음부터 순차적으로만 부를 수 있었던 것이다.

그리스인들로 다시 돌아가자면, 2500년의 역사를 가진 『일리아드』와 『오디세이』는 인류의 기억력이 거둔 최고의 위업이라 할 수 있다. 여기에 음악은 없지만 독특한 시적 리듬이 제약을 가해 기억을 도왔고 덕분에 뇌의 무리가 덜어졌다. 시적 운율이 극히 엄격하게 짜여 있다. 일례로 행마다 들어간 음절의 수가 일정하며, 행의 마지막 다섯 음절은 거의 항상 장-단-단, 이어 장-단으로 구성된다. 짧고 긴 음절의 배열과 단어의 흐름이 단절되는 위치가 공식처럼 딱 정해져 있다. 그래서 아무 단어나 마구잡이로 사용될 수 없다. 가령 장-단-장 음절이나 단-단-단 음절 구조가 포함된 단어는 호메로스의 서사시에 사용되지 않는다. 이런 규칙을 습득하고 나면 이제 잘못된 단어를 끼워 넣을 가능성은 극히 희박하다.

유대교 전통에 따르면 모세가 토라(『구약성서』의 첫 다섯 권)를 완전히 암기해서 시나이 사막에 모인 히브리 백성의 연장자와 지도자들에게 가르쳤고, 이들이 다시 기원전 1500년경 이집트 땅을 떠나는 수많은 백성들에게 가르쳤다고 한다. 우리는 히브리인들에게 문자가 있었다는 것을 알지만(십계명이 돌판에 문자로 기록되었다), 모세의 엄격한 명령에 따라 토라는 단 한 글자도 기록되지 않았고, 이후 1000년이 넘는 세월 동안 오로지 입에서 입으로만 역사와 지식과 종교적 관례가 전해졌다. 그리고 모든 설명에 따르면 그와 같은 구술 형식은 노래였다고 한다.

유대교 신비주의자들은 경전의 단어의 소리 자체가 신의 사랑을 가져온다고 믿는다. 읽는 사람이 그 뜻을 이해하지 못하더라도 상관없다. 이와 비슷하게 조로아스터교 전통에서도 아베스타 경전의 주문을 외울 때 나는 특정 진동수가 영혼에 도달한다고 믿는다. 결국 기도문의 의미만이 아니라 소리도 중요하다. 영혼과 주파수를 맞추기 때문이다. 조로아스터교에서 이런 청각 진동 이론을 가리켜 스타오타 야스나Staota Yasna라고 한다. 지금도 기도자들이 더 이상 통용되지도 않는 아베스타어로 암송하는 이유가 여기에 있다.

코란 역시 이와 비슷하게 리듬과 선율에 실려 학습되었다. 딱히 '음악'이라고 부를 정도는 아니며 오늘날 우리가 듣는 아랍 음악과 구조상 확연한 차이를 보이지만 말이다. 사실 코란을 노래로 부르는 일은 엄격하게 금지되어 있다. 코란의 4연에 낭독 방법을 이렇게 지시하고 있다. "코란을 느린 박자로 리듬감 있게 낭독하라." 기억을 돕는 노래의 힘은 노래를 금지하는 아래의 파트와*에 잘 나타나 있다. 이슬람 학자들은 "음란한 내용을 담고 죄와 색욕을 부추기고 고상한 의도를 해치고 유혹으로 이끄는 음악을 용납하지 않는다. … 음란한 어휘에 음악 반주가 딸려 더 잘 기억되고 효과가 커진다면 이는 더더욱 용납할 수 없는 일이다."

토라에서 선율 자체는 내러티브의 단어와 형식, 구조에 대한 단서를 나타낼 뿐만 아니라 애매해질 수도 있는 단어나 구절의 의미를 분명하게 해주는 역할도 한다. 결국 단어에 선율을(혹은 선율에 단어를) 붙이는 작업은 자의적으로 이루어지는 게 아니며, 기억을 도와 쉽게 외울 수 있도록 하는 동시에 정확한 해석을 보증한다.

이렇게 텍스트와 선율이 서로 얽히는 상호작용은 3500년이 지난 지금도 여전히 유효하다. 카펜터스의 노래 '슈퍼스타'(리온 러셀 작곡)에서 카렌 카펜터는 "long ago, and oh so far away"라는 구절을 노래할 때 단어의 의미를 예술적으로 강화하는 놀라운 기교를 드러낸다. 'far'라는 단어를 발음할 때는 거리감을 강화하고자 다소 길게 늘어뜨리고, 'away'를 발음할 때는 깊은 상실감과 이별을 나타내고자 가늘게 떨리는 저음으로 노래한다. 스티브 얼의 '밸런타인데이'라는 곡을 보면, 가수가 밸런타인데이에 여자 친구에게 선물을 사주는 것을 깜빡 잊었음을 너무 늦게 알아차린다. 대신 노래를 하나 작곡하기로 한다. 여기서 예기치 못한 이례적인 화음이 가사의 의미를 강조하고 긴장감을 드높인다.

토라가 끈질기게 입으로만 전해졌던 이유에 대해 우리는 추측만 해볼 따름이다. 그중 하나는 세계에서 가장 오랜 전통을 이어온 민족 가운데 하나인 유대민족의 성공이 부모와 자식이 입에서 입으로 지식을 나누는 과정에서 형성된 든든한 유대감 덕분이라는 것이다. 민족의 역사, 도덕

---

* fatwa. 이슬람 고위지도자가 내리는 명령으로 율법과 동등한 효력을 갖는다.

적 교훈, 정치사, 일상행동의 규율, 질서 있고 공정한 사회를 유지하기 위한 가르침 등이 긴밀하게 얽혀 있는 것이 바로 토라다. 그런 정보가 만약 글로 적히고 독서를 통해 학습되었다면, 지식 전달이 한 방향으로만 흘렀을 것이다. 구술은 상호작용과 참여를 가능하게 한다. 실은 상호작용과 참여가 있어야만 구술문화가 가능하다. 물리학자였다가 신학자로 전향한 아르예 카플란Aryeh Kaplan은 이를 가리켜 '살아 있는 교습'이라고 부른다. 실제로 고대 히브리 학자들의 글에 보면 "토라는 말을 통해 생명력을 이어가야 한다"는 구절이 나온다. 우리가 1장에서 살펴본 시와 마찬가지로 토라 역시 사람들 귀에 들리려고, 그리고 그것을 배워 생각날 때마다 머릿속에서 돌려보는 사람들 마음에 들리려고 만들어진 것이다. 한편 토라를 글로 남기지 못하게 했던 이유가 관습과 전통을 담은 지식에는 글을 통해 전달될 때 소실될 수밖에 없는 것이 있기 때문이라는 (설득력이 다소 떨어지는) 주장도 있다. 사람들이 입을 통해 전하는 지식의 총합이 글을 통해 전달되는 지식보다 크다는 뜻이다. 그래서 기원전 150년과 기원후 200년 사이에 랍비들이 모든 가르침을 문서화하기로 결정했을 때, 세세한 사항을 두고 많은 논란이 일었다. (이 모든 논쟁이 탈무드에 고스란히 들어 있다. 사실 이것이야말로 탈무드의 본질이라고 할 수 있다. 구술 가르침이 정확히 어떻게 되고 어떻게 해석되어야 하는지 협의하고 판단한 과정을 공정하게 기록한 것이 바로 탈무드이다.)

　기억이라는 관점에서 보자면 토라 낭송cantillation이 토라에 부여하는 제약과 다른 노래들이 텍스트에 부여하는 제약이 비슷하다고 볼 수 있다. 덕분에 엄청난 분량의 텍스트를 쉽게 기억하고 보존하는 것이 가능해진다. 하지만 녹음이 없는 상황에서는 토라와 코란 같은 성전의 원문이 구술을 통해 얼마나 정확하게 보존되었는지 확인할 방법이 없다. 또한 선율이 얼마나 달라졌는지, 리듬이 어떻게 재조정되었는지, 강조점은 바뀌지 않았는지 알지 못하며 알 수도 없다. 하지만 현재 각지에 살고 있는 유대인들이 서로 다른 선율을 붙여 노래하는 것을 볼 때, 정보를 보존하기 위한 마법 같은 단 하나의 공식은 없는 것 같다. 아이들이 주고받는 게임이 시간이 흐르면서 조금씩 달라지듯 여기서도 세월에 따른 사소한 변화가 생겨났을 것이다. 그리고 이런 변화가 세대를 거치면서 쌓이고 증폭되어 꽤 많은 차이를 낳았을 것이다. 인간은 적응력이 무척 뛰어난 종이다. 독자적인 음악 문화와 전통이 있는 새로운 장소, 새로운 공동체로 들어가면서 원래의 선율이 그 지역 노래의 영향을 받아 달라지거나 왜곡될 수 있다. 언어의 억양이나 강세 구조 같은 음악적 특징도 해당 문화권의 노래에 영향을 미치는 것으로 드러났다. 몽골족이 말을 타고 남유럽에 진출하면서, 아르메니아인들이 파리로 피신하면서, 이탈리아 후손들이 미국 호보켄 지역에 모여 살면서 지역 음악과 이주민들의 선율과 리듬이 섞여 하이브리드가 만들어졌다. 이것은 이들 노래의 문화적 진화를 가속화했고 이 과정에서 원래의 정보(선율과 텍스트) 가운데 일부가 소실되기도 했다.

오늘날 토라에 붙는 선율들이 서로 다르다는 사실로 보건대, 구전될 때 벌어진 실수가 텍스트에 슬쩍 끼어들었을 가능성도 있다. 선율이 바뀐다면 단어가 바뀌는 것도 충분히 있을 법한 일이기 때문이다. (실제로 서기 1~2세기 때 탈무드가 편찬되는 동안 있었던 논의들을 보면, 당시 이미 텍스트에 끼어든 실수들이 있었음을 인정하고, 이런 실수를 어떻게 해결할지 고민했다.) 사해문서의 발견으로 히브리 성경이 다양한 판본으로 존재한다는 사실이 밝혀졌다. 인지적 관점이나 신학적 관점에서 볼 때 이런 실수들은 루빈이 연구한 발라드에서 본 것처럼 대개는 상대적으로 사소하고 하찮은 것들이다.

***

이런 예들을 통틀어 공통된 특징이 눈에 띈다. 지식의 노래는 이야기를 전하거나 시련, 영웅담, 기념비적인 사냥처럼 영원히 기릴 만한 것을 노래한다. 노래가 기억에 도움을 준다는 사실은 이미 수천 년 전 사람들도 알고 있었다. 우리는 자신의 마음을 다잡으려고(조니 캐시의 '아이 워크 더 라인') 혹은 남들에게 뭔가를 생각나게 하려고(짐 크로스의 '짐이랑 빈둥거리며 놀지 마'나 플리트우드 맥의 '돈 스톱')[↑] 노래를 작곡한다. 알파벳 노래나 숫자 세는 노래처럼 아이들을 가르치기 위한 노래도 있다. 우리가 배웠고 평생 기억하고 싶은 교훈을 마음속에 새기고자 노래를 만들기도 하는데, 이때 은유와 같은 장치를 활용해 단순한 사실 관찰 수준을 넘어 예술의 차원으로 승화시켜 한층 기억에 남는 인상적인 노래로 만들 수도 있다(XTC의 '친애하는 마담 바넘'). '마담 바넘'은 불쌍한 작곡가를 가혹한 감정의 소용돌이에 빠뜨려 지금 그가 그곳에서 헤쳐 나오려고 발버둥치게 만든 장본인이다.

> 나는 거짓 미소를 지었어
> 저녁 쇼가 시작되자
> 청중들이 웃고 있어
> 지금쯤이면 그들도 알 거야
> 그러니 잘난 척 그만하고
> 이 괴상한 쇼를 멈춰

바넘 마담
이제 어릿광대짓을 그만 두겠어.

_ XTC, '친애하는 마담 바넘'⁽⁾

송라이터들은 잘 알려진 이야기나 전설을 자신의 노래에 슬쩍 가져오기도 한다. 행크 윌리엄스가 부른 '친애하는 존'에서 작곡가 오브리 개스는 자신이 잘못한 행동 때문에 연인을 떠나보냈던 경험을 잊지 않으려고 『구약성서』의 잘 알려진 두 구절을 노래에 슬쩍 끼워 넣는다.

오늘 아침 일어나보니
문 옆에 쪽지가 놓여 있었어
"더 이상 커피를 만들어 주지 않아도 돼요.
왜냐면 난 이제 돌아오지 않을 테니까."
그게 그녀가 쓴 내용이었지, 친애하는 존,
당신 안장을 집에 보냈어요.

요나는 고래 뱃속에서 지냈고
다니엘은 사자 굴에서 살아남았다지.
하지만 내가 아는 녀석은 그렇지 못했나봐
이제 더는 기회를 잡지도 못할 테지.
그게 그녀가 쓴 내용이었지, 친애하는 존,
당신 안장을 집에 부쳤어요.

_ 행크 윌리엄스, '친애하는 존'⁽⁾

2절에서 흥미롭게도 3인칭으로 바뀌는 대목("하지만 내가 아는 녀석은 그

렇지 못했나봐")에 주목하라. 이 때문에 우리는 실은 그가 여자에게 버림
받은 게 아니라고 생각하게 된다. 그는 다른 남자들에게 다음과 같은 메
시지를 전하고 싶었던 모양이다. 나처럼 하지 마시오. 당신 여자에게 잘
해주시오.

어렵게 터득한 교훈은 지식의 노래에 단골로 등장하는 레퍼토리다.
폴 사이먼의 '런 댓 바디 다운'에서 애니 디프랑코의 '미네르바'(로마 신
화에 나오는 지식의 신)와 매그네틱 필즈의 '실패를 사랑하는 당신'에 이
르기까지 많은 노래들이 이런 내용을 담고 있다.[] 오브리 개스의 경우처
럼 이런 노래들은 작곡가가 자신과 우리 모두를 향해 동시에 말을 건넨
다. 내가 가장 좋아하는 송라이터 가운데 한 명인 가이 클라크는 평생 동
안 어렵사리 얻은 교훈을 '투 머치'라는 노래에 담았다. 특징적인 형식 때
문에 더욱 재밌고 기억에 오래 남는 곡으로 모든 행이 같은 두 단어('too
much')로 시작하고, 생활 속에서 흥미로운 순간을 찾아 무엇이든 지나치
게 했을 때 일어나기 마련인 재난을 하나의 행에 묘사하고 있다.

> 일을 지나치게 하면 등짝이 쑤시고
> 걱정을 지나치게 하면 가슴이 쓰라리고
> 고기국물을 지나치게 마시면 뚱뚱해지고
> 비가 지나치게 내리면 모자가 망가지고
> 커피를 지나치게 마시면 심장이 벌렁거리고
> 여행을 지나치게 하면 고향이 그립고
> 돈을 지나치게 벌면 게을러지고
> 위스키를 지나치게 마시면 얼얼해지고
>
> ...

고급 승용차를 지나치게 타면 돈이 바닥나고
다이어트를 지나치게 하면 몸이 떨리고

...

짐을 지나치게 많이 들면 어깨가 멍들고
생일이 지나치게 쌓이면 나이가 들어가고

_가이 클라크, '투 머치'ᵗᵗ

이 노래를 기억에 오래 남게 만드는 요소는 작곡가가 곡을 쓰면서 느꼈던 재미다. 연주에서도 이런 재미가 그대로 묻어난다. "불만을 갖다"carrying a chip on your shoulder라는 익숙한 표현을 해체해서 "짐을 지나치게 많이 들면 어깨가 멍든다"too much chip'll bruise your shoulder라는 구절로 바꿔놓은 감각은 노래의 기발함을 더한다. "고급 승용차를 지나치게 타면 돈이 바닥난다"too much limo'll stretch your budget는 표현은 'stretch'라는 단어가 갖는 두 가지 뜻을 활용해 '긴 차체의 호화 리무진(stretch limo)'를 연상시키는 재미가 있다. (많은 일급 작곡가들이 클라크를 최고로 꼽는 이유가 다 있다. 로드니 크로웰은 그를 스승으로 여겼다.)

'투 머치' 같은 노래는 기억의 과정을 일종의 게임으로 만든다. 각 행의 앞부분이 뒷부분의 단서가 되는 식이다. '파리를 삼킨 늙은 여자를 알아요'가 그랬듯이 설령 가사를 까먹더라도 논리적으로 추론해서 알아낼 수 있다. 이런 종류의 노래가 우리가 아는 모든 사회에서 발견된다는 사실에서 그 문화적 의미를 헤아려볼 수 있다. 그리고 아이들이 이런 노래를 좋아하는 것을 볼 때, 우리 선조들은 이런 종류의 심리적 게임을 뭔가를 배우고 정보를 전하는 든든하고 효율적인 형식으로 보았음이 틀림없다.

지금까지 나는 이런 노래들을 개인이 부르고 기억하는 것으로 보고 논의를 진행해 왔다. 하지만 휴런의 '노란색 스쿨버스 노래'에서 토라 낭송에 이르는 지식의 노래는 여러 사람이 함께 부를 때가 더 많다. 이런 노래들이 문화의 초석으로 오랫동안 생명력을 갖는다는 사실은 이런 맥락에서 볼 때 더욱 분명히 드러난다. 앞서 동작을 일치시켜 음악을 만들 때 사회적 유대감이 형성되고 신경화학적 효과가 일어난다는 것을 설명하기도 했지만, 개인 말고 집단 전체에도 분명한 인지적 이득이 돌아간다. 집단 가창에는 개인이었다면 아마 떠올리지 못했을 정보를 기억해 내는 특별한 능력이 있다. 이를 가리켜 '창발적 속성'emergent property이라고 한다. 개인이 할 수 없는 일을 집단이 해낼 때 창발적 행동이 일어나는 것이다. 개미와 꿀벌이 창발성의 좋은 예이다. 상대적으로 단순해 보이고 동기도 없을 것 같은 행동들이 다수 모여 지성이 생겨난다. 가령 개미 한 마리는 흙더미의 위치를 재조정해야 할 필요성을 모르지만, 수만 마리 개미들의 행동이 모이면 흙더미를 효과적으로 능률적으로 심지어 '지속적으로' 옮긴다. 스탠퍼드의 생물학 교수 데보라 고든Deborah Gordon은 말했다. "개미 군집의 가장 큰 수수께끼는 전체를 조율하는 관리가 없다는 것이다." 군집의 경계 지점에 서서 방향을 지시하는 단일한 개체가 없다. "이봐, 자네! 다른 일개미와 촉수를 비비며 노닥거리지 말고 빨리빨리 움직여. 이봐, 그만 떨어져! 지금 해야 할 일이 산더미야! 자네 지금 쉬고 있는 건가? 가서 사마귀 시체를 나르는 저 친구 좀 도와주라고!" 개미들은 이렇게 조율하는 개미도 없이 대체 어떻게 협력을 해나가는 걸까?

　개미 군집의 행동을 보면, 대단히 많은 단위 내지 구성요소들로 이루어져 있고 이것들이 서로 얽히고 그 결과가 시간이 흐르면서 달라지는 체계들과 무척 흡사하다. 물리학자들은 이를 가리켜 '비선형 역학계'라고 부른다. (비선형이라고 하는 까닭은 이런 상호작용의 결과가 그저 산술적으로 쌓이는 것이 아니라 거듭제곱으로 혹은 더 높은 함수 관계로 표현되기 때문이다. 그리고 역학이라는 말을 사용하는 까닭은 처음에 일어난 한 사건의 결과가 시간이 흐르면서 축적되어 엄청난 영향력을 발휘할 수 있기 때문이다.) 이런 체계로는 열대다우림, 별들의 운행, 주식시장, 히트곡의 유행 등이 있는데, 무질서하고 무관해 보이는 작은 행동들이 시간이 흐르면서 서로 영향을 주고받고 발전하여 결국 대단한 영향력을 발휘하게 된다. 즉 개미든 뉴런이든 원자든 음악적 음이든 무척이나 단순한 개별 단위 하나가 우리의 직관을 뛰어넘는 복잡하고 총체적인 행동을 이끌어낼 수 있다.

얼핏 생각하면 집단이 수많은 성원들에게 기억의 짐을 나누어줄 수 있으므로 개인보다 집단이 지식의 노래를 더 잘 기억할 수 있을 것 같다. 하지만 성원들이 각기 다른 파트를 나눠 기억하는 경우는 드물다. 사전에 미리 협의해서 어떻게 학습하고 기억할 것인지 서로 조율하지 않는다. 그보다는 개인마다 차이가 있어서(이런 차이의 원인으로는 유전적 요소, 환경적 요소, 지능지수, 동기부여, 개인의 취향, 무작위 요소가 있다) 노래의 어떤 파트든 남들보다 더 잘 기억하는 사람이 있게 마련이다. 여기에 체계적인 법칙은 없으며 날마다 혹은 주마다 달라질 수 있다.

아무튼 집단이 함께 노래하기 시작하면 인지적 관점에서 그리고 복잡한 역학적 관점에서 뭔가 특별한 일이 일어난다. 아마 여러분들도 축구장이나 교회, 캠프파이어 혹은 정치 집회에서 많은 사람들과 함께 노래할 때 이런 경험을 해봤을 것이다. 여러분이 노래의 첫 행이 끝나고 더 이상 나아가지 못하더라도 다른 친구가 다음 행의 첫 단어를 기억해 내면 몇 단어 더 나아갈 수 있다. 이제 두 사람 다 이어지는 행을 기억하지 못한다고 해보자. 그래도 상관없다. 거대한 집단에서는 한 사람이 노래 전체를 다 기억할 필요가 없다. 한 명만 단어의 첫 음절을 노래하면 이것이 옆 사람의 기억력을 자극하여 다음 음절을 이끌어내고, 이것이 계기가 되어 사람들로 하여금 다음 단어를 생각해내게 만든다. 이런 현상이 수십 명 혹은 수백 명의 사람들에게 퍼져가는 광경을 상상해 보라. 결국 단 한 명도 노래를 다 안다고 할 수 없지만 집단 전체로 보자면 노래를 아는, 집단의식의 창발이 일어난다.

비창발 체계에서도 누군가가 음절이나 음악적 음이나 단어를 잘못 기억하면, 옳게 기억하는 다수의 사람들에 의해 묻힐 가능성이 높다. (이것은 올리버 셀프리지Oliver Selfridge가 연결주의 관점에서 인간의 지각을 설명한 유명한 복마전 모형*의 한 버전이다.) 이렇게 되는 이유는 노래의 일부가 집단의 어떤 성원에 의해 어느 순간 잘못 기억되더라도 다른 사람들까지 그와 똑같이 잘못 기억할 가능성은 거의 없기 때문이다. 그래서 옳게 기억하는 사람들이 같은 식으로 잘못 기억하는 사람들보다 늘 많기 마련이다(그리고 집단의 규모가 커질수록 상당히 많은 사람들이 같은 지점에서 같은 방식으로 잊어버릴 가능성은 그만큼 줄어든다). 역학계에 매순간 들어오는 새로운 정보는 체계 발달에 영향을 미친다. 잘못 기억하는 사람들 중 적어도 일부는 제대로 된 단서를 제공받으면 옳게 기억해 낸다. 엄청나게 긴 분량의 텍스트가 수백 혹은 수천 년 동안 사람들에 의해 전달되고 보존될 수 있었던 이유가 바로 여기에 있다. 물론 실수가 끼어들기도 하지만, 노래의 시적·음악적 형식이 탄탄하게 짜여 강한 제약을 가할수록(호메로스의 서사시나 12마디 블루스 형식에서 보았듯이) 메시지가 왜곡 없이 원본 그대로 전해질 가능성이 그만큼 높다.

* pandemonium model. 형태를 인식할 때 각각의 세부사항에 연결된 데몬이 독자적으로 동시에 아우성치면서 상위 데몬에 신호를 주어 패턴을 인지하게 된다는 설명.

따라서 비선형 역학계의 특징을 다음과 같이 정리할 수 있다. (1)정보가 개인들 사이에 국부적으로 퍼져나가고(정확한 가사를 제시하는 이웃을 통해), (2)비선형 기제를 통하고(이 경우 개인과 집단의 기억과 인지가 된다), (3)개인마다 변이가 일어난다(저마다 기억하는 노래가 조금씩 다르다). 이런 세 가지 속성 덕분에 집단에서 실수가 덜 생기고 실수가 일어나더라도 서로 어긋나게 된다. 단일한 개인은 실수를 저지를 확률이 높지만 집단은 그렇지 않다.

집단 기억과 집단 가창은 그 자체가 아마도 진화의 산물일 터이다. 진화는 집단과 끈끈한 유대를 맺어 단체행동을 취하는 개인을 선호했을 것이다. 나는 이런 집단 선택 과정과 (혼자 살아가지 않고) 집단을 이루는 사람에게 진화가 생존과 번식의 이득을 부여한 것이 결국 오늘날과 같은 사회를 이루게 된 밑바탕이었다고 믿는다. 서로 목소리를 일치시켜 노래하면 개인의 심리 상태에 긍정적인 영향이 돌아가지만, 그렇다고 해서 다들 똑같은 실수를 동시에 저질러서는 안 된다. 이것만은 어떻게든 피해야 한다. 그래서 자신의 노래에 대한 자신감을 조금은 접고 옆 사람과 호흡을 맞출 필요가 있다. 이런 식의 거래 자체도 연주를 하는 내내 달라지는 비선형적이고 역학적인 양상을 띤다(생태계 같은 역학계에서도 이런 특징을 찾아볼 수 있다).

지식의 노래가 정보를 담고 저장할 뿐만 아니라 어린아이들도 기억하고 전하게 만드는 힘이 있는 것을 볼 때, 여기에는 오랜 진화적 기초가 있는 것으로 보인다. 맥락을 넓혀보자면 지식의 노래는 예술, 특히 뭔가를 알리고자 하는 예술의 특정한 예로 볼 수도 있다. 많은 사람들이 추상적인 것에서 구체적인 것으로, 혹은 낭만에서 논리로 나아가는 연속체의 양극단에 예술과 과학이 자리한다고 생각한다. 나는 평생 양쪽 분야의 지식을 찾으려 애썼고, 예술이나 과학 혹은 둘 다를 추구하는 사람들에 늘 둘러싸여 지냈다. 내가 아는 많은 음악가들은 '과학적'이라 부를 만큼 체계적이고 신중하고 학구적으로 음악을 추구한다. 프랭크 자파, 스팅, 마이클 브룩, 데이빗 번이 대표적인 예다. 한편 카를로스 산타나, 제리 가르시아, 빌리 피어스, 닐 영은 직관에 기대어 음악을 추구하는 편이다. 이들이 아무렇게나 음악을 만든다는 말이 아니라 일에 접근하는 방식이 내가 볼 때는 체계보다 느낌에 더 기대고 있는 것 같다는 말이다. 내가 좋아하는 피아니스트 빌 에반스는 후자의 방식을 이렇게 정리한다.

"말은 이유와 논리의 산물이므로 그것[음악]을 설명하지 못한다. 감정의 일부가 아니므로 감정을 전달할 수 없다. 사람들이 재즈를 지적 원리에 따라 만들어진 산물인 양 분석하려 할 때 내가 당혹스러워하는 이유가 여기에 있다. 그렇지 않다. 재즈는 느낌이다."

결국 나는 예술과 과학을 연속체의 양 끝이 원처럼 서로 맞물려 공통의 지점을 공유하고 있는 것으로 이해한다. 예술과 과학 모두 음악적 뇌의 세 가지 근본 요소인 관점 바꾸기, 표상, 재배열과 관련된다. 이런 세 가지가 서로 결합하여 은유(하나의 대상이나 개념이 다른 것)와 추상(계층적으로 상위 개념이 하위 요소를 나타내는 것)이 만들어진다. 예술과 과학 모두 감각을 통한 지각적 관찰의 요소들을 가져다가 증류하여 본질을 추출하므로 은유와 추상에 의지한다. 우리는 정보를 날것 그대로 제시할 때보다 단일한 정보로 가다듬어 제시할 때 더 많은 이해를 얻을 수 있다. 예술과 과학은 바로 이렇게 세상의 지식을 추출하고 추상화해서 보다 이해하기 쉽고 기억하기 쉬운 형식으로 만들어내는 작업이다. 그래서 전체적인 관점을 갖고 주제를 통합하고, 적절한 자료와 그렇지 않은 자료를 판단해서 가리는 일이 예술과 과학의 공통점이다. 예술과 과학은 모든 것을 다

표상할 수는 없다. 대신 무엇이 가장 중요한지 까다롭게 결정해야 한다.

과학은 그저 사실을 보고하는 것이 아니다. 이는 과학적 연구의 예비 단계일 뿐. 진정한 과학, 즉 세상이 어떻게 작동하는지에 대해 간명하면서도 통찰력 있게 이해를 제시하는 과학은 이런 사실들에서 총괄적인 원리를 이끌어낸다. 여기서 추상이 필요하다. 이와 더불어 창조성, 합리적 직관, 형식에 대한 감수성도 요구되는데, 이는 오래도록 살아남는 예술을 만들어내는 데 필요한 조건들이기도 하다. 음악에 이런 조건들이 필요하다는 것은 분명하지만, 음악적 뇌 없이는 과학도 없다는 말에는 아마 고개를 갸웃거릴 사람도 있을 것이다.

일몰 장면을 그린 그림은 예술가가 이 장면을 어떻게 느꼈는지 우리에게 전하며, 이런 감정을 영원히 전달할 수 있다. 태양계의 운동에 관한 수학적 모형(태양의 구성요소와 지역 날씨를 포함하여)은 우리로 하여금 특정 순간의 일몰이 장관일지, 그냥 그럴지, 아니면 구름에 완전히 가릴지를 예측할 수 있게 해준다. 둘 다 우리의 행동과 기억에 영향을 주며, 느낌과 사고, 감정과 해석, 뇌와 마음의 접점에 우리를 붙들어 맬 수 있다.

결국 지식은 감정이다. 과학이 그저 사실과 관찰 결과를 모아둔 것에 지나지 않으며, 감정과 보살핌이라는 정서적 영역 바깥에 존재한다고 말하는 사람도 있다. 그러나 내 생각은 다르다. 우리는 세상에 대한 수많은 (어쩌면 무한한) 사실들 중에서 중요하다고 생각하는 것을 골라 기억하고 기록으로 남기고 남들에게 전한다. 이것은 감정에 따른 판단이다. 우리로 하여금 특별히 어떤 것에 마음을 쓰도록 동기가 작용한다. 그리고 앞서 보았듯이 정서와 동기부여는 동일한 신경화학적 동전의 양면이다. 물론 '2 더하기 2는 4'라든가 수소가 가장 가벼운 원소라는 지식 자체에는 어떤 감정적 내용도 들어 있지 않다. 그러나 우리가 이런 것을 안다는 사실, 노력해서 이를 암기했다는 사실에는 관심과 우선순위와 동기부여가 반영되어 있다. 감정이 여기에 관여한 것이다. 과학자들에게 동기를 부여하는 것은 강렬한 호기심과 현실을 더 높은 차원에서 이해하고 표상하려는 욕망이다. 관찰 결과를 수집하고 이를 우리가 이론이라 부르는 일관된 전체로 공식화하려는 것이다. 물론 예술가들도 이와 마찬가지로 나름대로 관찰하고 일관된 전체로 공식화해서 우리가 회화, 교향곡, 노래, 조각, 발레 등으로 부르는 작품들을 만들어낸다. 지식의 노래는 우리가 살아가면서 체득한 중요한 교훈들을 인간의 뇌의 구조와 기능에 최적으로 맞춰진 예술 형식으로 담아냈다는 점에서 아마 예술과 과학, 문화와 마음이 이루어낸 최고의 위업일지도 모른다. 우리는 알아야 한다. 그리고 이를 노래로 불러야 한다.

> 과학도 자연과 마찬가지로
> 길들여져야 하는 것
> 본래의 모습대로
> 길이 보존하면
> 우리에게 크나큰 봉사를 하지.
>
> 남에게 보이기 위함이 아니라
> 표현을 위한 예술은
> 여전히 우리의 상상력을 자극해
> 본래의 모습대로 길이 보존하면
> 우리에게 크나큰 도움이 되지.
>
> 가장 위태로운 종

정직한 사람은

절멸에도 살아남을 거야

세상을 본래의 모습대로 보존해

모든 것을 받아들이고 개방적이고 씩씩하게

_ 러시, '내추럴 사이언스'[1]

나는 여태껏 새로운 과학을 내다버리고 새로운 지식을 걷어찼지

대학에서 얻을 수 없는 학위 M. C.를 얻으려고

                    …

그것은 과학의 소리

_ 비스티 보이스, '과학의 소리'[2]

덕분에 즐거웠어요, 거대한 과학. 할렐루야.

거대한 과학. 요를레이 우후

_ 로리 앤더슨, '거대한 과학'[3]

6

종교의 노래를 부르면

4살 때 할아버지 손에 이끌려 샌프란시스코의 차이나타운 중심부에 있는 커니 스트리트에 간 적이 있다. 내 '사촌' 펑과 매를 거기서 만났는데 방사선 연구소에서 엑스레이를 개발한 기술자들이었다. 펑은 늘 그랬듯이 나를 목말 태우고 돌아다녔고, 그의 이마를 잡은 내 손이 종종 흘러내려 그의 시야를 가렸다. 어찌나 볼 게 많던지! 분홍색, 자주색 의상을 차려입은 무용수들이 거리를 오갔고, 폭죽이 여기저기서 터졌으며, 생화와 조화로 장식된 화관을 어깨에 걸친 지역 명사들이 손을 흔들며 지나갔다. 어디를 가든 전통 중국 음악이 스피커, 확성기, 악기, 그리고 입을 통해 흘러나왔다. 군중 전체가 마치 한 생명체의 부분인양 흥분에 들떠 웃고 뜀박질하고 축하했다. 그렇게 많은 사람들이 한자리에서 행복해하는 모습을 본 게 처음이었다. 게다가 전염성이 있었다. 펑이 나를 땅에 내려놓자

나는 할아버지와 제자리에서 춤을 췄다. 할아버지가 나를 덥석 들어 빙빙 돌렸고 그래서 원심력 때문에 내 발이 땅 위로 들렸다. 매는 호루라기를 불라고 내게 주며 핀 하나를 티셔츠에 달아주었다. 우리에게도 노래 문화가 있긴 했다. 집과 유대교 회당에서 금요일 밤마다 노래했고, 유대교 설날을 맞이하기 두 달 전부터 노래를 불렀지만, 이런 노래들은 엄숙하고 느리고 지루했다. 중국 노래는 이와 전혀 달랐다. 의식이라고 해서 꼭 어두침침할 필요는 없다!

전 세계 인류의 의식儀式들을 살펴보면 공통점이 많은데, 이는 같은 기원을 갖거나 공통의 생물학적 유산으로 보인다. 어떤 의식은 기쁨에 넘치고 어떤 의식은 사뭇 진지하다. 엄격한 규율을 따르는 의식도 있고 마음대로 자유롭게 행하는 의식도 있다. 이런 행위들을 구성요소로 나누어 보면 동물들에게서 발견되는 행동과 눈에 띄게 유사한 점이 발견된다. 아마도 진화의 손길에 의해 우리가 동작과 소리로 자신을 표현하는 특정한 방식을 발달시킨 것으로 보인다. 인간에게는 인간만의 독특한 능력—언어가 그런 독보적인 위업의 예로 떠받들어지며 종교와 음악이 그 뒤를 잇는다—이 있다는 세간의 인식은 최근 신경생물학 분야에서 얻어진 연구 결과와 첨예하게 대립된다. 10년 전만 하더라도 인간의 유일한 상속물이라 여겼던 능력 가운데 많은 것이 실은 동물도 갖고 있는 것으로 밝혀졌다. 결국 이런 능력은 호모 사피엔스에 이르러 느닷없이 나타난 것이 아니라 진화의 과정을 통해 연속적으로 발달되었다고 할 수 있다. 차이점은 우리 인간들은 이런 행동을 자의식을 갖고 논하고 계획하며, 특정 시공간에서 벌어진 일을 특정 믿음과 연관시킬 줄 안다는 것이다. 동물도 의식을, 그것도 꽤 정교한 의식을 행할 수 있지만, 이를 기념하고 믿음의 체계와 연관시키는 것은 인간뿐이다. 에드윈 호킨스 싱어스는 '오 해피 데이'

에서 예수가 "죄를 씻어낸" 날을 유례없는 기쁨과 흥분으로 축하했다. 특정한 날짜와 출생을 축하하거나 결정적인 전투를 기념하는 것은 우리 인간뿐이다. 동물도 이에 필요한 뇌 구조를 갖추고 있을지 모르지만 우리처럼 그것을 사용할 줄은 모른다.

동물에서 인간으로 이어지는 행동의 연속성을 좀더 찬찬히 들여다보자. 개미와 코끼리도 죽은 동료를 땅에 묻는다. 인간은 죽음을 애도하며 대개 정교한 제의를 치르는데, 장엄한 의식도 있고 흥에 겨운 의식도 있지만 음악만은 거의 항상 빠지지 않는다. 호모 사피엔스가 지상에 나타나기 오래전에 네안데르탈인이 죽은 자를 땅에 묻었는데, 고고학 기록을 보면 위생상 이유로 채택한 우발적 행동이라고 한다. 자신의 배설물을 묻는 고양이와 다르지 않은 것이다. 네안데르탈인의 매장지에는 보석이나 장신구의 흔적이 전혀 발견되지 않지만 인간의 무덤에는 거의 항상 장식물이 발견된다. 매장이라는 기존의 행위에 더해 문화적·영적 요소를 부여하고자 한 것이다. 의식은 인간만의 유일한 발명품으로 중요한 사건들을 기억하게 한다. 인간의 인생주기에는 출생, 결혼, 죽음 같은 사건이 있고, 환경의 주기에는 계절, 비, 새벽, 황혼이 있다. 의식은 우리를 이런 사건들과 연관시키는 한편, 비슷한 많은 일들이 예전에도 일어났고 앞으로도 계속 일어날 역사의 흐름 속으로 우리를 이끈다. 이것이 외재화된 사회적 기억의 형식을 이루며, 여기에 음악이 더해지면 개인의 기억이나 집단의 기억에 한층 확고하게 각인된다. 매년 같은 날 같은 장소에서 불리는 노래(계절 노래나 휴가 노래)나 비슷한 사건(장례식, 결혼식, 생일날)을 기리기 위한 모임에서 불리는 노래들은 개별 사건들을 공통의 주제로 묶어 인생의 본질에 대한 고정된 믿음을 형성하게 만든다. 이때 음악이 이런 사건과 그 시공간과 든든하게 연결되어 이 같은 기억을 다시 떠올리게 하는 강력한 단서로 작용한다.

　인간에게 음악적 뇌를 선사한 진화적 변화, 예를 들면 전전두피질의 확대, 피질과 하부피질의 촘촘한 연결은 인간의 사회적 발달에서 결정적인 분기점이 되었다. 덕분에 자의식(관점 바꾸기의 일면)이 생겨났고, 그 결과 영적 열망이 일어나고 자신의 삶보다 더 중요한 게 있을지 모른다고 생각하게 되었다. 종교, 제의, 믿음과 연관된 노래가 초창기 인류의 사회 체계를 만들어내는 데 결정적인 역할을 했으리라. 음악은 의식에 의미를 부여하고 이를 기억할 수 있도록 도왔다. 또한 그 의미를 친구와 가족과 집단과 공유하게 함으로써 사회적 질서를 촉진시켰다. 의미를 향한 이런 열망이야말로 우리를 인간답게 만드는 밑바탕을 이룬다.

　음악과 마찬가지로 종교 역시 모든 인간 사회에서 발견되는 현상이다(그리고 두 현상 모두 그 기원을 진화에서 찾느냐 초자연적인 영역에서 찾느냐에 따라 의견이 갈린다). 지리적 위치에 따라 믿음과 의식에 많은 차이가 있지만 이제까지 알려진 모든 문화에는 예외 없이 종교가 있었다. 이는 종교가 문화를 통해 사람들에게 전달되는 정보를 뜻하는 밈meme 이상의 무엇임을 강하게 시사하며, 어쩌면 여기에 진화의 힘이 작용했는지도 모른다. 사회학의 창시자 가운데 한 명인 에밀 뒤르켐Émile Durkheim이 한 세기 전에 말하기를, 인간 문화에 보편적인 것은 무엇이든 인간의 생존에 도움이 된다고 했다. 현대의 생물학자들은 이런 생각을 동물의 행동에까지 확대해 뇌의 진화를 이해하는 하나의 방법으로 종들 간의 연결고리에 주목한다. 우리가 정말로 인간적이라 생각하는 행동들은 하늘에서 갑자기 뚝 떨어진 게 아니라 동물들한테서 발견되는 상당히 비슷한 행동들(아마 동물들이 살아남는 데 도움을 주었을 것이다)의 연속체에서 발전해 나온 것이다. 의식과 종교를 명확히 가르는 것은 어쩌면 불가능할

지도 모르며, 실은 두 가지가 어떻게 서로 연결되는지, 어떻게 의식이 종교로 발전하게 되었는지 이해하는 것이 더 중요하다.

의식은 반복적인 동작을 수반한다. 많은 동물들이 제의적 행동을 취한다. 개가 드러눕기 전에 몇 차례 원을 그리며 돈다거나, 새들이 몸을 양옆으로 흔든다거나, 너구리가 음식을 먹은 뒤 얼굴을 닦는 것이 그런 예이다. 인간의 의식을 이런 것과 구별시켜 주는 것은 인지적 요소, 즉 인간의 자의식이다. 우리는 (대부분의 시간 동안) 자신의 행동을 자각하며 여기에 더 높은 목적과 의미를 부여한다. 우리는 병균 때문에 손을 씻는다. 사건을 기념하려고 촛불을 켠다. 우리의 의식을 이야기하고 노래로 만들어 부른다. 종교의식이 이와 구별되는 점은 공통의 내러티브나 세계관과 결부된 의식들이 모인 집합이라는 것이다. 즉 의식들이 모여 종교의식을 구성한다.

인류학자 로이 라파포트Roy Rappaport는 의식을 다음과 같이 정의했다. "한 명 혹은 그 이상의 참가자들이 자신의 생리적·심리적 상태나 사회적 상태에 관한 정보를 자신이나 동료에게 전하기 위해 취하는 과시적인 행동들."

여기서 중요한 건 '과시적'이라는 대목이다. 결국 의식도 소통의 형식이다. 그의 정의가 포괄적이라는 사실도 눈여겨볼 만한데, 자신을 위한 과시도 당연히 대상에 포함하고 있다. 그래서 제사 음식을 준비하기 전에 손을 씻거나 제단에 지팡이를 놓아두는 사람, 연주회 전에 스케일 음형을 연습하는 음악가 모두 다음 단계의 계획에 앞서 (이런 예비 의식을 통해) 스스로를 준비시키는 것이다.

라파포트는 종교를 이렇게 정의했다. "집단의 사람들이 공통적으로 견지하는 신성한 믿음의 집합, 그리고 … 이런 믿음과 관계된 어느 정도

표준화된 행동들(의식들)." 그는 신성하다는 말을 일반적인 신체 수단이나 다섯 가지 감각을 통해 입증할 수 없는 믿음, 물질적이지 않으면서 우리의 삶의 행로에 영향을 미칠 수 있는 것에 대한 믿음이라고 정의한다.

　종교의식에는 거의 항상 제의적 행동, 즉 반복적인 몸동작이 수반된다. 일곱 번 허리 굽혀 절하기, 십자가 성호 긋기, 특정한 방식으로 손 모으고 펼치기 등. 인류학자들은 상이한 문화와 시공간을 뛰어넘어 보편적이라 할 수 있는 인간의 종교의식의 특징들을 다음과 같이 확인했다.

1. 행위가 평소의 목적에서 분리된다. 이미 깨끗한 신체 부위를 씻거나, 분명히 옆에 없는 사람에게 말을 걸거나, 원형으로 빙 둘러선 사람들에게 과일을 전달하거나(이런 행위의 목표는 과일을 누군가에게 전달하려는 것이 아니라 전달하는 행위 자체에 참여하는 것이다), 돌 주위를 정확히 네 번 돌거나, 즉각적으로 눈에 보이는 목표가 없는 행동을 한다.

2. 대개는 뭔가를 바라고 취하는 행동이다. 더 많은 비를 내리게 하거나, 추수 때 더 많은 곡식을 거두거나, 아픈 아이를 고치거나, 신들의 노여움을 달래기 위함이다.

3. 이런 행동은 대체로 꼭 해야 하는 일로 간주된다. 공동체에 속한 성원들은 이를 행하지 않으면 위험해지거나 지혜롭지 못하다고(혹은 예의가 없다고) 여긴다.

4. 행위의 효력에 대한 설명이 없는 경우가 많다. 참가자들이 의식의 목적을 다 이해할지라도(가령 신들에게 간청하는 것) 이런 특정한 행동이 어떻게 해서 원하는 결과를 가져오게 되는지 아무도 설명해주지 않는다.

5. 참가자들의 행동이 평소보다 더 질서 있고 규칙적이고 획일적이다.

이리저리 돌아다니거나 원하는 곳에 서는 대신 일렬로 줄을 서고, 움직이는 대신 춤을 추고, 특정한 신호나 몸짓, 말을 주고받으며 서로를 반기고, 서로 비슷하거나 특별한 옷을 입고 화장을 한다.

6. 주위 환경에서 물건을 가져와 이를 차곡차곡 쌓아올리거나 순서를 매기거나 한 줄로 세우는 식으로 특별한 의미를 부여한다.

7. 환경에 일정한 경계를 두어 연장자나 순수한 자들만이 들어갈 수 있는 신성한 지역, 금기의 땅으로 만든다.

8. 행위를 수행해야 할 강력한 정서적 충동이 있고, 만약 행하지 않으면(혹은 참가자가 제대로 하지 않았다고 느끼면) 불안을 느낀다. 반면 행동을 완료했을 때는 안도감을 느낀다.

9. 행동이나 몸짓, 말을 반복한다. 세 번에서 열 번 혹은 그 이상인데, 정확한 횟수를 지키는 것이 중요하며 횟수가 잘못되면 처음부터 다시 해야 한다.

10. 의식을 특정한 방식으로 수행해야 할 강력한 정서적 충동이 있다. 행동들은 대개 엄격하게 해석되고 규정된다. 모든 행동을 가장 잘 수행하는 사람은 대개 공동체의 연장자이며, 나머지 사람들이 그를 보고 따라 한다.

11. 의식에는 거의 항상 음악이나 리듬과 억양이 있는 웅얼거림이 수반된다.

이슬람교, 힌두교, 기독교, 유대교, 시크교, 도교, 불교, 아메리카 원주민의 종교의식, 그리고 문자가 없고 산업화가 이루어지지 않은 사회에서 이루어지는 수많은 제의에서 이런 특징이 발견된다. 의식과 밀접하게 관련되는 것이 음악과 인간의 본성이다. 여러분이 종교를 인간이 만들어냈다고 믿든 신이 내려주었다고 믿든 그건 중요하지 않다. 여기서 그런 문제로 논의를 복잡하게 만들고 싶은 생각이 없다. 인간의 종교의식이 서로 상당한 유사성을 보이고 몇몇 동물의 의식과도 비슷하다는 사실은 어느 쪽 견해를 지지하는 증거로도 활용될 수 있다. 최근에 과학 연구를 통해 '신 중추'God centers라 불릴 만한 신경 부위가 존재한다는 사실이 밝혀졌다. 이 부위에 전기 자극을 가하면 사람들은 초월적인 존재를 느끼고 신과 교통했다는 느낌이 든다고 한다. 이런 관찰을 토대로 일부 과학자들은 종교적 믿음이란 '그저' 뇌의 산물일 뿐이며, 따라서 인간이 종교를 만들어낸 것이 분명하다고 자신 있게 주장했다.

이 모든 얘기를 내 친구이자 학식 있고 존경받는 정통 유대교 랍비 하임 카솔라에게 해주었더니 그가 곧바로 이렇게 응수했다. "뇌에 있는 중추가 사람들로 하여금 신을 떠올리게 만들었다고? 그러면 그게 왜 거기에 있었을까? 어쩌면 신이 우리로 하여금 자기를 더 잘 이해하고 소통하도록 거기 놓아두었는지도 모르잖아." 독실한 유대교 신자인 어머니는 이렇게 말씀하셨다. "문화의 차이를 떠나 인간의 종교의식이 서로 비슷한 것은, 신이 이런 의식을 쓸모 있다고 생각해 모든 민족들에게 약간씩 변형시킨 채로 내려주셨기 때문이야." 중요한 건 저마다 우주와 영성의 기원에 대해 갖고 있는 개인적인 믿음을 침해하지 않고도 우리가 제의적 행동에 대한 생물학적·진화적·신경적 증거를 살펴볼 수 있다는 사실이다. 진화적 질문을 살펴보기에 앞서 물리적·형이상학적 질문을 먼저 해결하지 않아도 된다.

제의적 행동은 분명 사람들이 본원적으로 타고나는 것이다. 보통 아이들은 두 살 무렵 발달기에 접어들어 여덟 살 때 최고조에 달하는데 이 무렵 제의적 행동을 보이기 시작한다. 완벽에 집착하는 성향, 좋아하는 물건을 모으고 애착을 보이는 습성, 행동을 반복하는 경향, 특히 물건을 가지

런히 정리하는 습성, 예컨대 "이건 이렇게 해야 해" 하며 장난감을 자신이 좋아하는 방식으로 정렬하는 습성이 이때 나타난다. 여자아이들의 경우 현실의 친구나 상상의 친구를 위해 다과회를 벌인다. 테이블을 이런 식으로 정리하고 손님을 정해진 자리에 앉힌다. 자신이 적절하다고 생각하는 순서에 따라 물건이나 상황이 조직되지 않으면 화를 내기도 한다. "너는 여기 앉아, 거기는 그의 자리야. 안돼! 토끼가 먼저 차를 마셔야 해!"

누군가로부터 지시를 받거나 어떻게 하라고 듣지도 않았는데 많은 아이들이 자발적으로 자신만의 의식을 초자연적인 것이나 마술과 연관시킨다. 아이들은 이런 의식이 날씨에서 염력에 이르기까지 다양하게 영향을 미칠 수 있다고 상상한다.

나는 물론 남자애였으므로 어릴 때 이런 다과회 의식을 벌이지 않았다. 대신 자동차와 안전벨트에 관련된 의식을 많이 벌였다. 1961년 내가 세 살 때 미국광고협의회가 자동차 안전을 위해 안전벨트를 착용하자는 공익 캠페인을 텔레비전에 내보냈다. 귀에 쏙 들어오는 광고음악이 자동차를 탈 때 올바른 순서를 지켜야 한다고 부모님께 말하라며 권고했다. "운전하기 전에 안전벨트부터 착용하세요." 하루 종일 집안을 돌아다니며 광고음악을 노래했던 기억이 난다. 안전벨트는 1961년에 막 개발된 신제품이어서 대부분의 차에 달려 있지 않았다. 부모님은 안전벨트 없이 운전하는 법을 배우셨다. 우리 집 자동차 심카에는 벨트가 장착되어 있었지만, 부모님은 이를 사용하는 데 익숙지 않았고 그 효과도 미심쩍어하셨던 것 같다. (당시에는 모형을 통한 출동 실험 같은 게 없었다.) 어머니가 아버지랑 차에 오를 때마다 내가 그 노래를 불러 댔고, 벨트를 매지 않은 채 몇 미터만 달려도 내가 화를 냈다고 어머니가 말씀하셨다. 나는 '올바른 방식으로 정리하는' 단계에 그만큼 푹 빠져 있었다.

어린아이들의 의식은 주로 불안의 상태와 연관되는 경향을 보인다. 낯선 사람이나 미지의 대상에 대한 두려움, 수상한 자나 동물이 공격하지 않을까 하는 걱정, 오염에 대한 걱정. 그래서 잠잘 때 옆에 괴물이 없는지 확인하거나 이야기를 해달라고 조르거나 푹신푹신한 솜털 담요를 손에 꽉 쥔다. 이런 의식적 행동은 질서와 확고함과 친숙함의 감정을 안겨 주는데, 심리학자들에 따르면 덕분에 불안과 미지의 위험에 대한 두려움이 상당히 줄어든다고 한다. 의식을 행할 때면 오르가즘을 느끼거나 여럿이 함께 노래할 때 분비되는, 신뢰를 이끌어내는 호르몬인 옥시토신이 관여하는 것으로 밝혀졌다. 의식이 우리에게 위로의 효과를 발휘하는 신경화학적 기초를 여기서 찾아볼 수 있다.

이런 행동은 유년기 동안 너무도 폭넓게 규칙적으로 발견되므로 진화적·유전적 기원에서 비롯된 행동이 분명하다. 균형을 잡으려는 욕망, 주위 환경을 일렬로 정렬시키려는 욕망은 심지어 조류와 일부 포유류에서도 발견된다. 적응의 관점에서 볼 때 이런 질서는 외부자의 침입을 금세 명확하게 알아차리게 해준다. 손을 씻거나 야영지 둘레에 대칭적인 보호 경계를 설치하며 즐거움을 느낀 우리 선조들은 자신의 건강과 안정에 미시적으로 또는 거시적으로 위협을 가하는 존재들을 더 성공적으로 물리쳤을 테고, 옥시토신 체계를 통해 이런 행동의 욕구를 후손들에게 성공적으로 전달했을 것이다. 리처드 도킨스Richard Dawkins가 재치 있게 말했듯이, 오늘날 살아 있는 우리의 조상들을 거슬러 올라가면 유아 때 죽은 사람이 한 명도 없다. 우리 조상들 모두 자신의 유전자를 우리에게 물려줄 만큼 오래 살았다. 그들의 모든 행동 하나하나가 다 적응적이었다고 말할 수는 없겠지만, 요절을 맞거나 이성에게 치명적인 비호감을 불러일으킬 만큼 결정적인 부적응 행동은 없었을 것이다. 의식의 행동이 도처에 존재한다는 사실을 볼 때 이런 행동들도 어떤 식으로든 중요한 생존 기능을 수행했으리라 생각된다.

어떤 제의적 행동이 걷잡을 수 없는 상태에 빠질 때 강박장애(OCD)라는 진단을 내린다. 몇몇 연구자들은 도파민과 감마아미노부틸산 조절에 문제가 생겨, 그리하여 기저핵에 위치한 '습관 회로'가 비정상적으로 통제되어 인간과 동물에게서 강박장애가 일어나는 것으로 추정한다. 기저핵은 운동 행동의 덩어리나 요체를 저장해 두는 곳으로 여기가 제대로 조절되지 않으면 정서적 만족을 느끼려고 반복적인 행동의 고리에 계속해서 빠지게 된다.

동물이나 인간 성인들의 의식은 아이들의 의식과 비슷하게 순수, 오염, 안전 같은 관심사에서 출발하는 경우가 많지만, 여기에 또 하나 추가할 수 있는 게 짝짓기다. 인간의 의식을 오로지 인간만의 것이라 주장한다면, 신성한 종교 체계라는 외피에 둘러싸여 있을 때라 하더라도 이는 인간의 의식과 유사한 수많은 동물의 의식을 무시하는 것이다. 일례로 오스트레일리아 정자새bowerbird의 짝짓기 의식을 살펴보자. 녀석의 짝짓기는 정교하고 복잡해 보이지만 실은 수많은 다른 조류, 포유류, 양서류, 어류의 짝짓기 의식과 다를 바가 없다. 일 년에 한 번 수컷이 며칠 동안 깃털, 과육껍질, 낟알 등 밝은 색깔의 물건들을 물어다가 정교한 장식을 갖춘 정자bower를 짓는다. 보통 작은 길이나 오두막 혹은 기둥 모양을 하고 있는데, 정자 짓는 일이 끝나면 수컷은 노래를 부르고 춤을 추고 이어 암컷 짝을 골라 의식을 성공리에 마무리한다(암컷은 보통 수컷이 지은 정자와 노래 실력, 춤 실력을 보고 짝을 고른다).

이를 남태평양 바누아투 공화국의 펜테코스트 섬 주민들의 의식과 비교해보자. 매년 젊은 남자들이 신들에게 풍성한 곡식을 내려 달라고 기원하는 제의인 나가홀nagahol이라는 의식에 참가한다. 젊은이들은 울긋불긋한 색채에 정교한 장식을 한 20미터가 넘는 기둥을 세우고, 마을 사람들이 모여 춤추고 노래하는 동안 기둥에 기어올라 뛰어내려 얇은 덩굴을 잡고 내려온다. 뛰어내리는 데 성공하면 이제 어엿한 남자로 인정받아 구경꾼들 중에서 아내를 고를 수 있다. 우리가 알기로 펜테코스트 섬에는 정자새가 살지 않으며 살았던 적도 없다. 따라서 공통적인 신경생물학적 명령이 밑바탕에 있거나 우연의 일치거나 둘 중 하나다. 나가홀은 종교의 일부일까, 아니면 고립된 의식일까? 의식은 어느 지점에서 종교가 될까? 인도네시아 술라웨시의 주민들은 비를 기우제에서 춤을 추는데 여기에는 빗소리를 양식적으로 모방하는 대목이 들어 있다. 결국 이들의 춤과 노래와 행동에는 분명한 목적과 의도하고픈 효과가 있다. 나는 종교와 의식의 구별을 보는 사람의 마음에 맡겨두려고 한다(그리고 이런 믿음이 체계를 이루는지 여부는 종교적 노래의 진화를 논의하는 이 자리에 그리 중요하지 않다).

신이 내려주었든 인간이 만들었든, 아니면 자연 선택의 결과이든 간에 종교는 포괄적 적합성의 중요한 일부를 이룬다. 고등 동물에는 주위의 환경 상태를 감시하고 위험이 임박했을 때 감정 상태를 조절해 적절하게 행동을 취하도록 동기를 부여하는 '안전 동기' 체계가 마련되어 있다. 이는 바깥세상에서 벌어지는 사건들은 물론 통증, 발열, 메스꺼움 같은 몸속의 상태도 감시한다. 이런 체계의 밑바탕을 이루는 뇌 기제는 다음과 같은 세 부분으로 나눌 수 있다. (1)새로 벌어지는 사건을 (경험을 통해서든 본능적으로든) 이미 위험하다고 알고 있는 사건의 목록과 비교하여 감시하는 감정 체계, (2)위험의 정도를 판단하는 평가 체계, (3)학습의 결과든 선천적으로 타고난 것이든 간에 아무튼 움직이거나 달리거나 싸우는 등의 전략을 취하도록 해 위험에서 벗어나게 만드는 행동 체계.

　단일한 의식이든 종교행위로 묶이는 의식의 집합이든, 이런 행위의 과시적 측면 덕분에 인간의 공통적인 두려움과 걱정이 더 넓은 사회적 맥락 속에 놓인다. 그래서 이를 남들과 함께 나누고 의미를 부여하는 일이 가능해진다. 종교는 나아가 우리의 두려움을 우리와 공동체가 함께 걱정해야 하는 것과 그럴 필요가 없는 것으로 나누고, 전자는 공인된 방식으로 체계적으로 다루고 후자는 무시하는 방향으로 행동하도록 유도한다. 믿음 체계가 어떠하냐에 따라 우리는 사랑하는 사람의 건강을 위해 기도하면서 죽은 자를 살려달라는 기도는 하지 않을 수도 있다. 현대 기독교 의식은 제우스나 토르가 아니라 예수에 초점을 맞추며, 따라서 앞의 두 신에 대한 경외나 요구사항을 무시한다.

　사랑하는 사람이 죽어가는 것을 보고 안타까워 기도하면 커다란 심리적 이득이 돌아온다. 더는 걱정하지 않아도 되기 때문이다. 우리는 안도의 한숨을 내쉬고 '이제 신의 손이 알아서 할 거야. 운명은 정해졌어' 하며 마음을 푼다. 이는 명백히 적응적이다. 우리가 바꿀 수 없는 것에 대해 계속 마음 쓰지 않고 살아가도록, 우리가 바꿀 수 있는 것에만 집중하도록 하기 때문이다. 하지만 흥미롭게도 두려움과 안전에 관한 우리의 동기부여 체계는 수천 혹은 수만 년 전에 만들어진 것이라서 오늘날 우리에게 커다란 위협을 주는 요소들에 제대로 대처하지 못한다. 많은 사람들이 거미나 뱀을 여전히 무서워하면서 정작 그보다 훨씬 많은 죽음의 원인이 되는 자동차나 담배에는 그다지 경각심을 보이지 않는 이유가 여기에 있다.

　한편 의식은 모호한 현 상황을 분명하게 만드는 기능도 한다. 대부분의 문화에서 발견되는 남자들의 성인식이 대표적인 예이다. 여자들은 월경을 통해 소녀에서 어엿한 여자가 되었음을 분명히 알아볼 수 있지만, 남자들에게는 그 같은 생물학적 지표가 없다. 성인식은 이런 모호함을 없애고 남자가 사회에서 맡은 역할을 분명하게 알려준다. 소년으로 행세할지 남자로 행세할지 확실히 가려 주는 것이다. 이렇듯 의식은 모호한 상황을 분명한 상황으로 바꾸는 기능을 한다. 성인식 전에는 소년이었던 아이가 성인식을 거치면서 남자로 대접받는다.

마찬가지로 결혼식을 통해 남자와 여자는 남편과 부인이 된다. 이는 언어심리학에서 말하는 화행이론과 유사한 점이 있다. 대개의 경우 우리가 말하는 행위는 의견을 표현하거나 요구사항을 밝히거나 정보를 제공하거나 혹은 감정을 나누기 위함이다. 그런데 가끔은 현재의 상태를 바꾸는 특별한 힘을 갖는 말이 있다. 정당한 자격을 갖춘 공인이 법적 효력이 있는 발표를 하는 경우다. 가령 목사가 "이제 두 사람은 부부가 되었음을 선포합니다"하고 말하면, 교회나 국가로부터 공식적인 인정을 받은 그의 이 간단한 문장으로 두 사람의 지위가 달라진다. 비슷한 예로 판사의 평결(유죄로 선고하느냐 무죄로 선고하느냐에 따라 피고의 법적 상태와 지위가 완전히 바뀐다), 정부 관료의 법 집행관 임명, 미 연방대법원장의 대통령 승인, 검시관의 사망 선언이 있다. (설령 사람이 죽지 않았다 해도 정당한 자격을 갖춘 검시관이 그렇게 판단하면 희생자의 법적 지위가 달라져 부검이나 매장, 그밖에 다른 경우에는 허락되지 않는 행동을 취할 수가 있다.)

사람들이 모여 결혼이라든지 지도자 취임 같은 사회적 지위의 변화를 축하할 때면 음악이 빠지지 않는다. 또한 음악은 추수 때나 생일, 기일, 중요한 전투 기념일에도 항상 연주된다. 기념은 음악을 필요로 하는 것 같다. 종교적 노래의 흥미로운 측면 가운데 하나가 특정한 시간과 장소에 관련된다는 점인데, 이는 이 책에서 언급되는 다섯 가지 다른 범주에서는 찾아볼 수 없는 점이다. 의식의 노래가 특정한 때와 장소에서만 불린다는 것은 누구나 안다. 하지만 가령 기쁨의 노래는 원할 때면 언제든지 부를 수 있다. 도서관이나 연극이 한창 공연되는 중에 노래를 불러서는 안 되겠지만, 다른 때에는 기쁨의 노래나 지식의 노래를 부르지 못할 이유가 없다. 하지만 종교와 관련된 노래와 종교의식은 시간과 장소에 극히 엄격한 제한을 가하는 편이다.

일례로 엘가의 '위풍당당 행진곡'을 살펴보자. 이 곡은 북아메리카 전역의 고등학교와 대학교 졸업식 때 학생들이 졸업장을 받으려고 줄을 서서 기다리는 동안 연주된다(뉴질랜드 국가이기도 하다). 여기에는 흥미로운 음악적 특징이 있다. 밀집된 음들이 레가토를 이루며 시작하는데 첫 15개 음이 순차진행으로 가다가 16번째 음이 완전4도 음정 위로 도약하고 이어 완전5도 아래로 내려온다. 이런 움직임은 우리의 주목을 끌기에 충분하다. '위풍당당 행진곡'은 장중한 보폭으로 연주되며, 여기에 악기구성이 장엄하고 진지한 행렬의 느낌을 더한다. 졸업식의 분위기와 더없이 잘 들어맞고, 또 유명해서 보육원이나 유치원 졸업식에서도 연주된다. 대신 스포츠 행사나 디너파티, 결혼식에서는 아무도 이 곡을 연주하지 않는다.

잘못된 때나 장소에서 엘가의 곡이 연주되면 아주 둔한 사람이라도 금방 알아챈다. 가령 고등학교 조회에서 공지사항을 전할 때 학업 성적이 나빠 1년을 유급당한 학생들을 위한답시고 교장이 이 곡을 연주하면 그보다 잔인한 일도 없을 것이다. 혹은 박사과정 구두시험을 생각해 보자. 시험이 끝나고 심사위원이 합격을 알리자 학생이 '위풍당당 행진곡'의 테이프를 틀기 시작한다. 흔한 일은 아니지만 수긍하지 못할 것도 없다. 그러나 시험을 보기도 전에 이 곡을 튼다면 아마 심사위원이 주제넘은 짓이라 생각하고는 얼굴을 찌푸릴지도 모른다.

　　이렇듯 의식의 노래에서는 정확한 때와 장소가 중요한 특징이다. 만약 이를 위반하면 일자리를 잃을 수도 있고 심하면 목숨까지도 잃는다. 예컨 대 나라의 지배자가 등장할 때 불리는 노래들이 있다. '헤일 투 더 치프'⁽ᵃ⁾ 는 미국 대통령이, '여왕 폐하 만세'⁽ᵇ⁾는 영국 여왕이 방에 들어올 때 연주 한다. 만약 자기가 방으로 들어올 때마다 이 노래를 연주하도록 군악대에 명령한 사람이 있다면, 그는 지배자의 권위에 직접적으로 과감하게 도전 하는 자로 보일 것이다. 독재사회에서는 지배자의 노래를 엉뚱한 사람에 게 연주하면 사형선고를 내리기도 했다. 그만큼 의식의 노래에서 때와 장 소의 문제는 중요하다.

　　의식과 종교에 관련된 노래들은 이렇듯 특정한 시간과 사건에 묶여 있으며, 어떤 신성한 행위를 반주하거나 이끌거나 축성한다는 분명한 목 적을 갖는다. 이런 정의에 따르자면 '징글 벨'⁽ᶜ⁾이나 '덱 더 홀스'⁽ᵈ⁾는 비록 종교적 축일을 기념하기 위해 만든 노래이지만 종교 노래가 아니다. 오히 려 비슷한 믿음을 가진 친구들이나 가족의 유대를 돈독히 하는 우애의 노 래에 가깝다. 크리스마스캐럴은 명절 시즌 내내 아무 때나 불릴 수 있다. 내가 말하는 의식의 노래는 이보다 훨씬 제한적이다. 마찬가지 이유로 국 가나 축구 응원가도 비록 제의적 요소가 있긴 하지만(시합이 시작할 때 연주되므로) 종교적 기능보다는 사회적 유대를 강화하는 기능에 가깝다. '결혼행진곡', '장송행진곡', 미사곡, 속죄의 노래 등⁽ᵉ⁾은 특정한 때와 장소 에서만 연주되며 원할 때마다 연주될 수 없다는 점에서 종교적인 노래라 할 수 있다. 이런 노래를 아무 때나 부르면 예의에 어긋난다는 말을 듣는 다. 반면 '징글 벨'이나 '오버 더 리버 앤드 스루 더 우즈'⁽ᶠ⁾ 같은 노래는 7 월에 불러도 상관없다. 색다르기는 하지만 그렇다고 예의에 어긋난다거 나 불경하다고 말할 사람은 없다.

펜테코스트 섬 주민 남자들의 성인식에서 고대 이집트 장례식과 현대 가톨릭 미사에 이르는 광의의 종교의식에는 항상 음악이 수반된다. 대부분의 의식은 공동체 성원들이 함께 행동을 취하는 식으로 진행된다. 이때 음악의 역할에는 소망(음식, 비, 건강 등)을 비는 순간 공동체 성원들에게 사회적 유대감을 제공하고 신들 앞에서 '다수의 힘'을 느끼게 하는 것(우애의 노래의 특징)이 포함되는데, 이렇게 음악이 수반되는 까닭은 과거에 제대로 작동했던 특정 방식의 간청을 음악이 사람들에게 효율적으로 각인시키기 때문이다(지식의 노래의 특징). 그러나 종교적 맥락에서 사용되는 노래는 앞서 설명한 우애의 노래나 지식의 노래와 이런 공통 요소를 갖지만, 믿음의 체계에 연결되어 있다는 점에서, 그리고 특정한 시공간에 묶여 있다는 점에서 본질적으로 다른 유형에 속한다. 음악이 의식의 세세한 사항을 각인시킨다는 점 또한 중요하다. 의식이 필연적으로 반복적인 동작을 수반하고, 이때 음악이 동작과의 일치를 통해 적절한 동작을 각인시키고 유도한다는 사실을 기억하라.

인도 남부 타밀나두 주, 케랄라 주, 카르나타카 주의 접경지대에 위치한 닐기리 구릉에 사는 2,000명가량의 코타Kota 족이 벌이는 '데브르'Devr 의식을 살펴보자. 세세한 면을 파고들면 이들만의 독특한 점이 있지만, 여기서는 문화와 시간을 통틀어 공통적으로 발견되는 믿음과 의식, 그리고 동작과 음악에 주목하기로 하자.

'데브르'는 겨울에 첫 초승달이 차오르고 첫 번째 맞이하는 월요일에 시작한다. 마을 사람들이 땔감을 모으고 특별한 예복을 준비하며, 채식에 술을 줄이고 맨발로 걷는다. 가시 달린 줄기에서 자주색 타원형 과실이 자라는 닥나무 가지 같은 식물로 집안을 청소하고 정화시킨다. 미리 지정된 사람들이 신성한 기운을 흡수하는 특별한 불을 여러 개 만들어 운반한다. 부족 사람들은 마을의 신들이 '문드카논'(마을에서 종교의식을 담당하는 지도자)의 집('카쿠이'라고 불린다)의 뒷방에 놓인 나뭇가지 묶음에 산다고 믿는다. 이제 나뭇가지가 불에 타오르면 신성한 기운이 스스로의 모습을 사람들에게 드러낸다.

'코브'kob라 불리는 관악기와 피리, 북이 힘차게 울리며 의식의 시작을 알린다. 이를 '오마인'omayn('하나로 소리 난다'는 뜻)이라고 하는데 유대교와 기독교의 '아멘'이나 산스크리트어 '옴'('진실이다' 혹은 '우리 모두 동의한다'는 뜻)과 비슷하다고 할 수 있다. 신들은 이런 힘찬 소리를 듣고 마을에 들어오라는 초대의 뜻으로 받아들인다. 전 세계 수많은 의식의 음악이 이렇게 주의를 환기시키는 특징을 갖는다. '위풍당당 행진곡'의 완전4도 음정 도약이 그렇고, 가톨릭 미사 '키리에'에서 크리스테christe라는 가사에 5도음정이 갑작스레 등장하는 것이 그렇다.

이어지는 열흘에서 열이틀 동안 코타족은 악기를 연주하고 춤을 추며 신에 대한 기쁨과 단합과 존경을 노래하고 신을 즐겁게 한다. 목욕 의식과 음식을 바치는 제의에는 특정한 노래가 수반되며, 이때 사람들이 음악에 맞춰 동작을 취한다. '데브르'의 하이라이트는 마을 사람들이 함께 모여 신전의 지붕 위를 다시 덮는 작업이다. 음악이 연주되고 사람들이 신성한 재료들을 지붕 위에 던진다. 의식을 제대로 수행하려면 던지는 동작을 코브 연주자의 힘찬 취주에 맞춰 일치시켜야 한다. 그러면 팔을 위로 쳐드는 동작이 고음의 날카로운 트레몰로 연주에 맞춰 물결친다. 동작과 방향에 수평적이거나 수직적인 변화를 줄 필요가 있으면 다른 음들을 연주해 강조한다.

이와 같은 의식에서 음악은 여러 요소들을 종합하는 촉매의 역할을 한다. 음악은 동작의 여러 부분들을 단일한 선율/시간의 틀 아래로 모은

다. 또 긴장과 이완을 번갈아 제공함으로써 행위를 촉진시킨다. 특별하게 만들어진 음악은 의식의 절정에서 감정을 고조시키고, 의식이 마감될 때 화성의 긴장을 해소시켜 감정을 편안하게 마무리하도록 돕는다. 참가자들이 음악에 맞춰 연속적인 동작 행위를 학습할 수 있으므로 음악이야말로 엄격하고 정확한 의식의 실행을 이끌어간다고 할 수 있다. 예컨대 노래의 이 부분에서는 팔을 위로 쳐들고 저 부분에서는 팔을 안으로 모은다.

참가자들이 몸의 일부를 선택적으로 골라 특정한 방식으로 움직이는 동요는 모든 문화에서 발견된다. 이를 통해 음악과 몸동작을 일치시키는 연습을 할 수 있다. 내가 어렸을 때 가장 좋아했던 노래로 '호키포키'가 있다.

> 오른발을 앞으로
> 오른발을 뒤로
> 오른발을 앞으로
> 이제 발을 흔들어요.
> 호키포키 춤, 빙글 돌아요.
> 바로 그런 거예요!
>
> _ '호키포키'[앗]

이어지는 연은 왼발, 팔, 머리, 몸 전체 순으로 이어진다. (최근에 나는 꿈에서 용한 예언자를 만나러 가파른 산에 올랐다. 예언자가 길게 기른 흰 턱수염과 머리카락을 바람에 흩날리며 동굴에서 나왔다. 내가 그에게 물었다. "인생의 의미가 뭐죠? 인생은 왜 이런 겁니까?" 그는 내가 방금 위에서 언급한 노래를 인용하는 것으로 답했다. 마지막 행 바로 전에 의미심장하게 한 호흡 쉬더니 활짝 웃으며 말했다. "바로 그런 거예요!")

많은 미국인들이 교회에서 배우는 노아와 홍수에 관한 노래에도 이와 비슷하게 동작을 일치시키는 대목이 나온다.

하느님이 노아에게 말씀하시기를 "홍수가 내릴 터이니라,"
하느님이 노아에게 말씀하시기를 "홍수가 내릴 터이니라,"
저 아이들을 진창 밖으로 데려가라
하느님의 자녀들

코러스:
자리에서 일어나 손을 반짝이며 신께 영광을 드리세
자리에서 일어나 손을 반짝이며 신께 영광을 드리세
자리에서 일어나 손을 반짝이며 신께 영광을 드리세
하느님의 자녀들

_ '자리에서 일어나 손을 반짝여'[1]

코러스 부분에서 아이들은 '일어나'rise라는 가사에 일어나고, '반짝이며'shine라는 가사에는 손을 쫙 펴 얼굴 양옆에 갖다 대며, '영광'glory이라는 가사에는 손바닥을 흔들어 반짝이는 동작을 취한다. 내가 아는 이슬람 친구들과 침례교도 친구들도 이와 비슷한 패턴의 노래를 배웠다고 한다. '앙증맞은 거미'를 비롯하여 손과 눈과 소리를 일치시키는 수많은 노래들은 아이들에게 음악에 맞춰 몸을 움직이는 법을 훈련시켜 나중에 정교한 의식을 행할 수 있게 한다.

음악이 연속적인 동작 행위, 다시 말해 특정한 방식으로 행해야 하는 특정 동작을 각인시키는 위력적인 방법임이 최근의 연구를 통해 입증되었다. 다운증후군 아이들은 대개 구두끈을 맬 줄 모르지만 음악에 맞춰 동작을 취하게 하면 이를 배울 수 있다. 군대에서는 노래를 통해 총과 엔진을 분해하고 조립하는 과정을 배운다. 음악을 통해 의식을 엄격하고 정확하게 수행하는 능력을 끌어올릴 수 있는 것이다. 음과 단어가 정확한 연속 과정을 통해 적시에 전개되므로 여기에 맞춰 동작을 배울 수 있는 것이다. 또 음악은 감정적 분위기를 잡고 기억을 도와 연습 효과를 높이며, 많은 참여자들의 동작을 일치시키는 효과가 있다.

　의식에 쓰이는 대부분의 음악이 이런 이유로 리듬이 서로 일치하는 특징을 보이지만 예외도 있다. 가장 유명하면서도 매혹적인 예는 피그미 음악이다. 아마 미국의 흑인 교회에서 볼 수 있는 열광적인 종교 가창의 선구적 사례가 아닐까 생각한다. 나는 어릴 때 유대교 회당에서 합창단 활동을 했는데 앞서도 말했듯이 이는 엄숙하고 절제된 가창이었다. 늘 서로 리듬을 맞춰 노래했고 가끔씩만 3성부 화음으로 나눠 불렀다. 일요일 아침에 텔레비전에서 보았던 코너스톤 침례교회 합창단('강기슭을 따라'⁰⁰)이나 세인트폴 사도교회 합창단('험한 이 세상에'⁰⁰)의 노래와는 완전히 달랐다. 텔레비전에서 본 이런 합창단들은 일부 사람들이 돌아가면서 고정된 선율을 노래하고, 다른 이들은 원할 때마다 즉흥적으로 거들면서 소리치고 읊조리고 대답했다. 가장 고집스러운 무신론자의 마음도 뒤흔들 수 있는 흥분되고 설레는 감동이 이렇게 해서 만들어졌다. 수많은 교회에서 불리는 가스펠 음악은 공동체와 개인 모두를 찬양한다. 다함께 노래하는 선율과 화음은 연대감과 공동체 의식을 강화하고, 공통의 목표(노래에 표현된)와 공통의 역사(모두가 아는 노래를 부름으로써 입증되는)를 확인해준다. 계획과 즉흥이 혼연일체가 된 황홀한 외침은 신의 형상을 본 따 만들어진 개인이 예술적이고 의미 있는 개체임을 확인해주고 자신감을 불어넣는다. 인디아 아리는 힙합과 횡크, 가스펠, 팝을 독창적으로 섞은 '비디오'에서 이렇게 노래했다.

> 나는 당신 비디오에 나오는 그런 여자가 아니야
> 슈퍼모델처럼 잘 빠진 몸매도 아니고
> 하지만 나 자신을 조건 없이 사랑하는 법을 배웠어
> 나는 여왕이니까
>
> 거울을 보면 내가 있어
> 얼굴에 난 주름 하나하나가 다 의미가 있지
> 나를 만든 조물주가 내게 실수를 했다고는 생각지 않아
> 내 발과 허벅지, 내 입술과 눈, 모든 것을 사랑해.
>
> _ 인디아 아리, '비디오'

지금 내가 듣고 있는 아프리카 피그미 음악에서 열광적인 외침과 울부짖음이, 성부를 엇갈리게 노래하는 대위법적 기법이 계속 흘러나온다. 딸랑이와 북이 리듬을 이끌며 가끔 속도가 빨라졌다 느려진다. 음부티Mbuti 족 사람들에게 숲은 자비롭고도 막강한 존재로 이들의 음악은 숲의 정령에게 먹을 것을 청하고 평화와 건강을 기원하는 소통의 언어다. 음악을 통해 강렬한 기쁨을 숲에 전달하고, 숲은 그 보답을 해준다. 좋은 음악은 좋은 사냥과 잔치가 그렇듯이 사회적 협력을 구현한 것으로 볼 수 있다. 나쁜 음악은 게으르고 공격적이고 비협조적인 것을 아우르며, 조잡한 유머, 소리침, 울부짖음, 분노, 나쁜 사냥, 죽음과 연관된다. 피그미 노래의 궁극

적인 목표는 죽음의 파괴적인 힘에 맞서려는 것이다.

성부가 서로 엇갈리는 다성음악의 흔적은 현대의 가스펠에서도 찾아볼 수 있지만 순수한 형태로는 피그미 음악에 대적할 상대가 없다. 피그미 음악은 『뉴 그로브 음악사전』에 독자적인 항목으로 기재될 만큼 독창성을 인정받고 있다.

> 가장 두드러진 특징은, 집단의 모든 성원들에게 공통적인 것으로, 이들만의 독특한 가사 없는 요들인데, 주로 하강 진행하는 별개의 선율들이 서로 얽혀 두터운 짜임새의 다성부 노래를 만들어낸다. … 이 합창음악은 짧은 기본 패턴이 다양하게 형태를 바꿔 반복되면서 전개된다. 서로 다른 성부가 스스럼없이 끼어들면서 전체가 형태를 갖춘다. … 리더와 합창단이 파트를 명확히 나눠 번갈아가며 노래하는 패턴은 거의 찾아볼 수 없고, … 독창자들이 연달아 돌림노래로 부르는 형식이 그 자리를 차지한다. 어떤 학자들은 이런 형식이 피그미족의 계급 없는 민주적 사회 구조를 반영한 것이라 설명하기도 한다.

내가 이렇게 다른 문화권의 음악과 의식을 설명하는 까닭은 종교와 의식의 관례가 무척 다양하고 음악 표현에 수많은 형식이 있다는 것을 보여주기 위해서다. 우리와 다른 문화를 신봉하는 자들을 무시하려는 뜻은 없다. 우리는 문자가 없고 산업화가 이루어지지 않은 사회가 유치하거나 우리보다 열등한 게 아니라는 사실을 마음속에 되새겨야 한다. 그저 우리와 다른 삶의 양식, 다른 믿음, 다른 학습일 뿐이다. 피그미 족은 무의식적으로 이들을 '원시적'이라고 깔보는 일부 인류학자들의 코를 납작하게 해주는 좋은 예다. (비극적이게도 피그미족 한 명이 백인들에 사로잡혀 서커

스단에 팔아넘겨지는 일도 있었다.) 실제 얘기를 들어보면 이들은 세상물정에 밝고 자신들의 위엄을 지키기 위해 많은 노력을 한다고 한다. 언젠가 인류학자 콜린 턴벌Colin Turnbull이 우림지의 피그미족에게 다가가 가장 오래된 노래를 테이프에 담고 싶으니 불러달라고 부탁하자 바로 그 자리에서 '오 마이 달링 클레멘타인'을 북 연주와 막대 연주를 곁들이고 멋진 화음을 넣어 다성음악적으로 불렀다고 한다.

성부가 엇갈리는 노래 형식은 이베리아반도 유대인들의 전례에서 이슬람교, 불교, 힌두교 찬트에 이르는 세계 각지의 종교 음악에서 찾아볼 수 있다. 아이들은 대개 이런 노래를 부르는 데 애를 먹는다. 돌림노래를 부르는 것이 어린아이들은 거의 불가능한데, 보통 여섯에서 여덟 살이 되어 발달기에 이르러서야 자신의 주목 기제를 마음대로 통제할 수 있고(이 무렵 전두엽의 대상이랑cingulate gyrus이 고도로 발달한다), 그래야 다른 성부에 마음이 흔들리지 않고 자신의 성부에 집중할 수 있다. 따라서 성부가 엇갈리는 복잡한 노래를 부를 줄 안다는 것은 지적 능력이 성숙했음을 보여주는 징표라고 할 수 있다.

보다 조직화된 형식의 음악을 보면 리더가 부르는 선율을 합창단이나 회중이 따라하거나 약속된 방식으로 대답하는 패턴을 볼 수 있다. '오 해피 데이'가 바로 그런 예이다. '주고받기' 패턴의 음악에서 응답은 음악과 가사를 그대로 반복하는 형태가 될 수도 있고(첫 번째와 두 번째 응답처럼) 선율을 약간 변형시키는 형태가 되기도 한다(세 번째 응답처럼).

리더: Oh happy day!
합창단: Oh happy day!
리더: Oh happy day!

합창단: Oh happy day!

리더: When Jesus washed …

합창단: When Jesus washed …

_ 에드윈 호킨스 싱어스, '오 해피 데이'[41]

미국 남부지역 아프로 아메리칸의 노예 문화에서 생겨난 민속음악과 노동요는 아프리카 음악과 가스펠의 요소를 받아들였으며, 이 가운데 상당수가 주고받기 형식으로 되어 있다. 바로 여기서 이후 20세기 포크음악과 팝 음악의 기초가 마련되었다. 주고받기 형식은 1960, 70년대 록 음악의 기본 공식이 되었는데, 대표적인 노래가 아이슬리 브러더스의 '트위스트 앤드 샤우트'이다.

리더: Well, shake it up baby

배킹 보컬: (Shake it up baby)

리더: Twist and shout

배킹 보컬: (Twist and shout)

리더: Well, come on baby now

배킹 보컬: (Come on baby)

리더: Come one and work it on out

배킹 보컬: (Work it on out)

_ 아이슬리 브러더스, '트위스트 앤드 샤우트'[42]

주고받기 패턴은 팝 음악에서 너무도 널리 알려져 있으므로 노래 없이 악기만으로도 비슷한 정서적 드라마와 감흥을 유도할 수 있다. 1940년대 점프 블루스에서 뿌리를 찾아볼 수 있는데, 가령 빅 조 터너의 '폴짝 폴짝 날아올라'⁽¹⁾를 들어보면 보컬이 행을 노래할 때마다 색소폰이 여기에 화답한다. 카펜터스의 '슈퍼스타'⁽¹⁾에서 카렌이 "long ago" 하고 노래하면 오케스트라 악기들이 선율을 그대로 따라 하며, 이런 패턴은 노래가 끝날 때까지 계속된다. 폴 매카트니도 '렛 잇 비'⁽¹⁾에서 이와 비슷하게 보컬과 피아노의 주고받기 패턴을 시도했다.

주고받기 패턴은 성부가 엇갈리는 가창의 특별한 형식으로 다음의 음악적 사건이 언제 일어날지 알게 해준다는 점에서 어느 정도 예측이 가능하다. 그렇다고 모든 것을 정확히 예측할 수 있는 것은 아니다. 이런 예측가능성과 예측불가능성의 조화가 연주(작품과 별개의 존재인)에 흥분을 더한다. 피그미 족 음악이나 문자 없는 토착 문화의 종교 음악처럼 구조가 느슨한 음악은 예측불가능성의 요소가 더 많으며 이에 따라 흥분의 요소도 늘어난다. 대개 북, 막대, 딸랑이, 조개껍질, 돌로 연주하거나 손뼉을 쳐서 소리 내는 리듬의 요소가 황홀의 효과를 일으켜 사람들을 취하게 한다.

음악이 어떻게 이런 효과를 내는지는 알려져 있지 않지만, 리듬의 추동력과 견고한 박자가 결합하여 이런 효과를 내는 것으로 보인다. 박이 규칙적으로 떨어지면 기저핵의 신경 회로(습관적인 운동을 담당하는 회로)와 여기에 연결된 소뇌 부위가 활성화된다. 이들 부위의 뉴런이 음악에 맞춰 동시적으로 발화하기 때문이다. 이것은 다시 뇌파 패턴의 변화를 가져와 의식의 상태를 변화시킨다. 그래서 마치 수면이 시작되는 순간이나 수면과 각성의 중간쯤 되는 편안한 상태에 놓이거나, 혹은 술에 취한 듯 집중력이 높아지면서 근육은 이완되고 시공간의 감각이 흐릿해지는 상태에 가까워진다. 우리는 음악을 직접 만들고 정교한 동작을 행할 때 내가 2장에서 설명했던 몰입의 상태에 도달한다. 운동선수들이 집중력을 발휘해서 몰입하는 '인 더 존'in the zone 상태와 비슷하다. 분명한 동작을 취하지 않으면(혹은 그저 박자에 맞춰 몸을 까딱거리면) 최면에 가까운 상태가 된다. 두 경우 뇌파의 차이를 확인할 수 있다.

많은 미국인들이 그렇듯이 나 역시 이런 유형의 음악에는 아주 생소하다. 어릴 때 종교 음악을 접하면서——신교로부터 영향을 받은 미국 개혁파 유대교 회당에 다녔다——느리고 심각하고 기쁨 없는 음악에 길들여졌다. "백인들은 자신의 감정을, 특히 기쁨을 밖으로 표출하기 두려워하죠." 조니 미첼이 내게 이렇게 말했다. "아마 성서에서 말하는 원죄와 아담과 이브가 느꼈다는 창피함에서 근원을 찾아볼 수 있을 텐데요. 그 결과 오랫동안 백인들의 사회적 교류에 부정적인 영향을 미쳤습니다. 대부분의 백인 가수들은 빌리 홀리데이나 베시 스미스 같은 흑인 가수들의 감정에 전혀 미치지 못합니다. 흑인들은 음들 하나하나에 온갖 인간의 감정을 가득 담아서 노래하죠. 젊었을 때 나는 전형적인 백인 포크가수의 목소리였고, 감정을 어떻게 담아야 하는지 전혀 몰랐어요. 감정을 제대로 표현하기에는 세상에 대한 경험도 많지 않았죠. 흑인 문화는 훨씬 균형이 잡혀 있어서 감정과 영성에 많은 가치를 둡니다. 백인 문화는 이런 것들을 억압하고 내빼려고만 해요."

계속해서 그녀가 말을 이었다. "우리의 가장 깊은 감정은 영혼에서 나옵니다. 종교가 영혼의 표현이라고 한다면 감정의 전 영역을, 특히 기쁨을 제대로 드러낼 줄 알아야 해요. 제가 작곡한 발레 음악(「샤인」)은 영지주의예요. 온갖 영혼에 관한 생각을 탐구하는 것이죠. 모든 종교를 흡수하여 신의 위치를 재정립하고 지구 친화적, 여성 친화적입니다. 지금 종교가 포괄하지 않는 모든 것들을 담고 있죠. 우드스탁 세대로서 우리가 지구에 어떤 짓을 했는지 돌아보면 슬프기 그지없습니다. 게다가 아무도 신경 쓰지 않아요! 계속해서 쓰레기를 버리고 지구를 망가뜨리죠. 50년이 지나면 이 땅에 아무도 남아나지 않을 겁니다. 오만한 바벨탑이 우리를 이 지경까지 끌고 온 겁니다. 자신이 살아가는 행성을 망가뜨리는 우둔한 존재는 인간밖에 없어요. 당신은 『호모 무지쿠스』에서 '진화'에 대해 많은 말을 할 테지만, 인간은 '퇴화'의 산물이라고, 탐욕과 무지에 휩싸여 오직 완벽함만을 추구하는 존재라고 말하는 게 훨씬 정확할 겁니다. 오늘날에는 종교조차도 우리를 이끌어가는 힘을 잃어버렸습니다. 경쟁을 부추기는 호전적인 신들만 있죠. 내 노래 '스트롱 인 더 롱'은 바로 이런 종교의 타락을 직접적으로 공격한 노래입니다. 이런 종교와 달리 영지주의에서 말하는 신은 사람들 안에 존재합니다. 자의식을 버리고 초월하게 만들죠. 그런 점에서 불교와도 비슷해요. 불교도들이 추는 군무는 표정이 밝아요. 불교도들이 가톨릭교도처럼 춤추기를 두려워하는 것이 아니라 반대로 가톨릭교도들이 불교도처럼 춤추기를 두려워하죠."

조니가 안무와 제작과 작곡을 모두 맡은 발레 작품 「샤인」의 하이라이트는 그녀가 가장 좋아한다는 러디어드 키플링의 시 「만약에」에 붙인 춤이다("네가 사람들에게 손해를 입혀 모두가 너를 비난할 때/그래도 머리를 똑바로 들 수 있다면…").

예전부터 나는 키플링의 「만약에」를 종교적인 시라고 여겨 왔다. 남자(혹은 여자나 어른)가 되는 법을 가르치는 시가 아니라 어떻게 하면 신과 같은 사람, 영적으로 깨어 있는 사람이 될지 가르치는 시라고 생각했다. 조니는 텍스트를 조금 수정했다. "그리고 엔딩도 고쳤는데, 왜냐하면 발레를 통해 경이로움과 기쁨을 강조하고 싶었거든요. 순박함을 재충전해야 이 땅을 물려받을 수 있어요. 저는 엔딩을 '경이로움과 기쁨을 60초만이라도 느낄 수 있다면 지구는 네 것이다'로 바꾸었습니다. 다시 말해 그것을 알아볼 수 있다면, 1분만 마음을 열고 놀라운 것을 알아본다면, 그 순간 당신 것이 된다는 뜻입니다. 누구의 소유물인지는 중요하지 않아요. 거대한 토지를 소유한 사람과 함께 걷다가 당신은 그것을 보고 그는 보지 못한다면, 그 순간 지각적으로 영적으로 그것을 소유한 자는 누구죠? 많은 것을 생각하게 하는 아이디어예요."

조니 미첼이 영적 영감을 키플링에게서 구했다면, 데이빗 번은 몬트리올 출신의 밴드 아케이드 파이어의 '내 몸은 감옥'을 언급했다.

> 내 몸은 감옥
> 이 때문에 사랑하는 사람과 춤도 출 수 없지
> 하지만 내 마음에 열쇠가 들려 있어
> _ 아케이드 파이어, '내 몸은 감옥'

데이빗 번은 이렇게 말했다. "내가 볼 때 이 곡은 종교적인 노래이면서 동시에 송가입니다. 마지막 부분에 장대해지지만 무척 개인적인 노래예요. 영적 혹은 정치적 혁명을 바라거나 나아가 싸우자고 선동하거나 '우리는 극복하리라'고 마음을 다잡는 노래가 아닙니다. '내 몸은 감옥, 이 때문에 사랑하는 사람과 춤도 출 수 없지, 하지만 내 마음에 열쇠가 들려 있어.' 아름다운 노래이지만 왠지 뭔가 거꾸로 되었다는 느낌이 들어요. 보통은 몸이 아니라 마음이 행동을 가로막잖아요. 그래서 마음이 몸에게 이렇게 말하잖아요. '안돼! 더 이상 네가 멋대로 하는 것을 두고 보지 않겠어.' 뒤에 이런 가사가 나와요. '어둠의 빛이 필요한 시대에 살고 있어.' 성서에 나오는 말이지만 이들은 이를 개인적인 의미와 정치적인 의미로 사용하고 있습니다. 이 곡은 『호모 무지쿠스』에서 다루는 사회적 유대와 우애의 노래가 아닙니다. 한 개인의 고통, 한 개인의 내면적 경험을 다루고 있는데, 그래서 제게 그렇게 강력한 종교적 노래로 들리는 모양입니다."

'내 몸은 감옥'은 종교가 부도덕함immorality에 맞서 싸우는 투쟁일 뿐만 아니라 유한한 운명immortality에 맞서 싸우는 투쟁이기도 하다는 것을 분명히 보여준다. 육체의 틀을 넘어서는 뭔가가 존재한다는 확신, 지금 우리가 여기서 아는 것, 보는 것을 넘어서는 미래가 있다는 확신이 있다. 하지만 내 몸이 감옥이라서 이를 보지 못한다. 내 몸이 감옥이라서 내 존재의 정수에 이르지 못하고, 내 연인이나 조물주와 하나가 되지 못한다.

데이빗 번은 평생 다른 문화권의 음악을 열심히 들었고, 그 영향이 그가 작곡한 곡에 고스란히 드러난다. 폴 사이먼과 마이클 브룩이 그랬듯이 말이다. 그는 자신이 가장 좋아하는 종교적 노래로 아르헨티나의 보컬 그룹 로스 파불로소스 카딜락스의 '로블레'를 들었다.

> Ya cayeron ojas secas
> 낙엽이 떨어지고
> El frio del invierno va a venir
> 추운 겨울이 오네
>
> _ 로스 파불로소스 카딜락스, '로블레'[•]

데이빗의 설명이다. "국가에서 볼 수 있는 당당한 선율이죠. 선율이 느리게 차곡차곡 쌓여가다가 갑자기 상승합니다. 탁 멈추고 주저하는 대목이 인상적인데, 이때 음이 그대로 공중에 걸려 또 다른 마디나 다른 뭔가로 이어질 것 같은 기분이 들게 하죠. 여기가 감정의 절정입니다. 이어 선율은 다시 가라앉습니다. 가사를 보면 'roble'는 참나무를 가리키는 스페인

어입니다. 결국 낙엽이 어떻게 떨어지고 잎이 다시 자라는가 하는 내용입니다."

> Sin resistir, sin dormir
> 저항도 못하고 잠도 못잔 채
> Roble sin fin vos sabes lo que es morir
> 참나무는 죽는 게 어떤 건지 아네
> Solo soñar con la lluvia lo lleva a revivir
> 비가 내려 다시 소생하기를 바랄 뿐

국가와 같은 당당한 선율과 길고 느린 리듬은 참나무를 다루고 있는 가사를 변화와 성장, 인내와 소생에 대한 영적 교훈의 은유로 탈바꿈시킨다. "저항도 못하고 잠도 못잔 채, 참나무는 죽는 게 어떤 건지 아네."

이 노래에 대해 그는 이렇게 말했다. "저는 이 노래를 듣고 아르헨티나의 정치적 상황을 떠올리지 않을 수 없습니다. 왜냐하면 이 친구들은 사람들이 정치적 이유로 사라지곤 했던 시대를 살았던 세대니까요. 스페인, 아르헨티나, 루마니아의 시민들은 어릴 때 격변의 시대를 보냈고, 이런 억압적인 상황을 기억합니다. 그리고 나서야 세상이 자유로워졌죠. 그래서 나는 이 노래가 어느 정도는 그런 상황을 반영하고 있다고 생각하지 않을 수 없습니다."

대부분의 종교가 가진 근본적인 이념은, 비록 지금은 상황이 좋지 않더라도 점차 나아지리라는 것이다. '우리는 극복하리라'◑나 커티스 메이필드의 '준비된 이들'◑ 같은 미국 남부 흑인영가에서 이런 사상을 찾아볼 수 있다.

당신에게 필요한 건 믿음뿐, 엔진 소리를 들어봐요.

차표는 필요 없어요, 그저 하느님께 감사해요.

_ 커티스 메이필드, '준비된 이들'[1]

심리학자와 인류학자들의 연구에 따르면, 최소한의 수준만 넘어서면 물질적 부와 안위가 증가한다고 해서 사람들이 더 행복해 하지는 않는다고 한다. 결국 행복의 비결은 가진 것에 만족해 하는 것이라는 격언이 옳은 셈이다. 소비 중심으로 건설된 서양 사회에서는 다들 가진 것에 만족하지 않고 더 많은 것을 얻으려고 일한다. 이와 달리 수렵채집 사회나 자급자족 사회에서 살아가는 사람들은 일을 통해 필요한 것만 얻으며, 여러 척도로 보아 더 행복해 보인다. 데이빗 번은 자신의 밴드 토킹 헤즈와 함께 전 세계를 돌면서 이 사실을 깨달았다. "우리는 라틴 아메리카, 아프리카, 동유럽의 변두리 마을을 돌며 연주했는데, 거기 사람들은 우리에 비해 물질적 부를 거의 누리지 못합니다. 오디오도 없고 에어컨도 없고 전기나 냉장고도 없죠. 하지만 수천 년 동안 살아왔던 대로 살며 행복해요. 게다가 결속력이 있어요. 우리 같은 서양인들은 그들에게 많은 것이 없다고 생각하는데, 나로서는 절대 갖지 못할 것을 그들이 갖고 있어요. 사회적 네트워크와 든든한 가족, 뿌리와 중심 같은 것들이죠."

인류학자들은 모든 인간 사회가 신을 찾고 의미를 구하지만 저마다 이를 행하는 방식은 대단히 다르다는 점에 주목한다. 세대와 세대, 문화와 문화를 막론하고 본능적인 충동은 변함이 없다. 흥미로운 것은 인간만이 갖는 이런 충동이 여러 방식으로 해소된다는 점이다. 우리는 다른 동물들도 영적 생각을 갖고 있는지 알지 못한다. 침팬지, 개, 아프리카 회색 앵무새는 사랑하는 대상과 떨어지면 확연히 다르게 행동한다. 이런 행동을 가리켜 우울하다고 말할 수도 있다. 그러나 이들에게 자신이 왜 그런 감정을 겪는지 돌아보는 능력이 있더라도―"내 주인 아이린이 여기 있었더라면 내 기분이 더 나아졌을 텐데"―이에 대한 증거가 없다. 어쩌면 이들은 미래나 과거를 계획하거나 숙고하는 능력, 슬퍼하거나 앞을 내다보는 능력이 없는, 오로지 전진하는 현재만 있는 세계에 사는지도 모른다. 몇 년 전 개에 대한 흥미로운 심리 실험이 있었다. 많은 주인들이 집에 도착하면 자신의 개가 반갑게 맞아줘, 혹시 녀석이 마음속으로 주인의 도착을 기대하며 문 옆에서 기다리는 게 아닐까 생각하는데, 이를 확인하는 실험이었다. 카메라를 감추고 통제된 실험을 한 결과, 개들은 문 옆에서 기다리지 않았다. 그저 반 블록 떨어진 곳에서 자동차 소리나 주인의 발자국 소리가 나는 것을 듣고 파블로프의 조건반사처럼 문으로 쪼르르 달려갔던 것이다(소리를 듣고, 문으로 가고, 주인이 들어오고, 요란하게 법석을 떤다).

많은 동물들이 노래를 다양하게 활용하지만, 갈망의 노래, 사랑의 노래, 영적 노래를 작곡하거나 부르는 동물은 여태까지 한 번도 발견된 적이 없다. 하지만 인간은 모두 이렇게 한다. 음악적 뇌의 등장으로 새로운 신경세포들이 뇌의 합리적 중추와 정서적 중추 사이에서 활발하게 작용했고, 전전두엽이 확장되면서 엄청나게 많은 새로운 연결이 생겨났다. 자의식과 관점을 바꿔 생각하는 능력이 생겨났다. 우리가 아는 한 이런 능력은 인간에게만 있다. 덕분에 대부분의 사람들은 삶의 어느 단계에 이르면 세상에서 자신이 차지하는 위치에 대해 생각하고, 생각의 본질을 탐구하고, 질문을 제기하고 대답을 구한다.

종교는 이렇게 세상을 이해하려는 욕망에서 생겨났다. 대부분의 아이들은 훈련이나 지시를 받은 것도 아닌데 어느 정도 나이가 되면 이런 질문을 한다. "나는 어디서 왔나요?" "태어나기 전에는 내가 무엇이었죠?" "죽으면 어떻게 되나요?" 그리고 세상을 둘러보곤 이렇게 묻는다. "이 모든 것을 누가 만들었죠?" 역사학자와 인류학자들이 발견한 모든 인간 사회에는 이런 질문들을 다루는 종교와 믿음 체계가 어떤 식으로든 다 있다. 과학을 종교라고 주장하는 학자들도 있다. 나름의 행동 규칙이 있고, 세계와 생명의 기원에 대해 나름대로 설명하는데, 그 가운데 많은 부분이 관찰 불가능한 현상에 의지하기 때문이다.

우리가 초기 인간들의 사고와 믿음에 대해 알고 있는 많은 내용은 추론에 의한 것이다. 이들은 문자가 없어서 상세한 설명을 글로 남기지 못했다. 대신 인류학자들은 문자 없이 수천 년 이상 나머지 세상과 떨어진 채로 살아가는 현대의 부족사회를 찾아가 이들에 대해 추론한다. 이런 문화의 사람들은 주로 작은 무리를 이루어 사냥을 하고 농경사회 이전의 모습으로 살아간다. 이들의 지배적인 믿음에 따르면, 세상은 예측 가능하고 논리적인 원칙에 따라 돌아가는 게 아니라 변덕스러운 신에 의해 사건들이 일어나므로, 신에게 의식을 치르거나 제물을 갖다 바치며 물과 음식을 구하고, 병을 치료해 달라고, 아이를 갖게 해달라고 애원해야 한다. 이런 믿음을 찬찬히 들여다보면 세대에서 세대로 전해지는 미신과 민간지식이 결합된 양상을 띤다. 이렇게 가정해 보자. 한 아이가 대단히 아팠는데, 마을의 원로가 멧돼지를 제물로 바치자 아이가 나았다. 다음번에 또 다른 아이가 병에 걸렸는데, 멧돼지를 구할 수 없어서 주머니쥐를 제물로 바쳤더니 아이가 죽었다. 그러면 원로는 멧돼지만이 신을 달랠 수 있다고 믿게 된다. 이런 식으로 우연한 일들이 쌓이고 쌓이다 보면 의식이 되고, 결국 초기 종교의 기초로 발전하게 된다. 초기 종교는 보통 범신론과 희생제의와 신들에 바치는 기도와 노여움 달래기로 이루어졌다.

인간의 역사에서 가장 중요한 사건 가운데 하나로 유일신을 믿는 일신론 사상의 등장을 꼽는 사람들이 있다. 일신론은 아무 이유도 없이 (변덕스러운 신의 장난에 따라) 사건들이 일어난다는 세계관을 (진정한 유일신의 계획에 따라) 논리와 질서가 존재하는 세계관으로 바꿔놓았다. 그 결과 자연법칙과 자연의 과정이 합리적이고 지성적인 존재의 산물로 보이게 되었다. 일신론의 등장으로 아이를 제물로 바치는 의식(일신론 이전에는 도처에 존재했다)이 사라지고 논리의 시대로 접어 들었다. 이어 이성의 시대, 계몽주의, 과학의 시대를 맞이했다.

라파포트에 따르면 사람들이 인지력을 갖추고 종교적·영적 믿음을 가지려는 충동을 느끼면서 사회의 기초가 마련되었다고 한다. 인간의 그 어떤 조직도 종교적 믿음이 없었다면 결코 생겨나지 못했을 것이다. 사회가 건설되려면 필연적으로 질서와 조직과 협력을 기반으로 해야 한다. 창고를 만들고 침입자를 물리치고 밭을 갈고 물을 대고 사회질서를 세우는 것 같은 협력이 필요한 일을 하려면 사회의 구성원들이 어떤 주장을 비록 직접적으로 검증할 수 없다 하더라도 참으로 받아들여야 한다. 특정한 방식에 따라 음식을 준비하면 음식에 든 독소를 없앨 수 있다. 지도자가 이웃 부족이 공격을 해올 참이므로 방어를 계획하거나 선제공격을 하거나 둘 중 하나를 해야 한다고 말한다. 그냥 앉아서 기다리다가는 재앙을 맞는다. 신념에 따라 행동해야 한다.

종교는 우리로 하여금 사회를 이루고 사람들 간에 유대감을 키우는 일을 받아들이도록 훈련시키고 가르친다. (과학의 시대에 아직도 종교가 필요한가라는 질문은 별개의 문제이므로 여기에선 넘어가기로 하자.) 음악이 수반되는 의식이 이런 주장에 힘을 실어 준다. 음악이 머릿속에 들러붙어 우리가 믿는 것, 우리가 합의한 것을 계속 떠올리게 만든다. 의식 중에 연주되는 음악은 대개 '종교적 체험'을 불러일으키고 정서적으로 강렬한 지고의 체험을 이끌어낼 목적으로 만들어진 것이다. 그 효과는 평생 이어질 수 있다. 이런 경험을 통해 우리는 황홀경의 순간을 느끼고 서로 연결되어 있다는 느낌을 갖게 된다. 신성한 믿음이 황홀경의 순간과 연결되므로 음악이 일종의 촉매가 되어 연주될 때마다 경험자의 마음에 믿음을 무한히 각인시킨다. 이렇게 해서 믿음에 감정이 새겨진다. 종교적 황홀과 연결된 세 가지 감정이 있다. 의존감, 복종심, 사랑이 그것이다. 이 세 가지 감정은 동물과 인간 유아에 선천적으로 존재하는 것으로 보이며, 따라서 종교가 생겨나 자의식을 가진 어른들이 이를 밖으로 드러내고 사고할 수 있도록 체계를 마련해 주기 전에 이미 인간에게 있었던 것들이다.

현대 사회의 토대가 신뢰에 있고, 정의나 협력 같은 추상적 관념이나 문명이 마련해 준 자원의 분배 등 눈에 보이지 않는 것들을 믿을 수 있는 능력이 오늘날 사회를 이룩한 원동력이라는 사실은 특히 중요하다. 실제로 현재 기술 문명은 우리가 볼 수 없는 수많은 것들을 기꺼이 믿지 않았다면 이루어질 수 없었다. 우리는 항공 정비사들이 볼트를 제대로 죄었다고, 도로 위의 운전자들이 안전거리를 유지할 것이라고, 가공 음식을 만드는 업체들이 위생 수칙을 준수했다고 믿어야 한다. 이런 주장을 일일이 직접 검증할 수는 없는 노릇이다. 종교를 가졌다고 해서 신의 존재를 검증할 수 없는 것처럼 말이다. 이렇게 믿음을 기반으로 사회를 만들고 그 과정에서 기쁨을 얻는(옥시토신과 도파민이 적절하게 분비됨으로써) 인간의 능력은 과거의 종교와 현재의 영적 운동과 밀접한 관계가 있다.

그리고 음악이 이를 우리의 기억 속에 뚜렷이 각인시키는 역할을 했다. 의식이 끝나고 많은 시간이 흘러도, 현현이나 계시가 있고 한참이 지났어도 음악 덕분에 이런 기억은 계속해서 남는다. 음악이 이런 일을 할 수 있는 것은 내적 구조 때문이다. 인간의 언어처럼 음악도 고도의 구조와 계층으로 조직되어 있다. 음악 구문의 세세한 면은 아직 더 연구되어야 하겠지만, 잘 구성된 선율에 들어올 수 있는 음들의 폭에 제약을 가하는 여러 단서들이 음악에는 있다. 인간의 뇌는 변화를 무척 민감하게 감지해 내며 이를 위해 물리적 환경의 세세한 면들을 다 파악하고 있어야 한다. 그래야 동질성을 위반하거나 통례에서 벗어난 것을 금방 알아챌 수 있다. 로체스터 대학의 딕 애슬린Dick Aslin과 엘리사 뉴포트Elissa Newport, 위스콘신 대학의 제니 새프란Jenny Saffran 등이 실험실에서 밝혀낸 최신 증거에 따르면, 유아들도 패턴과 구조에 민감하게 반응해 음악 시퀀스에 사소한 변화가 생기면 감지해 내며, 통례에서 벗어난 음의 진행이나 화성 진행을 알아챈다고 한다.

이런 연구에서 가장 놀라운 대목은 유아들이 이런 일을 해내는 방식이다. (어른들의 뇌처럼) 유아들의 뇌도 어떤 음 뒤에 어떤 음이 올 가능성이 가장 높은지에 대한 통계적 정보를 수집한다(음악적 뇌의 연산 능력 덕분에 가능해진 일이다). 물론 언어에 대해서도 마찬가지 일을 한다. 어떤 말소리 다음에 어떤 말소리가 이어질 확률이 가장 높은가 하는 규칙을 복잡하게 계산해 내는 법을 배운다. 이런 식으로 유아들은 말소리와 음악에 대한 살아 있는 지식을 스스로 터득하며, 자신들이 접하는 언어와 음악에서 어떤 조합이 전형적이고 어떤 조합이 비전형적인지 판단한다.

흥미롭게도 이런 연구는 우리가 언어와 음악을 어떻게 습득할까 하는 질문에 대해 간명한 설명을 제시해 준다. 또 음악이 기억에 오래 남는 이유, 열네 살 이후로 한 번도 들어보지 못했던 노래를 라디오에서 처음 들었는데도 여전히 흥얼거릴 수 있는 이유, 노래가 지식을 전달하고 의식과 종교를 수반할 때 효과적인 기억의 수단이 되는 이유에 대해서도 매력적인 설명을 제시한다. 이는 음악 형식과 양식이 선율과 리듬의 가능성을 여러 방식으로 제한하고 이것이 일련의 통계적 지도로 머릿속에 각인되어, 결국 통계적 추론을 하도록 만들기 때문이다.

음악적 뇌는 모든 음들과 화성 진행을 일일이 다 기억할 필요가 없다. (주어진 문화 내에서) 음들이 연결되고 화성 진행이 만들어지는 규칙을 습득한다. 이런 규칙에서 벗어나는 사건은 놀라운 사건으로 받아들여져 도식을 깨는 예외로 각인된다. 우리는 친구가 전화번호를 알려줄 때마다 일곱 자리 번호와 지역 번호의 조합으로 구성된다는 사실을 재학습할 필요가 없다. 이런 정보는 도식화되어 있는 것이다. 우리는 특정 의식에 수반되는 노래가 특정 패턴의 특정 음들만을 사용한다는 사실을 학습할 필요가 없다. 음을 선택하는 폭이 우리 문화권 내의 음악 형식에 따라 제약을 받기 때문에 규칙을 배우고 예외를 기억하면 된다. 음들을 모두 다 기억할 필요가 없다.

이렇게 해서 음악은 기억과 정보를 대단히 효과적으로 전달하는 체계가 된다. 음악이 아름다워서 좋아하는 게 아니다. 음악을 유용하게 사용했던 초기 인간들이 생존과 번식에 가장 성공한 자들이었기 때문에 음악을 좋아하는 것이다. 우리는 음악과 춤을 사랑하고 이야기를 즐기고 영성을 나누었던 선조들의 후손이다. 우리 모두 짝짓기 의식과 결혼 의식을 노래로 장식했던 선조들의 후손이다. 그래서 우리들(적어도 나 같은 베이비부머)도 오늘날 특별한 일이 있을 때면 '더 웨딩송'이나 카펜터스의 '클로즈 투 유', 냇 킹 콜의 '언포게터블', 빌리 조엘의 '당신의 지금 그 모습 그대로'를 부른다.⁶ 이런 노래들을 부르며 우리는 집단의 과거와 개인의 미래를 서로 이어주는 의식과 사건들이 계속해서 이어지는 인생주기의 일부를 떠올린다.

『구약성서』의 다윗 왕이 썼다고 알려진 시편은 세계 최초의 일신론 종교를 기념하고 지지하고 축하하기 위해 씌어진 노래들이다. 가톨릭 미사, 헨델의 「메시아」*, 코란에서 가져온 전례 찬트*, 그 외에 수많은 노래들이 이와 비슷한 목적에서 작곡되었다. (대니얼 데닛은 무신론자들도 과학에 우호적인 복음성가 같은 노래들을 충분히 즐길 수 있다고 주장한다.) 유사 이래 가장 아름다운 노래는 신을 찬양하는 종교적 노래들이었다. 종교 사상은 우리로 하여금 자신을 넘어 더 높은 곳을 바라보도록 이끈다. 세속과 일상의 관심사에서 벗어나 세상에서 우리가 맡은 역할, 세상의 미래, 실존의 의미를 생각하게 한다. 음악은 전전두엽에서 예측을 담당하는 부위와 변연계의 정서중추를 자극하고 기저핵과 소뇌의 운동 체계를 활성화함으로써 다양한 신경화학물질의 작용 주위로 미적 매듭을 묶고, 파충류 뇌를 인간의 뇌와 연결시키고, 우리의 생각을 동작, 기억, 희망, 욕망에 고정시키는 기능을 한다.

종교 음악이 인간의 본성이 형성되는 데 결정적이고도 중요하게 기여한 두 가지가 있다. 반복적인 행동에 동기를 부여하는 능력과 심리학자들이 폐쇄성*이라 부르는 것을 불러일으키는 능력이 그것이다. 뭔가에 집착하고 미지의 것에 스트레스를 받고 즉각적으로 통제하지 못하는 것에 계속 매달리는 대단히 인간적인 습성이 폐쇄성을 통해 완화된다. 우리는 아픈 아이를 위해 기도하고는 그것을 잊는다. 성인식이라는 통과의례를 겪으면 사회의 눈으로 볼 때 어른이 된다. 의식과 종교, 음악은 기억과 동작, 감정, 그리고 주위 환경에 대한 통제를 하나로 엮어서 궁극적으로 개인에게 안전하다는 인식을 주고 자신이 행동의 주인이라는 느낌을 갖게

* closure. 불완전한 부분을 채워 마무리하려는 경향, 혹은 불완전한 것을 완전한 것으로 지각하려는 경향.

한다. 어떤 문화든 아이와 어른의 일상에 필수적인 자리를 차지하는 의식이 있게 마련이다. 막대를 모아 특정한 방식으로 쌓아올리는 사람, 잠자리에 들기 전에 빗질을 백 번씩 하는 사람, 아침에 일어나자마자 칭찬의 노래를 부르는 사람, 눈을 감기 전에 상대방에게 사랑한다고 속삭이는 사람 등 놀랄 정도로 다양한 의식들이 있다.

외할머니는 여든 살 생신 때 우리가 사준 전자키보드로 자신의 음악을 만드는 것을 하루의 의식으로 삼으셨다. 아침에 일어날 때마다 분명한 목적의식이 있었는데, 그것은 '신이시여, 미국을 축복하소서'를 연주하며 노래하는 것이었다. 누가 나이든 할머니에게 새로운 기술을 가르칠 수 없다고 말했던가? 손가락 동작의 순서를 배움으로써 할머니의 마음이 적극적이고 도전적으로 변했다. 특히 여든아홉 살에 화음 넣는 법을 배우기 시작하면서부터는 더욱 활력이 넘치셨다. 기술을 숙달했다는 성취감을 얻었다. 더욱이 할머니가 선택한 노래는 살아 있다는 자부심과 자유사회에서 산다는 뿌듯함마저 안겨 주었다. 할머니는 아흔여섯까지 매일 아침 일어나 그 노래를 부르셨고, 자신의 건강과 가족과 가정과 개에 대한 감사의 기도를 올리셨다. 그러고는 어느날 편안하게 돌아가셨다.

할머니 장례식을 치르러 로스앤젤레스로 날아갔다. 할머니는 마을 북쪽 외곽에 있는 외할아버지 막스의 묏자리 옆에 누우셨다. 아침 날씨가 꽤 쌀쌀해서 하늘로 올라가는 입김이 확연히 보일 정도였다. 랍비가 옛 기도문을 읽었는데, 어릴 때부터 우리가 너무도 잘 아는 친숙한 운율이었고, 히브리어와 아람어 특유의 후음喉音은 할머니의 걸걸한 독일식 억양을 생각나게 했다. 나는 아버지와 삼촌들, 사촌 스티븐과 함께 할머니의 관을 장지까지 운반하는 일을 도왔다. 의지력 하나로 가족들을 나치의 손에서 구해낸 강인하고 결단력 있는 여인의 관 치고는 너무도 가벼웠다. 관을 땅에 내려놓은 뒤 우리는 흙을 한 움큼 쥐고 유대교 전통에 따라 묘지 위에 뿌렸다. 그리고 유대인들이 2000년 동안 불러온 옛 아람 선율에 맞춰 시편 131장을 노래했다. 중동지역 특유의 단조 음계에 묘한 이국적 음정이 가미된 선율은 석조 건물과 벽으로 둘러싸인 도시들을 떠올리게 했다.

> 여호와여, 내 마음이 교만하지 아니하고 내 눈이 오만하지 아니하오며
> 내가 감당하지 못할 거대한 일이나
> 놀라운 일을 하려고 힘쓰지 아니하나이다.
> 실로 내가 내 영혼을 고요하고 평온하게 했나니
> 엄마 품에 안긴 젖 뗀 아이같이
> 내 영혼도 그렇게 내 품에 안겼나이다.
> 오, 이스라엘아, 지금부터 영원토록 여호와를 바랄지어다.
>
> _ 시편 131장

우리로 하여금 눈물을 쏟게 만든 것은 추도사도 아니었고 할머니의 관이 땅에 내려지는 순간도 아니었다. 뇌리를 떠나지 않는 성가의 선율이 강한 척하는 우리의 겉치레를 뚫고 들어와 일상의 밑바닥에 꾹 눌려져 있던 응어리진 감정을 풀어헤쳤다. 노래가 끝났을 때 눈가가 촉촉이 젖지 않은 사람은 한 명도 없었다. 노래를 통해 비로소 우리는 할머니의 죽음을 받아들이고 적절하게 애도하며 상황에 맞는 감정을 내보일 수 있었다. 음악이 촉매가 되지 않았다면, 음악이 트로이 목마가 되어 우리의 가장 내밀한 감정, 유한한 삶에 대한 두려움을 자극하지 않았다면 애도는 완료될 수 없었을 테고, 감정이 마음속에 계속 억눌린 채로 있다가 서서히 끓어올라 마침내 어느 순간 아무 이유도 없이 펑 하고 터졌을 것이다. 할머

니는 이제 우리 곁에 없다. 우리는 이를 깨닫고 마음속에 새겼다. 음악으로서 이를 봉인했다.

헨델의 「메시아」에 나오는 솔로몬의 노래에서 '어메이징 그레이스'에 이르기까지 수많은 명곡들이 종교 음악의 범주에 들어간다. 과학자와 무신론자들은 종교를 조롱하려고 종종 이런 질문을 던진다. 신이 이 모든 세상을 만들었을 만큼 그렇게 위대한 존재라면, 우리가 그를 찬양하든 말든 왜 그렇게 신경을 쓸까? 그렇게 강인하다는 존재가 왜 그렇게 우리가 그에게 노래를 불러 주기를 원할 만큼 심리적으로는 연약한 걸까? 그러나 신의 존재를 믿는 현대 종교사상가들이 하나같이 말하는 바에 따르면 신을 칭송하는 일차적인 이유는 신이 아니라 인간에게 이익이 되기 때문이다.

내 친구 랍비 하임 카솔라가 말했다. "신은 우리의 찬양이 필요하지 않아. 그분은 허영심이 없어. 굳이 위대하다고 우리가 말해주기를 원하지 않지. 그분은 우리를 만든 존재이므로 우리에게 무엇이 필요한지 알아. 우리에게 종교의 노래, 믿음의 노래를 부르라고 말하는 까닭은 노래가 우리의 기억을 돕고, 우리에게 동기를 부여하고, 그분에게 더 가까이 다가가도록 돕는다는 것을 알기 때문이야. 노래야말로 우리에게 필요한 것임을 알기 때문이야."

7

사랑의 노래를 부르면

프랭크 자파가 말했다. "낭만적인 사랑의 노래는 철모르는 어린아이에게 영원한 거짓말을 하는 사기꾼이다. 내 생각에 미국에서 정신 건강을 위협하는 최대 요인 가운데 하나는 사람들이 '사랑의 가사'를 듣고 자란다는 점이다."

또 조니 미첼은 이렇게 말했다. "낭만적인 사랑 같은 것은 존재하지 않는다. 이것은 고대 수메르 지방에서 만들어진 신화로 중세 때 다시 널리 퍼졌는데, 명백히 사실이 아니다. 낭만적인 사랑은 죄다 '나'에 관한 것이다. 하지만 진정한 사랑은 '상대방'에 관한 것이다."

한 명은 "케니가 손가락으로 코를 후벼 코딱지를 창문에 붙여놓고 갔네" 하는 식의 기괴하고 냉소적인 가사로 유명한 아방가르드 작곡가이고, 또 한 명은 우리 시대의 가장 낭만적인 시인 가운데 한 명인데, 이렇듯 완전히 다른 두 사람이 낭만적인 사랑의 기만적인 실체에 대해 같은 의견을 보인다는 사실을 볼 때 여기에 뭔가가 있는 게 분명하다. 영국의 소설가 버지니아 울프는 낭만적인 사랑을 가리켜 "한 사람이 다른 누군가에 대해 마음속에서 꾸며낸 착각일 뿐"이라고 했다.

그렇다면 내가 열세 살 때 그토록 좋아했던 노골적일 만큼 낭만적인 사랑의 노래들은 대체 무엇이었단 말인가? 달콤한 버블검* 노래들은?

> 당신과 나, 이렇게 둘이 함께 있는 걸 생각해 봐요
> 밤이고 낮이고 당신만 생각해요
> 사랑하는 여인을 꼭 안아준다고 생각해 봐요
> 그럼 서로 행복해져요
>
> 내 평생
> 당신 아닌 사람을 사랑하는 나는 상상할 수 없어요
> 내 평생
> 당신이 내 옆에만 있으면 파란 하늘이 계속될 거예요
>
> _ 터틀스, '해피 투게더'

엘비스 프레슬리의 '러브 미 텐더'와 '당신의 곰인형이 되고파', 토미 로의 '디지'(그 멋진 현악 파트라니!), 아치스의 '슈가, 슈가'(이 노래를 부른 론 단테는 몇 달 뒤에 커프 링크스와 함께 '트레이시'라는 노래를 들 고 나왔다), 잭슨 파이브의 '당신을 되찾고 싶어', 개리 퍼킷 앤 더 유니 언 갭의 '오버 유', 오하이오 익스프레스의 '여미 여미 여미' 등 이와 같

---

* 1960년대 말 10대 청중들을 겨냥해서 만들어진 상업적이고 말랑말랑한 팝 음악.

은 노래들은 수도 없이 많다. 여기에 엘라 피츠제럴드, 냇 킹 콜이 불렀던 '우리의 사랑은 계속 이대로 머무를 거야' 같은 부모님 세대의 사랑 노래도 추가할 수 있다.

> 우리의 사랑은 계속 이대로 머무를 거야
> 일 년이 아니라 평생을 하루같이
> _ 엘라 피츠제럴드, '우리의 사랑은 계속 이대로 머무를 거야'⌒

일반적인 사랑에 대한 이런 시적인 표현에 이어 구체적인 비유를 들어 사랑의 영원함을 기리는 재치 만점의 구절이 나온다.

> 로키 산맥이 무너지고 지브롤터 해협이 내려앉는다 해도
> 흙으로 만들어져서 그럴 뿐, 우리의 사랑은 계속 이대로 머무를 거야

10대 이전의 꼬마들이 다 그랬듯이, 나 역시도 이런 노래를 듣고 동화를 읽고 디즈니 만화를 보며 사랑을 배웠다. 이를 통해 적절한 짝을 만나면 (그리고 각자에게 적절한 짝이란 한 명뿐이다) 늘 함께 있고 싶고 행복하고 충만감이 들고 마음 상하는 일이 절대 없을 것이므로 사랑임을 알게 되리라는 메시지를 얻었다. 1988년 내가 컬럼비아 음반사에서 일할 때 회사 동료 한 명이 파르테논 헉슬리라는 넉살 좋은 이름의 신인 작곡가가 방금 완성한 앨범이라며 내게 들려주었다. 두 번째 트랙의 맨 앞 가사가 인상적으로 들렸다. "스물한 살 때 사랑에 빠졌는데/사랑임을 알았어, 혼자 있는 것보다 좋았거든." 그것이 내가 느꼈던 사랑의 감정이다. 함께 있고 싶은 사람이 그이 말고는 세상에 아무도 없다는 깨달음. 결혼하기 전

날 밤에 아내 될 사람과 함께 줄리아 포덤의 콘서트에 갔는데, 그녀가 우리를 위해 노래를 한 곡 불러 주며 "찬란하고 끝없는 새로움으로 가득한 사랑을 위하여"라고 했다. 나는 줄리아의 목소리에서 불가피하게 일어날 수밖에 없는 씁쓸한 변화를 자신은 알고 있다는 인상을 받았다. 하지만 굳이 그녀의 의도를 애서 짐작하지 않았다.

사랑에 대해 까칠하게 구는 심술궂은 작가들을 몇 명 아는데 그저 웃기려고 그러는 것이라 생각한다. 소설가 커트 보네거트Kurt Vonnegut는 이렇게 썼다.

> 나도 사랑에 대한 경험이 있다. 내 생각에는 사랑이었다. 그런데 사실 내가 가장 좋아하는 것은 보통 '공공 예절'이라 불리는 것이다. 누군가를 한동안, 어쩌면 꽤 오랫동안 잘 대해주었고 그 사람도 보답으로 내게 친절히 대했다. 사랑은 꼭 이럴 필요가 없다. 게다가 나는 사람에 대해 느끼는 사랑과 애완견에 대한 사랑이 뭐가 다른지 모르겠다. 어릴 때 코미디 영화를 보러 가거나 라디오에서 희극배우들의 연기를 듣지 않을 때면, 우리 가족이 맹목적으로 예뻐했던 개들과 함께 양탄자 위를 뒹굴며 놀았다. 지금도 이런 놀이를 즐긴다. 내가 시작하기도 전에 개들은 벌써 싫다며 당혹스러운 표정을 짓는다. 할 수만 있다면 평생 이렇게 놀고 싶다.

서머싯 몸W. Somerset Maugham은 "서로 알지 못하는 남자와 여자에게 일어나는 일이 사랑"이라며 여기에 가세한다. 냉정하고 분석적인 과학의 눈으로 보자면, 자파, 미첼, 보네거트가 터틀스, 엘라 피츠제럴드, 파르테논 헉슬리보다 진실에 더 가까울지도 모른다. 그중에서도 아마 몸이 진실에 가장 가까울 터이다. 사랑은 정말 계속 이대로 머무르는 것일까, 아니면 그저 어린애들 장난에 불과한 걸까? 팝송에 자주 등장하는 '풋내기 사랑'처럼 말이다. 멋지고 위대하고 젊은이 특유의 활력이 넘치지만 미성숙한 게 어쩌면 사랑인지도 모른다.

사랑의 관계가 맺어지는 처음 몇 달 동안 어떤 신경화학적 변화가 일어나는지 과학자들이 확인했다. 신뢰감 형성에 관여하는 호르몬인 옥시토신과 기분을 좋게 해주는 도파민, 노르에피네프린이 대량으로 분비되며, 이어 임상적으로 의식 상태에 변화가 일어났다고 확인할 수 있는 단계에 이른다. 많은 가수들이 이런 변화를 노래했다. 스타일리스틱스는 "당신과 사랑에 빠져 몽롱하다"고 노래했고, B. J. 토머스는 "감정에 취해/당신이 나랑 사랑에 빠졌다고 믿게 되었다"고 노래했다. 브라이언 페리는 "사랑은 손에 넣고 싶은 약물"이라 했고, 로버트 팔머는 "의사 선생님, 알려줘요/당신 때문에 몹쓸 병에 걸렸답니다/어떤 약도 지금 내 병을 치료할 수 없어요"라고 했으며, 비틀스는 "당신을 만질 때마다 행복함을 느껴요/그런 사랑의 느낌 있잖아요/황홀해요, 황홀해"라고 노래했다. (밥 딜런이 마지막 가사를 이렇게 잘못 알아들었는데, 실은 '황홀해요, 황홀해'I get high, I get high가 아니라 '숨길 수 없어요, 숨길 수 없어'I can't hide, I can't hide가 맞다.) 사랑하는 사람을 생각할 때면 이런 신경화학적 작용이 일어나 심장 박동을 빠르게 하고, 살을 빼거나 운동을 해야겠다는 결심을 하게 만들며, 이 사람과 함께라면 모든 것이 잘 되리라는 낙관적 기대를 심어 준다.

마치 약물을 복용한 듯한 사랑의 측면을 보다 불길하게 다룬 노래도 있다. 내가 가장 좋아하는 작곡가 가운데 한 명인 마이클 펜(영화배우 숀 펜의 형이자 송라이터 에이미 맨의 남편)의 '큐피드가 새 총을 손에 넣었네'가 대표적인 예이다.

효력이 금방 나타나는 이 아편은
어쩌면 천사의 날개를 가졌는지도 몰라
이를 깨달을 즈음에는
사랑이라 불리는 수상한 무언가에 의해
큰 상처를 입고 죽음에 이르게 되니까
_ 마이클 펜, '큐피드가 새 총을 손에 넣었네'

여기서 펜은 사랑이 죽음이나 마찬가지라고 말한다. 자아가 죽어가는 것, 자신의 가장 내밀한 생각과 감정 주위에 둘러친 경계가 허물어지는 것이 사랑이라는 것이다. 그의 가사에 담긴 함축적 메시지는 우리 모두가 경험해본 것으로, 사랑이 평소에는 할 수 없었던 일을 하게 해준다는 것이다. 1장에서 살펴본 퍼시 슬레지의 '남자가 여자를 사랑할 때'와도 비슷하다. 낭만적인 사랑을 얻었다가 잃으면 그보다 더 고통스러운 경험도 없다. 전날 밤에 과음한 사람이 다시는 술을 입에 대지 않겠다고 선언하는 것처럼 실연의 아픔도 그런 선언을 하게 만든다. "아냐, 사랑에 빠지지 않을래(이 사랑은 해봤자 마음만 아플 뿐)"(크리스 아이작), "사랑에 빠지고 싶지 않아"(토냐 미첼), "사랑이라는 생각에 빠지지 않을래"(샘 필립스).

스팅은 이런 말을 했다. "이런 노래들에서 우리는 지식의 노래와 사랑의 노래가 결합된 양상을 볼 수 있어요. 사랑에 대해 가르치면서 조심하라고 당부하는 노래니까요. '아들아, 사랑을 믿지 말거라, 아버지가 말씀하셨지/사랑이 향기로운 레몬나무 같다는 것을 네가 알게 될까 두렵구나/레몬나무는 무척 아름답고 꽃도 어여쁘지/하지만 설익은 레몬 열매는 먹을 수가 없단다.'"

낭만적 사랑이 신경화학 구조의 뚜렷한 변화로 환원될 수 있다고 해서 실감이 덜 나는 것은 아니다. 발가락이 돌에 채이거나 복권에 당첨되어도 신경화학적 변화가 일어나지만, 그렇다고 해서 뇌의 화학 구조가 정상으로 돌아오면 발가락의 타박상이 사라지거나 은행 잔고가 텅텅 비는 게 아니듯 말이다.

이렇게 낭만적인 사랑에 집착하는 경향의 밑바탕에는 다른 사람과 강한 유대감을 맺을 수 있는 능력이 있으며, 여기에는 명백한 진화적 이득이 있다. 아이들이 성인으로 자라려면 오랜 기간이 필요하므로 다른 사람에게 유대감을 느끼는 사람들이 자식을 키울 때 주변 사람한테서 도움을 받을 가능성이 높고, 그렇게 자란 아이들이 신체적·정신적으로 건강하게 자랄 가능성이 높다. 여러분의 혈통을 수천 년 거슬러 올라가면 자식을 갖는 데 실패한 조상들을 단 한 명도 찾을 수 없다. 그리고 각자 받은 보살핌의 정도에는 상당한 차이가 있었겠지만 그래도 다들 최소한 성인으로 자라서 재생산에 성공할 만큼의 보살핌은 받았다. 어느 시대든 예측할 수 없는 삶이 기다리고 있었고, 아이를 키우는 일에는 잠재적인 어려움이 따랐다. 이때 낭만적인 사랑을 통해 파트너에게 유대감을 느낀다면 자손에게 명백한 이득이 돌아간다.

불행히도 신경화학적 도취감은 영원히 계속되지 않는다. 때로는 몇 주 혹은 몇 달 만에 사라지며 심지어 며칠만 지속되기도 한다. 물론 5년에서 7년 동안이나 지속되는 경우도 있다(이어 이른바 '결혼 7년차 권태' 현상이 이어진다). 아마도 낭만적인 사랑의 노래만큼이나 팝 음악에 자주 등장하는 노래가 실연의 노래일 것이다. 푸 파이터스의 데이브 그롤은 '죽게 내버려 둬'에서 이렇게 노래했다.

마음이 꽁꽁 얼어붙고 손은 아무것도 할 수 없어

왜 그렇게 사랑이 떠나가게 내버려두었지?

_ 푸 파이터스, '죽게 내버려 둬'⁕

브루스 스프링스틴은 '다운바운드 트레인'에서 이렇게 노래했다.

그녀가 말했지, '조, 이제 그만해,
한 번으로 됐잖아, 더는 못하겠어.'

_ 브루스 스프링스틴, '다운바운드 트레인'⁕

로잔 캐시도 '패럴라이즈드'에서 상심 가득한 목소리로 실연을 노래했
다.

수화기를 들자 너희 둘이 통화하는 소리가 들렸어
서로에게 건네는 말을 듣는 순간 난 얼어붙고 말았어
우리 둘이 함께했던 시간은 전화선 위로 날아가 버리고
발신음 소리에 묻히고 너의 불꽃에 타버렸지

_ 로잔 캐시, '패럴라이즈드'⁕

그토록 믿을 수 없고 그토록 덧없고 그토록 변덕스러운 사랑이라 불리는
이것은 대체 무엇일까? 가장 위대한 문학과 음악 작품이 매달린 것이 결국
은 착각이었을까? 오늘날 신을 믿지 않는 많은 사상가들과 과학자들을 위
한 선례를 비실존적 신을 다룬 위대한 저술과 회화에서 찾아볼 수 있다.
　낭만적인 사랑이 저술, 논의, 영화, 노래의 소재로 워낙 자주 다루어
지므로 우리는 사랑이 여러 다양한 형식으로 찾아온다는 것을 순간적으

로 잊기 쉽다. 부모 자식 간의 사랑, 친구들의 사랑, 신의 사랑, 자신의 삶에 대한 사랑, 나라에 대한 사랑 등 사랑의 방식은 다양하다. 이 모든 사랑의 형식의 공통점은 강렬한 보살핌이다(사랑의 반대말은 증오가 아니라 무관심이다). 자신보다 누군가를 혹은 무언가를 더 아끼는 마음이 바로 사랑이다. 가브리엘 가르시아 마르케스는 『콜레라 시대의 사랑』에서 자살을 하기 전 마지막으로 체스를 두는 남자를 이렇게 묘사했다. "제레미아 드 생타무르는 이미 죽음의 안개로 판단력이 흐려져서 아무런 사랑 없이 자신의 말을 움직였다." 여기서 사랑이 없다는 것은 보살핌이나 관심이 없다는 뜻으로 해석할 수 있다. 앞서 소개한 파르테논 헉슬리는 '부다 부다'에서 이렇게 노래했다.

> 내가 행하는 모든 것을 부처는 사랑으로 행했지, 나도 그러고 싶어
> 내가 맞부딪히는 소소한 것들을 넘어서는 사랑
> 모든 것을 행할 때마다 나는 사랑을 생각해
>
> _ 파르테논 헉슬리, '부다 부다'⁴⁾

사랑은 우리 자신보다, 우리가 가진 근심과 실존보다 더 큰 것이 존재한다는 느낌에서 출발한다. 그 대상이 다른 사람이든 나라든 신이든 사상이든 사랑은 근본적으로 보면 우리보다 더 큰 존재에 대해 느끼는 강렬한 애착이다. 궁극적으로 사랑은 우애, 위로, 의식, 지식, 기쁨보다 더 크다. 비틀스가 노래했듯이 사랑이야말로 정말 우리가 필요한 전부인지도 모른다.

낭만적 사랑은 대개 맹목적이다. 서머싯 몸이 지적했다시피 우리는 실제로 잘 알지도 못하는 사람에게서 사랑을 느낀다. 그리고 이는 대단히 자기중심적 경향을 보인다. 내가 그녀를 사랑하는 까닭은 그녀와 함께

있을 때 내가 느끼는 감정 때문이다. 그녀와 함께 있으면 내가 즐겁기 때문이고, 내가 보기에 그녀가 아름답고 섹시하고 똑똑하고 재밌기 때문이다. 다른 사람의 행복을 자신의 행복보다 우위에 둘 때 한층 성숙한 사랑이 시작된다. 부모가 자식한테 보이는 이타적 사랑, 자신을 기꺼이 희생시켜 자식이나 짝을 계속 살아가게 만드는 사랑이다. 낭만적 사랑은 무슨 수를 써서라도 그 사람과 함께 있도록 우리를 몰아세운다. 성숙한 사랑은 설령 함께 있지 못하더라도 상대방이 행복하다면 그것으로 만족하게 한다. 스팅의 유명한 노래에도 나오듯이 "누군가를 사랑한다면 그냥 자유롭게 내버려두시오."

진화적 관점에서 보자면 다른 사람을 자신보다 우위에 두는 것이 선뜻 이해가 가지 않을 수도 있다. 진화의 목적은 궁극적으로 자신의 유전자를 최우선으로 삼는 것이니까 말이다. 자신의 유전자를 최우선으로 두지 않았는데 결과적으로 더 많은 것을 돌려받게 되는 일이 어떻게 가능했을까? 역설처럼 보이는 이런 이타주의 역시 진화과학으로 설명할 수 있다. 우리는 DNA의 절반을 형제자매와 공유한다. 그래서 형제자매나 그 자손을 위해 자신을 희생해도 우리의 DNA, 우리의 유전자가 살아남도록 돕는 셈이다. 얼핏 부적응처럼 보이는 동성애에도 같은 논리를 적용해 볼 수 있다. 게이가 형제자매의 자녀를 돌보면 가족의 유전자를 퍼뜨리는 데 도움이 되기 때문이다. 이타주의는 또한 잠재적으로 치명적인 갈등을 사전에 방지하는 효과도 있다. 예를 들어 남서부 아메리카 원주민들은 추수 축제 때 식량을 이웃 부족 성원들에게 골고루 분배해서 혹시 음식 욕심 때문에 일어날지도 모를 싸움을 미연에 막는다.

이타주의는 비단 인간에게만 국한된 현상이 아니다. 동물에게서도 이를 찾아볼 수 있다. 비상 신호 소리를 내 위험을 알리는 벨벳원숭이는 친족을 보호하기 위해 자신을 종종 위험에 노출시키곤 한다(포식자의 주목을 끎으로써). 돌고래가 상처 입은 동료를 도와 수면이나 물가로 데려가는 모습도 가끔 목격된다.

사랑은 인간 자손이 보살핌을 받을 가능성을 높이기 위해 발달한 적응이라고 주장하는 진화생물학자들이 있다. 인간은 성장기가 가장 긴 종이다. 쥐는 태어난 지 3주면 부모 없이 혼자서 살아갈 수 있다. 개도 12주면 모든 것을 혼자서 해낸다. 그러나 아홉 달 된 유아를 홀로 내버려두면, 설령 아기에게 아무런 해를 끼치지 않았더라도 영아 유기 혐의로 체포될 수 있다. 인간은 태어나서 적어도 10년 이상 보살핌과 지도를 받아야 한다. 뇌 속에 지시사항이 미리 입력되어 있어서 태어나자마자 거미집을 짓고 벌집을 만들고 둥지를 세우는 거미, 벌, 새와 달리 유아는 모든 것을 하나하나 배운다. 조니 미첼이 표현했던 것처럼 인류학자 테렌스 디콘Terrence Deacon도 이를 '퇴화'라 불렀다. 뇌 자체에 미리 입력된 지시사항이 점차 줄어들고(다른 영장류나 포유류와 비교할 때), 교육과 행동에서 문화와 경험이 차지하는 비중이 갈수록 늘어나기 때문이다. 아마도 인간이 유인원이나 원숭이보다 훨씬 더 적응력이 높고 다양한 환경에서 살아가는 이유는 이 때문일지도 모른다. 데보(퇴화de-evolution에서 밴드 이름을 가져왔다)는 '조코 호모'[1]라는 노래에서 풍자적으로 이렇게 비꼬았다. "신은 인간을 만들었지만 원숭이에게 일을 시켰지." 한편 XTC는 "우리는 세상에서 가장 똑똑한 원숭이"[1]라고 노래했다.

어떤 종이든지 어린 녀석의 뇌가 늙은 뇌보다 환경에 훨씬 민감하게 반응하고 손상에서도 금방 회복된다. 여기에도 간소한 것을 선호하는 진화의 경향이 반영되어 있다. 환경에서 쉽게 구할 수 있는 정보를 죄다 유전자와 뇌 속에 집어넣는 대신 뇌가 학습을 통해 환경의 규칙성을 습득하도록 유연하게 구성해 놓은 것이다. 처음에 '과잉' 생산된 신경세포가 훗날 가지치기(다윈의 자연선택과 비슷한 과정)를 통해 필요한 부분만 선택되도록 재배치되는데, 이렇게 해서 사람마다 특화된 체계가 마련된다. 그도 그럴 것이 우리가 자라면서 우리의 뇌도 환경에 적응해야 한다. 가령 키가 커지고 체중이 늘어나면 걸을 때 동작과 힘을 재조절해야 할 필요가 있다. 머리가 커지면서 양쪽 눈이 서로 멀어지면 물건을 향해 손을 뻗고 쥐는 동작에 변화를 주어야 한다. 뇌가 양안시차binocular disparity를 고려해야 하는 것이다. 규칙을 습득하고 스스로 배치를 정하고 환경의 개별적 요소들에 반응할 줄 아는 체계가 가장 효율적인 체계다. 덕분에 만일의 상황이 발생했을 때 융통성 있게 대처할 수 있다. 가령 제대로 작동하는 눈이 두 개가 아니라 하나만 있는 생명체는 한쪽 눈으로 들어오는 정보를 전체 시각피질(정상적인 상황이라면 다른 쪽 눈에서 들어오는 정보를 처리했을 부위도 포함)에 투사하여 지도를 그린다. 작동하지 않는 눈을 위해 보류된 피질 부위도 그냥 내버려두지 않고 이런 식으로 활용한다.

　　뇌가 음악과 언어를 배울 수 있는 것은 뇌의 구조가 음악과 언어의 요소들이 결합되는 방식에 관한 규칙을 습득하도록 구조화되어 있기 때문이다. 전전두엽의 연산 회로가 계층적 구조에 대한 규칙을 익히며, 초기 발달기 동안 음악적·언어적 입력물을 받아들일 준비를 하고 있다. 결정적 시기(여덟 살에서 열두 살 사이의 어딘가라고 한다) 이전에 음악이나 언어를 접하지 못한 아이들이 정상적인 음악 솜씨나 언어 솜씨를 결코 익히지 못하는 이유가 여기에 있다. 이 무렵이면 가지치기 과정이 이미 시작된 터라 학습시 활성화되어야 할 신경회로가 제거된 상태이기 때문이다. 모든 음악에서 공통적으로 드러나는 몇 가지 보편적 특징들을 볼 때 우리가 타고나는 선천적 뇌 구조 자체가 음악이 표상되는 방식에 느슨한 제약을 가하는 것 같다. 이런 보편적 특징으로는 옥타브 음정의 존재, 모든 음악이 불연속적인 음높이들의 집합으로 구성된다는 점, 어디서나 단순한 리듬이 선호된다는 점(음악 스타일과 문화에 상관없이 음가 비율이 17 : 11처럼 복잡한 게 아니라 2 : 1, 3 : 1, 4 : 1과 같은 식으로 떨어지는 경향이 있다)을 들 수 있다.

아이들에게 교육이 큰 역할을 한다는 점은 인간과 다른 종들을 명확히 구분하는 특징이다. 역사를 통틀어 봐도 노래는 삶의 교훈을 가르치고 배우는 가장 중요한 방식이었다. 선조들은 가사의 메시지와 중복적인 음악 요소가 잘 결합된 노래가 중요한 정보를 담아 전달하는 데 효과가 있다는 것을 알았다. 그것이 바로 지식의 노래다. 하지만 우리가 아이들을 키우는 사회 구조를 만들어낸 것은 사랑의 노래, 사랑이라는 감정 덕분이었다. 남녀는 사랑 노래의 경쾌한 가락에 맞춰 짝 유대감을 형성하며 서로 아이를 돌보고 키운다.

인간처럼 남녀가 짝 유대감을 이뤄 살아가는 일부일처제는 동물에게는 드문 현상이다. 전 세계 4,300종의 포유류 가운데 대부분은 어른 암컷과 수컷이 따로 행동하고 교접할 때에만 자리를 함께한다. 대개 수컷은 자기 자식을 낳은 암컷과 짝을 이뤄 돌보기를 거들지 않는다. 원숭이, 사자, 늑대, 개처럼 사회적 습성이 강한 포유류들도 수컷이 자식을 알아본다는 증거가 없다.

인간은 일부다처제가 수천 년 동안 드물게나마 존재하긴 했지만, 남녀 간의 지배적인 관계는 일부일처제이다. 일부일처제가 유지되려면 강렬한 유대감과 애착이 필요하다. 사랑과 그 신경화학적 작용은 이런 장기적 유대를 가능하게 만든 진화적 적응일 것이다. 남녀 간의 사랑 기제가 자리를 잡으면 부모와 자식 간의 사랑도 쉽게 발전된다. 이언 크로스가 말했듯이 실제로 사랑이 여기서 중요한 역할을 한다. 유아는 시끄럽고 부산스럽고 말썽을 일으키는 존재다. 만약 사랑이 없었다면 아마 많은 부모들이 자식을 죽였을지도 모른다.

사랑과 이타주의는 인간과 동물에게서 조금씩 다른 양상을 띤다. 가장 중요한 점은 우리가 이를 의식한다는 사실이다. 우리는 사랑을 어떻게 드러낼지 계획을 세울 수 있고 사랑하겠다고 약속할 수 있다. 상대방 입장에서 생각할 줄 아는 능력 덕분에 잠재적 짝의 반응을 미리 고려해서 호감을 사야 한다는 것도 안다.

종의 생존과 진화적 적응이라는 관점에서 보면 사랑은『호모 무지쿠스』에 나오는 다른 속성들만큼 그렇게 중요하지 않아 보인다는 의견에 대해 몇몇 독자들이 불편해 할지도 모르겠다. 예컨대 지식을 추구하는 경향은 명백히 필요해 보인다. 배우는 것을 좋아하는 사람이 결국 환경과 사회적 조건의 변화에 더 잘 대처할 수 있었기 때문이다. (그리고 그 결과 자연선택이 이들의 손을 들어주었다.) 지식의 노래는 정보를 담고 보존하고 전달하는 효과적인 방법으로서 발달했다. 초기 인간이나 원인류가 나무에서 탁 트인 사바나 초원으로 거처를 옮겨 포식자들에게 노출되었을 때, 이들은 우애의 충동 덕분에 복잡한 사회적 교류를 해나가며 위험에 맞서 싸울 수 있었다. 위로의 노래는 유아들이나 당장 옆에 없는 사람에게 우리가 가까이 있으니 염려하지 말라고 하고, 슬픔에 처한 사람에게 다른 사람들도 슬픔에 빠졌다가 딛고 일어섰으니 힘내라고 말한다.

우리의 감정 상태를 표현하는 것으로 시작된 기쁨의 노래는 주위 사람들에게 긍정적인 전망이나 음식과 거처가 있다는 것을 알렸다. 기쁨의 노래를 부를 때 분비되는 신경화학적 흥분 덕택에 기쁨은 짝 선택에 들어간다는 신호로서 강화되었다. 종교의 노래는 동물의 의식을 믿음의 체계로 발전시키는 역할을 해 결과적으로 희망과 신념의 감정을 체계화하고 사회화하도록 도왔다.

오늘날 우리가 가장 열정적으로 매달리고 대중문화와 예술과 일상 대화에서 가장 주목받는 사랑은 이런 것들에 비하면 중요성이 떨어져 보인다. 우리의 흥을 돋우지만 코카인, 마리화나, 멋진 와인, 근사한 에스프레소에서 얻을 수 있는 비적응적 흥분과 그렇게 달라 보이지 않는다. 만약 사랑이 협소하게 낭만적 사랑에만 국한되었다면 아마도 인간 본성의 형성에 결정적인 토대로 작용하지 않았을 것이다. 하지만 넓은 의미의 사랑, 다른 사람이나 집단, 이념에 대한 조건 없는 사랑은 문명사회를 건설하는 데 가장 중요한 토대였다. 수렵이나 유목 생활을 했던 선조들의 생존에는 그리 중요하지 않았을지도 모르지만, 오늘날 우리가 인간 사회라고 여기는 것을 건설하고 우리의 근본적인 본성을 구축하는 데 결정적인 역할을 담당했다. 남들을 사랑하고 이념을 사랑할 수 있었기에 법 체제를 마련하고, 사회의 모든 성원들(물질적 지위나 인종에 관계없이)에게 평등한 정의를 실현하고, 가난한 자들을 위해 복지를 베풀고, 교육을 시행하는 것이 가능했다. 현대 사회에 꼭 필요한 이런 것들은 시간과 자원이 많이 드는 일로, 우리가 개인의 이해를 버리고 기꺼이 서로 믿고 지지했기에 가능했다.

앞서 나는 '아이 워크 더 라인'을 책임을 다하여 진실하자며 스스로의 마음을 다잡는 노래라고 언급했다. 하지만 이 곡은 강력한 사랑의 노래이기도 하다. 한때의 욕정을 넘어서서 무언가에 헌신하는 것을 찬양하는 노래다.

다른 사람, 특별한 누군가를 향한 사랑은 우리를 자신의 한계를 넘어 더 거대한 무언가로 이끈다. 내가 어떻게 하면 이 사람을 위해 더 좋은 세상을 만들 수 있을까? 20대였을 때 내가 경험했던 유일한 사랑은 미성숙하고 이기적인 사랑이었다. 그녀와 함께 있으면 내가 행복하기 때문에 좋아했던 사랑, 그래서 나랑 함께 있게 하려고 행복하게 해주려 했던 사랑이었다. 쉰 살에 이른 지금 내가 사랑하는 여인을 떠올릴 때면 그녀가 무엇을 원하는지 먼저 생각한다. 그녀가 불행하면 나 역시 불행하므로 그녀를 행복하게 해주고 싶다. 우리는 사랑을 주는 행위가 원하는 사랑을 얻는 행위보다 더 위대하다는 것을 안다. 사랑을 갈구하는 단계를 넘어서서 순수한 사랑의 단계에 이르면 우리 자신의 개인적인 삶보다 더 큰 이상과 하나가 되었다는 감정을 느끼게 된다.

다른 모든 예술이 그렇듯이 사랑의 노래도 우리의 감정을 명확히 드러내는 데 도움이 된다. 가끔은 우리의 감정을 다른 관점에서 바라보도록 은유적 언어를 사용하기도 한다("나는 불타고 있어요", "가장 높은 산을 오를 거예요"). 이런 노래들은 우리의 머릿속에 딱 들러붙어 감정의 기복이 있을 때마다 예전의 감정을 떠올리게 한다. 그리고 무엇보다 감정을 예술적 표현의 수준으로 끌어올린다. 감정을 우아하고 정교하게 다듬으면 상황이 힘들 때 헤쳐 나갈 수 있는 힘이 생긴다.

사랑의 노래가 어떻게 시작되었는지 이해하려면 진화의 역사를 거슬러 올라가 두 가지 질문을 해야 한다. 첫째, 여러 감각들 중에서 하필이면 왜 소리가 우리의 감정에서 그토록 중요한 역할을 떠맡은 걸까(다시 말해, 청각과 음악의 진화적 기원은 무엇일까)? 둘째, 우리에게 음악적 뇌를 선사한 진화는 노래를 작곡하고 예술과 과학을 만들고 사회를 건설하는 데 필요한 의식意識을 어떻게 만들어냈을까?

우리의 귓속에 있는 유모세포는 어류를 포함한 모든 척추동물에게서 발견되며, 많은 곤충들의 다리와 몸에 있는 감각모sensilla와 구조와 기능이 비슷하다. 메뚜기가 다리를 움직일 때면 이런 유모세포가 늘어나 다리의 위치를 잡는 데 도움을 준다. 이는 또한 공기나 물, 그 밖의 다른 흐름에 민감하게 반응해 대상이 다가오는 것을 쉽게 감지하게 해준다. 여기서 우리는 계통발생 초기에 유모세포가 그저 압력의 변화(포유류와 어류의 청각기관으로 이어졌다)만을 감지하는 게 아니라 위치의 변화(균형을 잡는 전정기관으로 이어졌다)를 감지하는 데도 활용되었음을 짐작할 수 있다. 유모세포는 무척 민감해서 100피코미터의 움직임만 있어도 활성화된다. 100피코미터는 1/1,000만 밀리미터로 염색체보다 10만 배 작고 수소원자의 반지름보다도 10배 작다.

고막은 우리의 귓속에 들어 있는 팽팽하게 잡아당겨진 얇은 막으로 공기나 물 같은 매질에서 압력의 변화가 일면 이리저리 흔들린다. 이런 흔들림의 패턴이 달팽이관이라 불리는 내이(內耳) 기관에 신호를 보내는데, 달팽이관에는 곤충의 감각모와 아주 유사한 유모세포들이 정렬해 있다. 인간의 달팽이관은 무척 민감해서 원자의 지름(0.3나노미터)만 한 진동도 감지해내며, 3미터 떨어진 곳에서 나는 소리가 한쪽으로 6센티미터만 쏠려도 양쪽 귀에 들어오는 소리의 도착 시간 차이를 통해 이를 알아낼 수 있다. 귀는 광입자의 에너지보다 100배나 적은 에너지 수준도 감지해 낸다. 어떤 종은 먹이로 삼는 곤충의 발자국 소리도 들을 만큼 예민한 청각을 지녔다.

청각이 다른 감각에 비해 유리한 점은 소리가 어둠 속을 통과하고 모퉁이 너머로 전달되며 시각적 방해물이 앞을 가로막고 있어도 전해진다는 것이다. 소리는 뭔가가 우리를 향해 다가올 때—가령 돌덩어리가 언덕 아래로 굴러 내린다거나 포식자가 우리가 사는 동굴 밖 가지를 밟는다거나 할 때—초기 경보 체계로서 효과적이다. 초기 경보 체계의 일부로서 우리의 청각은 놀람과도 직접적으로 신경이 연결되어 있고, 배경에서 들리는 소음에 약간의 변화만 있어도 금방 알아챈다.

진화가 우리에게 마련해 준, 환경에 관한 정보를 얻는 방법에는 우리가 아는 감각 말고 다른 방법도 있을지 모른다. 실제로 어떤 동물들은 우리의 감각과 비교했을 때 특이하다고 할 수 있는 체계를 활용한다. 가령 상어에는 전기 감각이 있다. 잠재적 먹이의 신경근 활동이 일으키는 전기장을 감지하는 감각 체계다. 벌, 개미, 거북, 연어, 상어, 고래는 감각을 통해 방향을 감지한다. 유리멧새는 밤에 북쪽 하늘을 찾아 날아갈 수 있는 천체 나침반이 내장되어 있다. 진화를 통해 전체 하늘이 북극성을 중심으로 돌아간다는 사실을 체득해 밤하늘에서 자리를 바꾸지 않는 하나의 별을 기준 삼아 날아가는 것이다. 흥미롭게도 유리멧새의 유전자는 어느 별이 북극성인지 구체적으로 지적하지 않는다. 그저 불변하는 별을 북쪽으로 간주하게 할 뿐이다(덕분에 위도가 달라질 때마다 별도의 기제를 발달시킬 필요없이 북반구 전체를 두루 여행할 수 있다). 스티븐 엠렌Stephen Emlen이 천문대에서 유리멧새를 대상으로 실험한 것을 보면, 녀석은 어떤 별이든 고정되어 있기만 하면 준거점으로 취급했다.

진화가 모든 척추동물에 청각을 부여했음을 볼 때, 다들 음악처럼 복잡한 뭔가로 발달시킬지는 모르겠지만, 진화는 서서히 앞으로 나아간다. 복잡함은 사소한 적응들을 거치면서 유전적 성과가 하나하나 쌓인 결과로, 각각의 적응은 미처 알아차리지 못할 만큼 미세하지만 누적되면 거대한 힘을 발휘한다. 청각이 섬세하게 다듬어지면서 주위 환경에 민감하게 반응하면, 선택 압력을 통해 모든 척추동물의 뇌가 높낮이, 공간 위치, 세기, 음색, 리듬의 차이에, 그리고 소리를 통해 대상이 서로 구별되는 기본 방식의 차이에 반응한다. 그리 놀랄 일은 아니다. 모든 척추동물의 뉴런과 시냅스의 기본 구조, 신경전달물질의 화학적 구성 성분이 똑같기 때문이다.

　유전자의 기본 기능과 구조 역시 모든 동물에 공통적이다. 유전자가 하는 일은 세포의 역할을 정하고 제한하고 이끌어 본연의 기능을 적절히 수행하게끔 발달시키는 것이다. 유전자에는 청사진처럼 뉴런과 세포에 전하는 지시사항이 담겨 있다. 태아와 유아의 뇌가 발달하면서 네트린 수용체, 호메오 유전자 산물 같은 DNA에 담긴 일부 공통 단백질도 뉴런이 특정 경로를 따라 서로 어떻게 연결될지를 지시한다. 이런 경로는 회충, 곤충, 조류, 포유류 등 상이한 동물들을 막론하고 서로 비슷하다. 신경 발달을 지시하는 유전자의 힘은 실로 강력하고도 유연해서 뇌의 일부가 다른 곳에 이식되어도 적절한 곳에 신경이 연결되도록 지시를 내린다. 이반 밸러반Evan Balaban은 일본메추라기의 배아에서 청각피질을 제거해 병아리 배아의 뇌에 이식했다. 그러자 이식된 부위가 새 주인의 뇌에 해부학적으로 말끔히 연결되었을 뿐만 아니라 호스트가 기증자의 타고난 성향을 통합했음을 보여주는 행동을 취했다. 즉 병아리는 같은 병아리에 의해 길러졌음에도 불구하고 병아리가 아니라 메추라기처럼 울었다.

　파충류와 조류의 청각 경로도 우리와 비슷하다. 청각 체계 구조에서 흥미로운 유사성 가운데 하나가 음위상tonotopy이라고 하는 현상이다. 이는 청각피질에서 주파수 처리를 담당하는 뉴런이 주파수 대역에 따라 차례대로 배열되어 있어서, 낮은 음들은 피질의 한쪽 끝에 놓인 뉴런을 활성화하고 높은 음들은 다른 쪽 끝의 뉴런을 활성화한다는 뜻이다. 피아노 건반을 떠올리면 쉽게 이해된다! 기니피그, 다람쥐, 주머니쥐, 흰족제비, 나무두더쥐, 명주원숭이, 올빼미원숭이, 짧은꼬리원숭이, 토끼, 고양이, 갈라고원숭이, 그리고 많은 파충류와 조류에서 이런 배열이 발견되었다. 하지만 이런 동물들이 인간과 음위상 구조를 공유하고 있다고 해서 동물들에게도 음높이를 구별할 수 있는 능력이 있다고 생각하는 것은 곤란하다. 낮은 음과 높은 음의 구별은 분명해 보이지만, 음들이 서로 가깝게 붙으면 인간처럼 세심하게 구별하지 못하는 동물들이 많아 보인다. 음계의 세 음을 잇달아 들려주면 명주원숭이, 개구리, 잉어의 귀에는 다 비슷하게 들리는 것으로 나타났다.

하지만 이런 종들도 소리의 위치를 찾아내는 능력은 무척 뛰어나다. 뉴런이 두 귀에 들어오는 자료를 처리해 소리가 어디에서 나오는지 알아내기 때문이다. 대부분의 사람들에게 스테레오가 모노보다 낫게 들리는 이유는 그저 서로 다른 소리가 다른 장소(같은 장소가 아니라)에서 나오기 때문만은 아니다. 그보다는 입체 음향을 통해 소리의 위치를 찾아내는 능력을 발달시킨 종을 진화가 선호했기 때문이다. 우리가 스테레오를 좋아하는 것은 우리가 이런 식의 공간 처리를 통해 포식자의 위치를 알아내는(그래서 피하는) 능력에서 이득을 본 선조들의 후손이기 때문이다.

여러 뇌 부위(특히 시상과 청각피질)에서 종마다 다른 특징들은 소리를 기억하고 그 위치를 찾아내는 능력의 차이로 이어졌다. 쥐는 소리와 사건(음식의 출처라든가 위험 요소 같은)의 관계를 터득하는 데 고양이보다 많은 시행착오를 겪는다. 영장류는 이보다 학습 속도가 훨씬 빠르다. 또 다른 차이로 계통발생의 사다리에서 위로 올라갈수록 뉴런 발화의 잠복기가 길고 청각 뉴런의 자발적인 신경방전이 낮다는 점을 들 수 있다. 쉽게 풀어쓰자면 고등한 종일수록 깜짝 놀라는 반응을 적게 겪는다는 뜻이다. 그도 그럴 것이 우리 인간들은 세상을 이해할 때 소리 자체에 의존하는 경향이 하등 동물들보다 낮다. 소리 정보를 다른 감각기관의 정보와 결합하고, 기억을 동원하고, 다음에 무슨 일이 일어날지 예측까지 한다. 예측을 통한 처리 능력은 인간이 최고다. 우리는 핀이 풍선을 향해 다가가는 것을 보면 곧 이어 펑 하는 소리가 들리리라 짐작하고는 귀를 틀어막는다. 나무사향고양이와 비비는 풍선 터지는 것을 수없이 봐도 계속해서 깜짝깜짝 놀란다.

앞서도 말했지만 전전두엽의 발달과 돌연변이 덕분에 음악적 뇌의 기초가 마련되었다. 이렇게 해서 만들어진 음악적 뇌는 복잡한 정신 활동을 가능하게 해 우리가 아는 사회를 만들어냈다. 청각은 모든 척추동물이 갖고 있지만, 뇌 구조의 독자적인 변화를 통해 많은 종들이 청각을 소통의 도구로 활용한다. 개구리의 개골개골 소리, 새의 짹짹거리는 소리, 침팬지의 울음 소리 등 많은 종들이 발성을 통해 종의 다른 성원들에게 신체적·감정적 상태를 알리며, 이런 신호를 만들어내고 해석하는 뇌 기제를 발달시켰다. 물론 여기에는 위험이 따른다. 포식자들이 소리를 만들어내는 녀석의 위치를 쉽게 알아차릴 수 있기 때문이다. 따라서 소리를 통해 소통했을 때의 진화적 이점이 포식자를 끌어들일 위험보다 더 커야 한다.

발성은 정보를 공유하는 과정을 촉진시켰고, 이는 다시 생존 가능성을 높였다. 여러 종들을 살펴보면 발성의 양과 사회적 관계의 친밀도 사이에 대단히 밀접한 상관관계가 발견된다. 특히 짝을 이뤄 살아가는 종은 짝을 유혹하고 짝과 유대감을 키우고, 자기 가족의 영역과 자원을 지키고, 서로의 위치를 확인하기 위해(특히 어둡거나 모퉁이 같은 시각적 장벽이 있을 때) 더 많은 발성을 사용하는 경향을 보인다. 종의 90퍼센트가 짝을 이뤄 살아가는 새들의 경우 독특한 발성을 활용한다는 사실은 유명하다. 긴팔원숭이, 올빼미원숭이, 티티원숭이처럼 짝을 이뤄 살아가는 영장류들도 발성이 두드러진 편이다.

우리와 가장 가까운 친척인 침팬지는 그때그때 일시적인 패거리를 이

뭐 교제하는데, 규모나 성원들이 제각기 다르다. 이는 우리 인간들과도 비슷하다. 친구나 가족과 잠시 떨어져 있을 수도 있는데 이때 언젠가 다시 만나 함께할 수 있다는 강한 확신이 필요하다. 소리를 통한 소통이 바로 이런 확신을 준다. 영장류학자들은 소리를 통해 개별적인 침팬지를 분간할 수 있으므로 아마 다른 침팬지들도 그럴 수 있으리라 생각한다. 기초적인 소리를 통한 소통은 영장류가 살아가는 사회가 점차 복잡해지면서 그 일부로서 발달했을 것이다.

원인류가 나무를 떠나 사바나에 내려와 살면서 포식자의 위험에 점점 더 많이 노출되었다. 이들은 포식자보다 한발 앞서 나아가고 유목생활에 따르는 다양한 환경의 변화에 대처하기 위해 더 큰 뇌의 힘이 필요했다. 식사도 뇌의 크기에 지대한 영향을 미쳤다. 생물학자들에 따르면 뇌의 크기와 소화관의 크기 사이에 반비례 관계가 있다고 한다(또한 음식 종류가 많아질수록 소화관이 작아진다고 한다). 나뭇잎을 즐겨 먹는 영장류들은 과일을 먹는 영장류에 비해 뇌의 크기가 작고 소화관이 크다. 잎이 과일보다 소화하기 더 어려워 복합탄수화물을 가용성 당분으로 분해하려면 더 많은 처리 단계와 더 많은 에너지가 필요하기 때문이다.

과일을 먹기 위해서는 인지 능력도 더 좋아야 한다. 일단 과일이 열리는 나무의 위치를 기억해야 하고, 언제 과일이 열리는지 예측해야 하며, 익은 과일과 설익은(혹은 썩은) 과일을 구별할 줄 알아야 한다. 마지막 능력은 색채 지각 능력의 향상과 함께 발달되었다. 과일 껍질의 색깔에 과일이 얼마나 잘 익었는가 하는 정보가 담겨 있으므로 껍질 색깔을 보고 영양 성분과 소화 능률을 알 수 있다. 이 모두가 후두엽의 크기가 늘어났기에 가능했던 일이다. 생명체가 가동할 수 있는 에너지의 총량에는 한계가 있으므로 진화적으로 뇌 크기와 소화관 크기 사이에 적절한 거래가 있었다. 유전학자들은 대부분의 포유류가 갖고 있는, 비타민 C를 스스로 만들어낼 수 있는 능력을 인간이 잃어버렸다고 한다. 8번 염색체의 굴로노락톤 산화효소 유전자가 인간의 경우 제 역할을 하지 않는데(결손), 4,000만 년 전 인간이 과일을 먹기 시작하면서 이렇게 된 것으로 추정된다. 과일을 통해 비타민 C를 밖에서 충당할 수 있었으므로 인간과 유인원 사촌들은 더 이상 자체 생산할 필요성을 느끼지 못했고, 그래서 유전적 부동*을 통해 그 능력이 사라졌다는 논리다. 여기서도 테렌스 디콘이 말하는 진화의 간소화 원리가 작동한다. 진화는 이렇듯 지시사항이나 생존 계획을 유전체에서 환경에게로 자주 떠넘긴다.

우리 인간들처럼 커다란 뇌를 가진 종은 상대적으로 드물다. 커다란 뇌가 생물학적으로 만만치 않은 대가를 치러야 하기 때문이다. 일단 뇌에 산소를 공급하고 뇌를 서늘하게 식히고 보호하는 데 에너지가 무척 많이 든다. 게다가 복잡한 뇌는 완전히 자라기까지 시간이 많이 걸리며 훈련시키기도 어렵다. 그래서 커다란 뇌를 가진 동물은 부모의 도움을 많이 받고 자라며 성숙하기까지 시간이 많이 걸린다. 결국 부모의 에너지를 가외로 축내며, 그래서 부모는 자손을 더 많이 번식시킬 기회를 잃게 된다. 이 모든 대가를 능가할 만큼 커다란 뇌가 안겨 주는 이득이 커야 하지만(그렇지 않으면 진화가 이를 선택했을 리가 없으므로) 종마다 대가와 이득의 비율은 조금씩 차이가 난다.

우리의 뇌는 몸 크기에 비해서만 큰 것이 아니다. 뇌의 앞쪽에 자리 잡은 전전두엽도 뇌의 다른 부위에 비해 유난히 큰 편이다. 이마 바로 뒤쪽에 자리 잡은 이 부위는 인간이 가장 발달했고 사교성이 뛰어난 종인

---

* genetic drift. 어떤 개체군에서 특정 유전형질이 우연히 소실되거나 확산되는 현상.

침팬지, 보노보, 비비 역시 몹시 크다. 좋은 관계를 가진 암컷 비비는 더 많은 아기를 가지며, 이 아기는 사랑받고 지위도 높은 암컷을 도와주려는 주위의 손길 덕분에 더 많은 보살핌을 받는다. 전전두엽에 표상된 비비의 사회적 질서는 이렇듯 진화적 기원을 갖는다.

사람들이 다른 사람들을 생각할 때 바로 전전두엽이 활성화된다. 사회적 행동과 소통과 전전두엽의 연관성은 완전히 다른 생물 종인 식육목에서도 전전두엽이 독자적으로 발전했다는 사실을 통해 확인할 수 있다. 동물학자 케이 홀캠프Kay Holekamp가 최근에 발견한 바에 따르면 무척 사회적인 포유류인 점박이 하이에나 역시 확장된 전전두엽을 갖고 있다. "점박이 하이에나가 살아가는 사회는 비비 못지않게 거대하고 복잡하다." 하이에나와 영장류가 공통의 선조에서 갈라진 것이 지금으로부터 1억 년 전이므로 동일한 진화적 힘이 독자적으로 작용해 비슷한 적응적 해결책—사회성의 거처인 전전두엽—에 이른 것으로 추정된다. 인간은 여기서 한걸음 더 나아가 전전두엽이 음악, 언어, 과학, 예술, 그리고 사회의 거처가 되었다.

전전두엽이 커지고 고도로 발달하고 복잡하게 뒤얽히면서 분명 여러 이점들이 생겨났을 것이다. 여기서 여러분은 이런 질문을 할지도 모른다. 커다란 전전두엽이 그렇게 유용하다면 왜 모든 동물들이 이를 갖지 않는 걸까? 하지만 진화는 그런 식으로 작동하지 않는다. 만약 그런 논리라면 인간은 왜 기린처럼 기다란 목을 갖지 못했는지, 물고기처럼 아가미가 없는지, 올빼미처럼 탁월한 밤 시력을 갖지 못했는지 질문해야 한다. 진화는 특정 문제를 해결해 주는 적응을 택하며 이는 기존의 구조를 활용하는 방향으로 나아간다. 매번의 적응은 공짜가 아니라 신진대사의 비용을 치르고 얻는 것으로 이득이 비용을 능가해야 집단 내에 널리 퍼진다. 단순히 사다리를 사용하지 않을 수 있다거나 물속에서 숨 쉴 수 있다는 식의 편의성은 생물학적 필요가 아니다. 자연선택을 일으킬 만한 적절한 동기부여가 되지 못한다. 우리가 커다란 뇌를 갖게 된 것은 그 덕분에 특정 문제를 해결할 수 있었기 때문이다. 그런 문제란 보통 식량 자원을 둘러싼 경쟁이나 환경적 위험, 혹은 포식자를 피해야 하는 상황 같은 것이다.

커다란 뇌가 선사한 이점 중에서 특히 중요한 것이 환경에 더욱 능동적으로 대처하고 환경의 일부를 우리의 필요에 맞게 조절할 줄 아는 능력이다. 도구의 사용은 인지력의 진화에서 중요한 분기점을 이룬다. 고고학자들, 특히 마음의 진화에 관심이 많은 고고학자들은 선사시대 유적지에서 발굴된 돌로 만든 도구와 날카로운 박편에 흥분한다. 왜 이렇게 오래된 돌에 난리를 칠까? 그것은 단순한 도구의 사용(까마귀나 원숭이의 경우처럼)과 달리 도구의 '제작'이 인지력의 거대한 도약을 의미하기 때문이다. 도구를 직접 만들려면 다른 종에서는 일찍이 볼 수 없었던 새로운 유형의 사고가 필요했다. 도구를 완성하기 전에 이미 인간의 마음속에 생각이 존재하고 있어야 했다. 돌로 된 도구들은 이런 '정신적 형판'에 따라 만들어진 최초의 도구였다. 따라서 이는 인간이 상징적 사고를 할 수 있었음을 보여주는 최초의 증거인 셈이다. 상징적 사고는 인간의 능력이 이제 질적으로 변화했음을 의미한다. 이로써 인간과 다른 종들이 구별되고 예술과 음악의 토대가 마련되는 것이다.

고고학자 니콜라스 코나드Nicholas Conard가 독일 남부의 발굴지에서 3만 7000년 전 빙하시대의 매머드 상아를 발견했다. 이를 통해 우리는 인류가 아프리카를 떠나 유럽으로 건너가면서 악기를 함께 가져갔다고 추정할 수 있다. 상아는 중간 부분을 쪼개 속을 파낸 뒤 구멍을 만들어 피리처럼 불도록 되어 있었다. 상당한 솜씨가 필요했고 많은 시간과 노력이

들었음을 보여주는 증거였다. 무엇보다 중요한 것은 완성된 물품이 어떤 모양을 해야 할지 이들이 머릿속으로 이미 생각하고 있었다는 것이다. 이언 크로스가 말했듯이 "역사상 가장 앞선 기술을 보여주는 도구 가운데 하나는 바로 악기다!"

　유럽에서 발견된 가장 오래된 호모 사피엔스 화석은 대략 4만 년 전의 것으로 추정된다. 이들은 아프리카를 떠나 유럽으로 건너오면서 돌로 도구를 만들 수 있는 솜씨뿐만 아니라 인류학자 이언 태터솔Ian Tattersall이 이런 재료들의 "속성에 대한 섬세한 감성"이라 표현했던 능력도 갖추고 있었다. 이런 솜씨와 능력을 발휘해 조각과 판화와 동굴벽화를 만들었다. 뼈와 석판에 자신들의 역사를 새겨 넣고, 나무와 뼈로 피리를 깎아 음악을 만들었다. 결국 4만 년 전 선사시대 인간에게도 예술과 예술적 감성이 있었던 것이다. 태터솔은 이렇게 썼다. "이들이 바로 우리들이었다." 이들이 남긴 조각과 회화 같은 예술적 유물의 정교함과 힘을 볼 때 아마 이런 시도가 처음은 아닌 것 같다. 운이 좋아 용케 지금까지 전해질 뿐, 이런 단계에 이르기까지 가다듬고 개량시키는 과정에서 수많은 물품들을 만들어냈을 것이다. 예술은 우리가 발견한 최초의 물품들이 있기 수만 년 전부터 이미 존재하고 있었음이 분명하다.

　음악적 뇌를 구성하는 세 가지 인지적 요소는 관점 바꾸기, 표상, 재배열이다. 관점 바꾸기에는 자신의 생각을 되짚어 생각하는 능력이 포함된다. 이를 상위인지 혹은 자의식이라고 하는데, 자신의 머릿속 내용물을 검토하고 이성과 객관성의 잣대에 비추어 이를 판단하는 능력이다. 여기에는 또한 다른 사람이 가진 믿음과 의도, 욕망, 지식, 감정이 자신의 그것과 상당히 다를 수 있다는 깨달음이 포함된다. 내 기분이 지금 좋다고 해서 상대방의 기분까지 좋은 건 아니다. 나는 식량이 어디 숨겨져 있는지 알지만 당신은 모를 수 있다. 나는 내가 경험한 것을 당신에게 노래로 불러줘 당신과 나의 마음의 거리를 잇고자 한다. 내가 경험한 것을 당신은 경험하지 못했을 수도 있음을 내가 알기 때문이다.

표상은 시간과 공간을 바꿔서 생각할 줄 아는 인지 능력이다. 쉽게 설명하자면 바로 지금 여기에 존재하지 않는 것을 떠올릴 줄 아는 능력이다. 나는 두려움을 느끼지 않을 때도 두려움에 대해 말할 수 있다. 지금 꼭 슬픔을 느끼지 않아도 슬픔을 노래할 수 있다. 나는 사랑을 하트모양으로 나타내거나 'luv', 'amoor', 'aijou' 등의 자의적인 소리로 표현할 수 있다. 이런 상징적 표상이 추상을 만들고 이는 시각 예술(과 다른 예술)의 창조의 밑거름이 된다.

재배열은 대상들을 다른 방식으로 결합하고, 이런저런 범주로 조직하고, 내용물에 따라 구조를 부여할 줄 아는 능력이다. 가령 바나나, 배구, 감, 골프라는 단어 목록이 있다고 하면 여러분은 이를 과일과 스포츠라는 두 집단으로 나눌 수 있다. 혹은 'ㅂ'으로 시작하는 단어와 'ㄱ'으로 시작하는 단어, 이렇게 조직할 수도 있다. 한 글자 단어, 두 글자 단어, 세 글자 단어, 이렇게 나누는 방법도 있다. 아무튼 이렇게 재배열을 하려면 연산에 필요한 구조물이 전전두엽에 마련되어 있어야 한다. 다른 동물들도 이런 기제를 갖고 있을 수 있겠지만 이를 충분히 활용하는 법을 배운 것은 오로지 인간뿐이다. 이런 세 요소(관점 바꾸기, 표상, 재배열)는 아마도 독자적으로 발달했을 테지만 서로 합쳐져서 음악적·예술적 뇌의 기초를 이룬다.

예술을 창조하려면 다양한 인지 능력이 필요하다. 먼저 (1)창조할 대상의 심상을 떠올릴 줄 알아야 하고, (2)심상을 마음속에 잡아두어야 하며, (3)심상에 맞게 물리적 세계의 대상을 능숙하게 다루는 법을 알아야 하고, (4)실시간으로 심상과 비교해가며 물리적 세계의 대상을 계속해서 다듬어야 하고, (5)물리적 대상을 다루는 과정에서 예기치 않게 일어나는 어려움이나 실수를 조정하기 위해 계획을 수정할 줄 알아야 한다. 옛 속담에도 나오듯이, 곰을 조각하려면 바윗덩어리에서 곰처럼 보이지 않는 부분을 죄다 깎아내면 된다.

물론 이것은 결코 하찮지 않다. 동굴에 살던 우리 선조들은 아마도 숯으로 벽에다 곰을 그리려 했을 것이다. 먼저 그는 그림이 실제 모습과 결코 똑같이 보일 수 없다는 것을 이해해야 한다. 그림은 사물을 추상화시킨 것, 심상의 불완전한 근사치이다. 이렇게 생각하려면 관점 바꾸기 능력이 필요하다. 자신의 사고 과정, 자신의 한계, 자신과 세상의 관계를 되짚어 생각해 볼 줄 아는 능력이 있어야 한다. 예술가는 본질적이고 두드러진 세부를 그대로 보존하면서 어떻게 그려야 할지 판단해야 한다. 이런 선택의 과정에는 추상적(혹은 상징적) 사고가 필요하다. 몇 개의 선을 그린 다음 객관적으로 바라본다. 내가 원래 생각했던 것과 비슷해 보이나? 이어 심상에 맞게 그림의 일부를 계속해서 바꾸는 과정이 되풀이된다. 마지막으로 이렇게 자문한다. 다른 사람이 본다면 곰을 그린 것이라고 알아볼까? 여기에도 관점 바꾸기 능력이 필요하다. 특히 다른 사람의 지식, 사고, 믿음이 자신과 다를 수 있다는 것을 깨닫는 능력이 있어야 한다.

이번에는 피리를 만들고 연주하는 데 무엇이 필요할지 생각해 보자. 일단 뼈에 구멍을 뚫으면 음높이의 변화가 일어난다는 것을 경험적으로 (과학적이지는 않더라도) 이해할 만큼의 지식은 갖추고 있어야 한다. 피리를 불기 전에 마음속으로 음을 떠올렸다가 피리가 생각했던 것과 다른 소리를 내면 실험을 반복하여 심상과 실제 소리의 간극을 계속해서 좁혀 간다. 물론 이것은 작곡가들이 악기로 자신의 아이디어를 실험할 때면 늘

하는 일이다. 모차르트나 베토벤은 순전히 머리로도 작곡을 했다고 하나, 대다수 작곡가들의 대다수 작품은 이렇게 심상과 실제 소리를 계속해서 맞춰가는 과정을 반복함으로써 만들어졌다.

실제로 많은 작곡가들이 엄청난 시간을 쏟아가며 마음속에 담아둔 심상에 비슷하게 접근하려고 한다. 매번의 새 작품이 심상에 좀더 다가가기 위한 실험인 셈이다. 이에 실패하거나 결과가 만족스럽지 않으면 다시 시도한다. 반 고흐가 그린 그 많은 해바라기 그림들을 생각해 보라. 해바라기에 대한 표상을 완벽하게 다듬기 위해서가 아니라면 대체 왜 해바라기 그림을 계속해서 그렸겠는가? 폴 사이먼은 음악에서 이런 과정을, 머릿속에서 들은 것에 가깝게 다가가려고 이런저런 도구를 사용하여 아이디어와 테크닉을 실현하는 미적 과정이라고 설명한다.

폴 사이먼은 다음과 같이 말했다. "음반을 만들 때 결정해야 하는 가장 중요한 사항은 당신이 음반에서 어떤 소리를 들려주려고 하는가입니다. … 그러려면 일단 당신이 좋아하는 소리를 알아차릴 수 있어야 해요. 우리 모두는 평생 다양한 소리를 접하고 삽니다. 일종의 개인 사물함에 이런 소리들을 담아두고 있는데, 평생 동안 들어온 음악의 기억이 밑바탕을 이루죠. … 우리는 각자 좋아하는 소리를 마음속에 담아두고 평생 이를 추구합니다. 때로는 싫은 소리도 어쩔 수 없이 갖고 가야 할 때가 있어요. 제 목소리 보세요. 가끔은 노래 부를 때 이 목소리가 아니었으면 할 때도 있답니다. 하지만 제 목소리예요. 가리거나 은폐할 수가 없어요. 제가 부르는 노래에 제 목소리가 어울릴 때도 있고 그렇지 않을 때도 있습니다. 그러면 다른 사람의 목소리를 바라게 되죠. '험한 세상 다리가 되어'(*) 가 바로 그런 경우였어요. 제 목소리가 영 어울리지 않아서 아티[아트 가펑클]한테 부르게 했죠. 하지만 가능했다면 오티스 레딩처럼 더 강력하고 힘 있는 목소리를 택했을 겁니다.”

특정한 미적 목표를 위해 계속해서 실험하는 경향은 폴리리듬과 토착 음악에 대한 폴 사이먼의 오랜 관심에서도 엿볼 수 있다. 첫 번째 실험은 1970년에 나온 '엘 콘도르 파사'[*]와 '세실리아'[*]로, 그의 이런 관심은 '미 앤드 훌리오 다운 바이 더 스쿨야드'[*]로 이어졌다가 삼부작 앨범 「그레이스랜드」「더 리듬 오브 더 세인츠」「송스 프롬 더 케이프먼」에서 예술적 정점에 도달했다. 이와 비슷한 예로 폴 매카트니도 1940년대 댄스홀의 미학과 사운드에 줄기찬 관심을 보였다. '내가 예순네 살이 되면'[*](1958년 작곡, 1967년 녹음)으로 시작된 그의 실험은 '네 어머니가 아셔야 해'[*](1967)와 '허니 파이'[*](1968)로 이어졌다가 1976년 프레드 아스테어 음반과 거의 흡사한 프로듀싱과 오케스트라 편곡이 동원된 노래 '당신이 대답을 주었네'[*]를 발표하면서 절정에 달했다. 이후 매카트니는 댄스홀 스타일의 노래를 시도하지 않았다. 마침내 자신이 예술적 목표를 이뤘다고 생각해 다른 도전, 다른 실험으로 나아가지 않았나 생각된다.

흥미롭게도 예술을 만들어낸 이런 지적 도약은 뇌 크기가 갑작스럽게 커진 직후에 일어난 것이 아니었다. 음악적 뇌의 세 가지 특징—관점 바꾸기, 표상, 재배열—을 만들어낸 사고 처리 방식은 다른 동물들과 놀랍도록 비슷하며, 뇌의 해부적 차이라고 해봐야 양적인 것일 뿐 극적 차이는 보이지 않는다. 결국 인간의 정신 능력은 우리와 비슷함이 많은 다른 동물에게서도 찾아볼 수 있는 기존의 구조물을 바탕으로 만들어진 것이다. 동물들의 정신 능력이 연속체를 이루고 있으며, 사실상 모든 사례에서 우리 인간은 완전히 다른 능력(종류의 차이)을 가진 것이 아니라 좀더 많은 능력(정도의 차이)을 가진 것에 지나지 않는다.

어떻게 해서 왜 인간의 뇌에 관점 바꾸기, 표상, 재배열의 능력이 생겨나게 되었는지는 아직 알려지지 않았지만, 아마 차이를 만들어낸 가까운 원인은 아마도 사소한 것임에 분명하다. 전전두엽에 아마 화석 기록으로는 확인하기 어려울 만큼 작은 적응이 일어났고, 이것이 신경 회로를 복잡함의 역치 너머로 밀어 붙여 결국 운 좋은 우리 조상에게 이런 대단한 인식의 도약을 일으킨 뇌를 선사했을 터이다. 우리가 할 수 있는 것 가운데 다른 종들도 할 수 있는 것이 얼마나 많은지 이해한다면 생물학적 차이라는 것은 사소하다고 할 수 있다(결과적으로 일어난 인식의 차이는 엄청나지만).

언어 소통을 예로 들어보자. 많은 종들이 나름의 소통 형식을 갖고 있다는 주장이 오래전부터 제기되었지만 언어를 가진 종은 인간밖에 없다. 과학자들은 언어를 구성하는 조건을 아주 구체적으로 열거하는데, 얼핏 보아도 우리 인간들이 생각을 서로 주고받는 방식은 동물들과 비교해 볼 때 몇 가지 결정적인 면에서 차이가 난다. 여태껏 동물이 사물에 자발적으로 이름을 붙인다는 증거는 한 번도 보고된 적이 없다. 수화를 성공적으로 배운 몇몇 침팬지와 유인원들이 있었고, 물건에 차별적인 이름을 붙이는 법을 개에게 가르칠 수 있지만(내 애완견 새도는 내가 '털복숭이 인간', '모자 쓴 고양이' 같은 이름을 불러 주면 장난감을 대여섯 개 정도 구별할 줄 안다), 이는 시각적 자극이나 소리적 자극을 대상과 연결시키는 능력을 나타낼 뿐이다. 이름이 사물을 지시한다는 것을 이런 동물들이 이해한다는 증거가 없다. 일종의 파블로프 실험을 통해 신호나 소리를 대상과 무의식적으로 연결시키는 것뿐이다. 게다가 동물은 이름 붙이기를 학습하고 나면 다른 동물들에게 이를 가르치지 않는다.

인간 언어의 또 다른 특징으로 반성적 사용을 들 수 있다. 우리는 언어에 대해 말하며, 적절한 단어 사용을 두고 의견을 나눈다. 대화의 요점을 요약하는 것과 누군가의 말을 그대로 인용하는 것이 어떻게 다른지 구별할 줄 안다. 우리는 손가락으로 공중에 따옴표 표시를 그려 지금 누군가가 한 말을 그대로 혹은 반어적으로 사용하고 있음을 알린다. 그리고 언어의 음악적 운율을 이용하여 직접적 인용인지 반어적 풍자인지 확실히 선을 긋는다.

인간 언어의 세 번째 중요한 특징은 무한한 확장 가능성이다. 우리는 매일같이 예전에 한 번도 말해진 적이 없는 문장을 말하거나 듣지만 이해하는 데 아무 어려움이 없다. 인간의 언어는 두 가지 방식으로 확장된다. 먼저 가장 긴 영어 문장 같은 것은 존재하지 않는다(내가 아는 어떤 언어에도 이런 건 없다). 가장 길다고 하는 문장에 "…고 그는 생각한다"를 붙이면 더 긴 문장이 만들어지기 때문이다. 이렇게 볼 때 언어는 자연수와도 같다. 어떤 숫자든 1을 더하면 더 큰 숫자가 되므로 가장 큰 숫자라는 것은 존재하지 않는다.

인간 언어가 확장되는 또 하나의 방식은 단어들을 서로 다른 방식으로 결합하는 것이다. 아이들은 자기에게 필요한 모든 문장을 다 배우는 게 아니라 단어들을 배우고 새로운 단어를 생성하는 규칙과 단어를 서로 결합하는 규칙을 배운다. 이것은 음악적 뇌의 추상화 능력 덕분에 가능해진 일이다. 우리는 단어가 특정한 사실을 나타내는 문장을 이루는 요소일 뿐이며, 단어를 재배열하거나 다른 단어로 바꾸면 문장의 의미가 달라진다는 것을 안다. 가령 "고양이가 개를 쫓았다"를 단어의 위치를 재배열해서 "개가 고양이를 쫓았다"로 바꾸면 다른 의미가 된다. (단어가 놓이는 문장 위치에 따라 행하는 자와 행함을 당하는 자가 누구인지를 정하는 규칙은 문법이 규정한다.) 한편 같은 문장 구조에 단어만을 바꿔 "나는 공원에 갈 생각이다"고 할 수도 있고 "나는 동물원에 갈 생각이다"고 할 수도 있다.

동물들은 고정된 표현만을 사용한다. 북아메리카의 검은머리박새는 열세 가지 상이한 발성을 갖고 있는데 이를 결합한다거나 일부를 다른 것으로 바꾸거나 다른 데 끼워 넣는다는 증거가 없다. '치-카-디-디-디'가 전체 메시지이다. '치-카-디-디-두' 한다거나 '처-키-디-디-디' 하는 메시지는 이들의 언어에 없다.

『노래하는 네안데르탈인』이라는 책에서 스티븐 미슨은 네안데르탈인들이 높낮이와 리듬, 음색, 세기에 변화가 있는 일종의 원시음악을 사용하여 의사소통을 나누었을지도 모른다고 주장한다. 나아가 미슨은 이들이 "조심해! 뱀이 있어!"나 "와서 음식 먹어" 같은 전일적* 사고를 전하기 위해 까마귀나 벨벳원숭이보다 조금 더 정교한 발성 체계를 발달시켰다고 믿는다. 단어 교체를 통해 문장의 의미를 바꿀 수 있는("와서 물 먹어") 인간의 언어와 달리 네안데르탈인의 전일적 발성은 원숭이나 새들의 신호에 가깝다. 표현을 확장하거나 다른 것으로 바꿀 수 없고 오직 고정된 표현만을 나타낸다. 오늘날 우리가 생각하는 언어와도 다르고 음악과도 다르다. 다윈은 오늘날 우리가 알고 있는 음악이 일종의 화석이라는 생각을 갖고 있었다. 초창기 인류가 나누었던 소통 체계의 유물, 즉 '음악적 원시언어'가 바로 음악이라는 것이다.

언어학자 노엄 촘스키는 언어가 전달conveyance과 연산computation이라는 두 요소로 나뉠 수 있다고 주장했다. 이런 구별은 역사에서 순차적으로 등장한 두 가지 서로 다른 언어 형식에 대응된다. 먼저 등장한 것은 개념, 의미, 감정을 전달하는 무정형의 원시언어로 미슨이 말하는 네안데르탈인의

---

* 전일적holistic이라는 말은 단어들이 규칙을 통해 결합해서 메시지를 전하는 게 아니라 하나의 발화가 하나의 메시지를 통째로 전달하는 것을 뜻한다.

언어와 비슷하고, 침팬지, 원숭이, 긴팔원숭이의 소통과도(그리고 어쩌면 오스트랄로피테시네의 소통과도) 비슷하다. 전달 형식의 언어는 당사자의 감정 상태나 포식자의 위치, 음식의 존재 등 지금 여기 있는 것을 전하기 위함이다. 두 번째 종류의 언어는 시간이 흘러 인간의 뇌가 미리 계획된 안에 따라 요소들을 재배열하는 능력과 대상(언어적 대상을 포함하여)에 복잡한 계층적 질서를 부여하는 연산 능력을 발달시키면서 생겨났다. 우리가 구문이라고 부르는 구조와 질서에 해당하는 사항이다. (나는 촘스키의 '연산'보다 '재배열'이라는 말을 선호하므로 여기서 이 말을 사용하겠다.) 계층적 질서를 이해하고 만들고 분석하는 이런 능력은 음악과 언어로 이어지는 핵심적 발전이다. 촘스키가 명확히 말한 것은 아니지만, 이런 계층적 처리가 가능해지면서 지금 여기를 넘어 과거에 일어났던 일이나 앞으로 일어날 일들을 전달할 수 있는 능력이 생겨난 것으로 보인다.

나는 종교, 사랑, 음악에도 촘스키가 말하는 전달 체계와 연산(재배열) 체계 같은 것이 있다고 믿는다. 6장에서 보았듯이 거의 모든 종교 행위에는 반복적이고 정형화된 일련의 동작 행위, 즉 의식이 따른다. 여기서 주목할 점은 모든 영장류가 의식에 관여한다는 사실이다. 감정 상태를 나타내는(촘스키의 표현으로는 전달하는) 행위를 하는 것이다. 의식은 일종의 전달 체계다. 종교는 이런 의식에 연산적 요소——의식을 재결합하고 개념화하고 재맥락화하는 능력——를 더해 의미와 질서를 부여한다. 인간의 사랑은 애착을 보여주는 것 이상이다. 중요도에 따른 우선순위를 정하고, 앞으로 사랑할 것을 계획하고, 이런 계획을 남들에게 전할 수 있어야 한다.

다윈은 『인간의 유래』에서 동물의 '사랑'에 대해 이야기했는데, 그는 (인간과 같은) 연산적 요소보다 전달과 애착에 중점을 둔 것이 분명하다.

많은 종류의 동물들이 사회성을 보인다. 심지어 별개의 종들이 함께 살아가는 경우도 있다. 가령 아메리카의 일부 원숭이들이 그렇고, 떼까마귀와 갈까마귀, 찌르레기도 무리를 지어 살아간다. 인간도 개를 좋아하는 것으로 보아 비슷한 습성이 있다. 인간의 보살핌을 받은 개는 극진한 애정으로 보답한다. 말, 개, 양이 무리로부터 떨어졌을 때 얼마나 슬퍼하는지 본 적이 있을 것이다. 그리고 말과 개가 동료들과 다시 만나면 서로 강한 애정을 나타낸다. 개의 감정에 대해 생각해 보는 것은 흥미롭다. 주인이나 가족과 함께라면 있는지 없는지도 모르게 방 안에서 평화롭게 몇 시간이고 놀지만, 잠시라도 혼자 떨어지면 우울하게 짖는다.

뒤에 가서 다윈은 애착의 진화적 기원에 대해 논의하는데, 그는 애착이 우리가 인간의 사랑이라 생각하는 것으로 이어졌다고 본다.

원시인이나 우리 조상들이 사회를 이루며 살아가기 위해서는 다른 동물들로 하여금 무리를 이루며 살아가게 했던 바로 그 본능적 감정을 그들도 마찬가지로 획득했어야 했다. 그리고 그들 모두 틀림없이 동일한 보편적 기질을 보였을 것이다. 어느 정도 사랑을 느끼는 동료와 헤어지게 되면 마음이 편치 않았을 것이다. 그들은 서로에게 위험 신호를 보내고 공격하거나 방어할 때 서로를 도왔을 것이다. 이 모든 것에는 어느 정도의 공감과 충실, 그리고 용기가 필요하다. … 야만적인 전쟁이 끊이지 않던 사회에서 충실과 용기가 얼마나 중요한지 우리는 알아야 한다. … 이기적이고 다투기 좋아하는 사람들은 하나로 뭉치지 못할 것이고, 그러면 아무것도 이룰 수 없다. 위에서 언급한 여러 자질들을 많이 갖춘 부족은 다른 부족들을 누르고 세를 늘려갔을 것이다. 그러나 과거의 모든 역사를 보건대, 그런 부족들 역시 결국에는 더 훌륭한 자질을 갖춘 다른 부족에 의해 정복당하고 만다. 그렇게 해서 사회적 자질과 도덕적 자질은 서서히 발전하며 전 세계로 널리 퍼져나갔을 것이다.

이렇게 해서 자연선택은 이타주의, 충실, 유대감을 선택했고, 이런 특징들 모두 성숙한 사랑의 핵심을 이룬다. 복잡한 사회를 건설해 농업, 관개, 창고 건설, 복지, 법 같은 대규모 협력 과제를 이룩하는 데 이런 자질들이 중요한 요소로 작용했을 것이다. 자손을 키우고 교육시키는 데 드는 시간이 늘어나면서 진화는 아버지가 여기에 관심을 갖게 할 방법을 어떻게든 찾아내야 했다.

심리학자 마티 헤이즐턴Martie Haselton은 사랑이 '헌신의 장치'로서 발달했다고 주장한다. 그녀는 한 실험에서 사람들에게 파트너를 얼마나 사랑하는지 생각한 다음 성적으로 매력적인 다른 사람들을 생각하는 것을 억누르라고 부탁했다. 이어 같은 사람들에게 파트너를 성적으로 얼마나 갈망하는지 생각한 다음 다른 사람들에 대한 생각을 억누르라고 했다. 그 결과 사랑하는 사람을 생각하는 것이 갈망하는 사람을 생각하는 것보다 다른 사람들에 대한 생각을 억누르는 데 훨씬 효과적이었다. 설령 두 사람이 같을지라도 말이다. 헤이즐턴은 이것이 바로 장기적 헌신을 만들어 낸 신경화학적 적응일 수 있다고 주장한다. 섹스도 헌신을 강화시키는 역할을 한다. 대부분의 포유류들은 주로 암컷이 번식력을 갖는 제한된 철에만 섹스에 몰입한다. 인간과 보노보는 대표적인 예외다. 우리는 아기를 가질 수 없을 때에도 섹스를 즐긴다. 이미 임신을 한 여자나 갱년기가 지난 여자와도 섹스를 한다. 동물학자 데즈먼드 모리스Desmond Morris는 남자들이 한 여자에 매달려야 하는 이유를 여기서 찾는다. 여기에 오르가즘 때 분비되는 옥시토신 호르몬이 더해지면 남녀가 함께 있고 싶게 만드는 신경화학적 조리법이 마련된 셈이다.

섹스는 물론 강력한 동인이며, 헤이즐턴과 다윈의 논의를 보면 섹스가 사실상 사랑과 동의어로 사용된다. 사랑을 문화적 발명품으로 보든 심리적·영적·신경화학적 발명품으로 보든 간에 아무튼 사랑은 진화적 관점에서 성적 재생산의 결과물이 보살핌을 잘 받을 수 있도록 안전장치의 역할을 한 것이 분명하다. 사회의 차원에서 보면 사랑은 한 사람의 자손을 돌보는 것 이상의 의미가 있지만, 사회 자체도 모든 이들의 자손을 돌본다. 학교, 축구클럽, 복지, 의료서비스, 법이 그렇게 해서 만들어진 것이다. 궁극적으로 파트너와 자식을 향한 사랑은 문화적(그리고 어쩌면 생물학적) 진화를 통해 인생과 공정함, 선함, 평등을 사랑할 줄 아는 능력으로 발전했다. 이 모두가 바로 우리가 사회와 연관시키는 이상들이다.

종교, 사랑과 마찬가지로 음악 역시 촘스키가 언급한 두 요소로 나뉠 수 있다. 많은 동물들이 우리에게 음악처럼 들리는 신호 소리를 만들어낸다. 새와 고래가 대표적인 예이다. 그러나 이런 동물들의 '노래'는 요소들을 계층적 질서에 따라 무한정 재조합하지 못하며, 인간의 음악의 특징인 반복순환성recursion도 없다. 흥미롭게도 최신 연구에 따르면, 동물의 음악은 이런 특징들을 보이고 있지 않은 게 사실이지만, 동물들도 소리를 이런 식으로 처리할 수 있다고 한다. 다시 말해 비인간 종들도 오랫동안 인간 사고의 전유물로만 여겨졌던 기초적 능력들을 갖고 있다. 다만 자기 나름대로 사용하는 방법을 아직 터득하지 못한 것뿐이다. 대니얼 마골리애시

Daniel Margoliash, 하워드 너스바움Howard Nusbaum과 동료들은 문제의 논문에서 흰점찌르레기가 구문적 반복순환성을 학습할 수 있음을 보여주었다. 이미 그 전에 개리 로즈Gary Rose는 흰머리참새가 노래를 부분들만 접하고도 전체 노래를 올바른 순서로 조합해 낼 수 있는 능력이 있다는 것을 발견했다. 이는 흰머리참새가 노래의 구문적 규칙의 이해를 타고난다는 말이다. 이 책에서 내가 계속 주장하듯이 진화의 산물이 연속선상에 놓인다는 것을 생각하면 그리 놀라운 일도 아니다.

동물의 음악은 순전히 전달용이다. 한정된 몇몇 상태를 널리 알리는 것이 목적이다. 인간의 음악은 전달과 재배열 모두를 할 수 있다. 연산 능력 덕분에 우리는 계획을 미리 세우고 음악을 어떻게 사용하고 싶은지 생각할 수 있다. 음악을 사용하여 바로 이 순간 우리가 느끼지 않는 감정과 개념을 전달한다. 특정한 목적을 이루는 데 음악을 사용할 수도 있다. 이 노래에서 이런 요소를 가져다가 저기 다른 노래와 결합할 수도 있다. 내가 가장 좋아하는 로드니 크로웰의 노래는 그가 가장 좋아하는 노래인 조니 캐시의 '아이 워크 더 라인'에 관한 노래다. '아이 워크 더 라인(리비지티드)'[1]에서 크로웰은 조니 캐시의 노래를 처음 들었던 순간에 대해 말한다.

> I'm back on board that '49 Ford in 1956
> 1956년이었지, 49년형 포드에 올라타고 달렸어
> Long before the sun came up way out in the sticks
> 태양이 외딴 시골 너머로 떠오르기 한참 전이었어.
> _ 로드니 크로웰, '아이 워크 더 라인(리비지티드)'

board와 Ford(그리고 2행의 before)로 이어지는 요운과 back on board, forty-nine Ford의 두운에 주목하라. back on board, '49 Ford 같은 구절이 빚어내는 자음 효과는 초창기 로큰롤의 분위기를 느끼게 해 준다. 2행의 'long before the sun came up'을 보면 젊은 크로니가 새벽에 차량에 있었다는 것을 알 수 있다. 이는 은유적인 의미로도 볼 수 있는데 이 음반이 로큰롤의 새벽에 발매되었음을 가리킨다. 선 레코드 사가 조니 캐시, 엘비스 프레슬리, 로이 오비슨, 칼 퍼킨스 같은 스타들을 거느린 최초의 로큰롤 음반사이자 많은 이들이 가장 중요하게 꼽는 음반사라는 사실을 아는 사람이라면 이 가사의 은유적 의미가 더욱 실감나게 다가올 것이다.

> The headlight showed a two rut roadway back up in the pines
> 헤드라이트 불빛에 소나무 숲으로 난 두 개의 바퀴자국이 비쳤지
> First time I heard Johnny Cash sing "I Walk the Line"
> 바로 그때였어, 조니 캐시의 '아이 워크 더 라인'을 처음 들은 게

노래 중간에 조니 캐시가 특별출연해 자신의 유명한 코러스를 직접 부른다. 그의 묵직한 저음은 마치 인간이 들을 수 있는 음역의 밑바닥을 긁어내는 것 같다. 이렇게 하나의 구절을 다른 구절에 끼워 넣는 것은 인간의 언어가 가진 대표적인 특징이지만, 다른 종들의 발성에도 이와 비슷한 특징이 있는 것으로 밝혀졌다. 가령 까치와 흉내지빠귀는 다른 새가 부르는 노래의 일부를 자신의 노래에 슬쩍 끼워 넣는다. 기억할 점은 이런 일을 가능하게 한 뇌의 연산 모듈이 종들 간에 연속적으로 나타나고 인간에게서 정점에 이르렀다는 사실이다. 재즈 연주자들은 늘 다른 음악을 즐겨

인용하며, 하이든, 모차르트 같은 위대한 작곡가들도 다른 노래의 일부를 자신의 작품에 자주 끼워 넣곤 했다. 내 귀에 로드니의 노래보다 더 달콤한 음악은 없다. 이 노래에 등장하는 말장난은 기억과 음악과 인간의 창조성에 바치는 사랑스럽고도 감동적인 헌사다.

인간의 음악에는 계층적 구조와 복잡한 구문이 있으며 우리는 이런 제약 내에서 곡을 만든다. 언어, 종교와 마찬가지로 음악에도 다른 종들에게서 찾아볼 수 있는 요소와 인간 특유의 요소가 공존한다. 우리 인간들만이 특정한 목적을 위해 노래를 만들고 다른 노래의 요소들을 가져다가 노래를 만든다. 인간들만이 다량의 레퍼토리를 보유하고 있다(평균적인 미국인들은 1,000곡 이상을 금세 구별해 낸다고 한다). 그리고 인간들만이 여섯 가지 구별되는 형식에 해당되는 노래의 역사를 갖고 있다.

동물의 음악을 살펴볼 때는 음악 표현과 음악 경험을 구별할 필요가 있다. 많은 동물들이 스스로를 표현하는 방법으로 우리에게 음악적으로 들리는 소리를 내지만 실은 자기들끼리 메시지를 전하는 것이다. 동물들이 우리처럼 음악을 미적 혹은 창조적 예술 형식으로 경험한다는 증거는 아직 없다.

그리고 음악 자체를 진화의 산물로 볼 것이 아니라 아마도 별도의 진화 궤적을 거치면서 발달해 온 여러 요소들이 모여 오늘날 우리가 음악이라 부르는 것이 만들어졌다고 생각하는 편이 더 낫다. 음높이, 리듬, 음색은 각기 뇌의 다른 부위에서 처리된다. 각각 처리된 다음에 통합되며 이 과정에서 이들보다 높은 차원인 선율이 만들어진다. 선율은 이중 하나에 변화가 생기거나 조합이 달라지면 바로 영향을 받는다. 오늘날 우리가 알고 있는 음악은 이런 각각의 요소들이 제자리를 잡은 뒤에야 나타났다.

진화는 대부분의 포유류가 갖지 못한 지각-생성의 연결고리를 음악적 뇌에 선사했다. 운동근육을 자극하는 이 모방 능력 덕분에 우리는 하나의 감각에서 뭔가를 취해 다른 감각으로 이를 만들어낼 줄 안다. 예컨대 우리는 음악을 듣고서 이를 그대로 따라 부른다. 우리가 아는 모든 노래, 우리가 말하는 모든 단어가 예전에 들었던 것을 바탕으로 자신의 목소리로 재현해 낸 것이다. 인간은(그리고 앵무새 같은 일부 다른 종들만이) 자기가 들은 것을 목소리로 재현할 수 있는 능력이 있다. 대부분의 포유류들은 지능이 아무리 높아도 자기가 들은 소리를 모방하는 능력이 없다(예외가 혹등고래, 해마, 바다사자이다). 이런 목소리 학습 능력은 기저핵에 변화가 일어나 청각 입력과 운동 출력 사이에 직접적인 경로가 만들어지면서 생겨난 것으로 보인다.

놀랍게도 21세기 초에 접어든 지금 우리는 인간의 문화가 유전체에 반영된 결과를 처음으로 볼 수 있게 되었다. 화석화된 두개골 연구라는 고전적인 방법도 계속해서 놀라운 결과를 밝혀 내고 있다. 화석 증거에 따르면 브로드만 영역 44(BA44)—거울뉴런을 통해 청각 운동을 모방하는 데 중요한 역할을 하는 전두피질 부위—가 호모 사피엔스(20만 년 전에야 나타났다)가 등장하기 오래 전인 200만 년 전에 이미 자리를 잡았을지도 모른다고 한다. 이 추정에 따르면 언어에 필요한 신경 기제가 생겨나서 완전히 활용되기까지 상당한 시간이 걸렸던 셈이다. 인간의 언어와 밀접한 관련이 있는 FOXP2 유전자는 네안데르탈인들도 갖고 있었다. 노래하는 새들에게서도 이런 형태를 찾아볼 수 있다. 마이크로세팔린microcephalin이라고 하는 뇌 발달을 관장하는 두뇌 유전자의 유전적 변이가 확인되었다. 대략 3만 7000년 전에 변이가 일어났는데 우리는 이 무렵을 문화적으로 새로운 인간이 등장한 시기라고 본다. 고고학 유적지에서 발견된 예술적 인공품과 뼈로 만든 피리의 등장 시기와 일치하는데 이는 우연이 아니다. 마이크로세팔린의 두 번째 변이가 5800년 전에 일어났다. 이때는 최초의 문자 기록, 농경사회 등장, 도시의 발달과 시기적으로 일치한다. 이런 결과에서 우리가 앞으로 무엇을 밝혀낼지는 아직 모르겠지만, FOXP2, BA44, 마이크로세팔린 변이가 음악적 뇌의 창조를 촉진시킨 진화적 변화의 일부임은 분명한 사실이다.

인간의 운동근육 모방 체계는 한편 모방의 대상이 눈앞에 없어도 예전에 본 것을 모방할 수 있는 능력을 진화시켰다. 언어, 음악, 종교, 회화, 그리고 다른 예술들이 바로 이런 능력 덕분에 태어났다. 오직 인간들만이 여기 존재하지 않는 대상을 표상하고 상징화하고 나타낸다. (반복순환성과 마찬가지로 이런 능력도 일부 동물들에게 훈련시킬 수 있는데, 이는 신경구조가 이미 존재하지만 제대로 활용되지 않고 있음을 보여주는 예이다.) 이때 불가피하게 따르는 질문이 있다. 내가 여기 없는 것, 가령 출장을 떠난 연인이라든가 내 친구를 공격하는 호랑이에 대해 생각할 수 있다면, 내가 생각하지 못한 것들은 과연 존재하는 것일까? 혹시 나의 경험 밖에 존재하는 다른 세상이 있는 것은 아닐까? 6장에서 보았듯이 이런 질문은 영적 지식에 대한 추구로 이어졌다. 또 사랑하는 사람과 장기적 유대를 맺고 싶다는 갈망과 그들이 언젠가 돌아와 내 곁에 함께 머무르리라는 확신을 갖게 했다.

표상의 산물이자 음악적 뇌의 또 다른 특징인 인간의 의식 역시 동물의 의식과 달라 보인다. 6장에서 보았듯이 동물들은 현재가 연속적으로 펼쳐지는 세상에 산다. (우리가 아는 한) 과거를 돌아보거나 미래를 계획할 줄 아는 능력이 없다. 어떤 이들은 우리 인간이 행하는 모든 것이 무의식적으로 행해지며, 우리가 무엇을 행했고 왜 행했는가 하는 이야기를 만들어내는 것이 의식의 역할이라고 주장한다. (난치성 발작 치료를 위해)

뇌의 양반구가 외과 수술로 분리된 환자들을 보면 이렇게 사후에 행동을 정당화하려는 경향을 자주 드러낸다. 우반구가 그에게 무언가를 하게 만들고 좌반구(언어와 관련된 반구)가 설명의 보따리를 풀지 않을 때 이런 정당화 작용이 자주 일어난다.

많은 신경과학자들이 뇌에서 의식이 존재하는 거처를 찾고 있는데 내 생각에는 결코 찾아내지 못할 것 같다. 의식이 존재하지 않는다는 게 아니라 의식의 위치가 정해진 게 아니라는 뜻이다. 지구 중심을 아무리 파헤쳐도 '중력'이 있는 특정 장소를 찾아내지 못하듯이 머릿속의 특정 장소에서 의식을 찾으리라고는 기대할 수 없는 일이다. 나는 맥길 대학의 물리학 교수이자 철학자인 마리오 번지Mario Bunge와 폴과 패트리샤 처칠랜드Paul and Patricia Churchland, 대니얼 데닛 같은 동시대 철학자들이 표명한 견해에 동의한다. 우리가 의식이라 부르는 경험이 만들어질 때 영적, 물활적, 혹은 초자연적 과정 같은 것은 전혀 관여하지 않는다. 의식은 인간의 뇌에 있는 뉴런들이 정상적으로 작동하면서 일어나는 과정이다.

보다 단순한 형태에서 생물학적으로 복잡한 것이 생겨날 때 이를 '진화'라고 부른다. 복잡한 체계에서 인간의 의식 같은 완전히 예기치 못한 속성이 생겨날 때 우리는 이를 '창발'emergence이라고 부른다. 개미 군집은 창발적 지성을 통해 식량을 찾고 물을 마시고 여왕개미를 먹여 살린다. 하지만 어떤 개미도 자신이 혹은 군집이 무엇을 하고 있는지 알지 못한다. 이렇게 볼 때 개미들은 인간의 뇌에 있는 뉴런과 비슷하다고 할 수 있다. 당신의 뇌를 아무리 들여다봐도 당신 이름을 아는 뉴런은 없고 그렇다고 해서 성가셔지지도 않는다. 당신 나이가 어떻게 되는지, 당신 고향이 어디인지, 당신이 무슨 아이스크림을 좋아하는지, 당신이 지금 추운지 더운지 알고 있는 뉴런도 없다. 뉴런은 그런 식으로 작동하지 않는다. 수십만 혹은 수백만 뉴런들이 함께 힘을 모아 정보를 생성하고 보존한다.

개별적인 뉴런이 그렇듯 개별적인 개미도 전혀 똑똑하지 않다. 하지만 이것들을 적절하게 연결시키면 짜잔! 놀라운 일이 일어난다. 체계 전체가 하나가 되어 자발적인 지성이 드러난다. 수십억 개 뉴런이 발화되고 서로 연결될 때, 우리는 인생을 바라보고 우리의 위치를 생각하고 우리의 사고의 본성을 생각할 수 있다. 사고가 뇌에서 일어나는 과정은 아직 완전히 밝혀지지 않았다. 학자들은 생명의 기원을 설명할 때 창발에 기대곤 한다. 까마득한 먼 옛날 탄소, 질소, 산소, 수소, 단백질, 그리고 핵산이 뒤범벅되어 부글부글 끓는 '원시 수프'를 생각해 보라. 여기서 최초의 단세포생물이 생겨났고, 이제 생물학자들은 생명이 이런 최초의 분자화합물의 복잡성에서 창발적으로 일어난 속성이라고 믿는다.

거의 모든 과학자들과 철학자들은 인간의 의식이 동물의 의식과 질적으로 다르다는 데 이의가 없다. 우리에게는 인간만이 보유한 자의식과 우리의 존재에 대해 성찰할 수 있는 능력이 있다. 의식은 우리의 뇌의 정상적인 작동과 분리해서 다룰 수 있는 대상이 아니다. 사고의 흐름, 인식, 정신 상태의 변화가 의식을 이룬다. 수필가 애덤 고프닉Adam Gopnik이 말했듯이 "의식은 기계 속에 들어앉은 유령이 아니다. 기계가 윙윙대며 돌아가는 소리다."

우리가 음악을 감상할 때 미처 의식하지 못하는 부분들은 세상에 대한 무의식적 지각의 일부를 이룬다. 가령 데이빗 휴런과 이언 크로스가 주장했듯이 인간의 음악은 정직한 신호의 기능을 한다. 이것은 생물학적 개념인데 소통의 신호가 어느 정도로 날조될 수 있을까 하는 문제다. 생명체가 거짓 정보를 전달하는 데는 여러 이유가 있을 수 있다. 카멜레온이 포식자를 피하려고 몸 색깔을 바꿔 배경에 섞인다거나 주머니쥐가 죽은 체한다거나 하는 것처럼 말이다. 영장류가 상대방을 속이는 데는 음식을 몰래 비축한다거나 복잡한 사회 계층에서 상승하려 한다거나 하는 이유들이 있을 것이다. 이때 음악이 정직한 신호라면 노래하는 사람이 감정을 날조해낼 가능성은 그만큼 줄어들 것이다. 결국 우리는 그냥 말로 전달되는 메시지보다 노래로 불리는 메시지를 더 신뢰한다. 아직 이유가 완전히 밝혀진 것은 아니지만, 우리는 노래 부르는 사람의 감정 상태에 무척이나 민감하게 반응한다. 어쩌면 노래 부르는 사람이 거짓말을 할 때 성대를 통해 저도 모르게 흘러나오는 스트레스 단서와 관계가 있는지도 모른다. 더 많은 연구가 필요한 주제다.

음악이 정직한 신호라는 가설은 사랑의 경우에 특히 잘 맞아떨어져, 사랑의 노래가 왜 그토록 우리를 감동시키는지 설명해 준다. 누군가가 사랑한다고 말할 때는 의심이 들지도 모르지만, 노래로 사랑을 표현하면 의심은 눈 녹듯 사라진다. 이것은 진화적·생물학적 유산으로 보이며 우리의 합리적 통제나 의식의 영향을 넘어서는 것이다. 그만큼 노래가 중요하다. 이는 또한 사람들이 가수가 립싱크를 했다는 것을 알고는 왜 그렇게 화를 내는지도 설명해 준다. 록 보컬리스트(밴드의 다른 멤버들보다 훨씬 더)의 사생활에 우리가 우선적으로 관심이 가는 이유도 이로써 설명된다. 보컬리스트가 노래에서 고백한 대로의 삶을 살고 있지 않다면 우리는 분노하고 날뛴다.

진실과 사랑 사이에 뭔가 관계가 있는 것이 분명해 보인다. 사랑을 하면 쉽게 상처 받는다(그리고 이런 무방비 상태의 감정에 대해 노래한 곡들이 많다). 진정한 사랑에는 상대방에 대한 거의 터무니없을 정도의 신뢰가 필요하다. 우리는 상대방이 성실한지, 내게서 돈을 뺏으려는 건지, 아니면 다른 저의가 있는지 결코 알지 못한다. 영화 〈히치〉에서 윌 스미스가 맡은 주인공이 말했듯이 사랑은 절벽에서 아래로 뛰어내리는 것과 같다. 만족하기까지 시간이 오래 걸리므로 ─ 때로는 몇 년 씩 ─ 우리가 일시적으로 의심을 거두고 다른 사람이 우리의 삶과 마음을 차지하게 하지 않는다면 그렇게 오랫동안 관계가 유지될 수 없다. 이런 신뢰의 간극을 극복하기 위해 사람들마다 여러 방법을 가동한다. 누군가는 심리적 방법을 취하고 누군가는 보다 실질적인 조치를 강구한다. 누군가는 파트너로 인해 상처 받기를 거부해 친밀함을 거두고 안전함을 택한다. 한편 사업이나 우정 같은 다른 분야에서는 대단히 신중하면서도 사랑에 있어서는 기꺼이 폭풍을 맞을 태세인 사람도 있다. 매번의 새로운 사랑은 새로운 시작이다. "해볼 만한 가치가 있는 유일한 사랑은 완전한 사랑이야." 우리는 이렇게 혼잣말을 한다. 혼전계약서 작성을 강조하는 사람도 있다. 언젠가 한 변호사가 내게 이렇게 말했다. "혼전계약서를 어기는 부부는 한 번도 본 적이 없어요. 그러니 우선 그것부터 작성하죠."

사랑을 하면 미심쩍은 구석이 있어도 좋게 해석하고 넘어간다. 옷깃에 립스틱이 묻거나 콘돔을 잃어버렸다면 위험을 알리는 신호가 되겠지만, 대부분의 '신호'는 이보다 훨씬 애매하다. 밤늦게 사무실에 남아 파트너에게 전화를 걸었는데 받지 않는다. (번호를 잘못 눌렀나? 샤워 중인가? 다른 여자랑 함께 있나?) 매달 파트너의 부정직과 불충을 가리키는 수많은 신호들이 접수된다. 수입이 얼마나 되는지 밝히지 않거나 사랑을 고백하지 않는 등 이보다 사소한 관계 위반의 사례도 있다. 사랑에는 어느 정도는 자기기만이 필요하다. 동물들은 이런 문제를 겪지 않는다. 동물의 뇌는 탐정처럼 조각들을 요리조리 짜 맞춰 그녀가 정말 내게 적합한 짝인지 알아내려 하지 않는다. 동물의 뇌는 본능과 페로몬의 결합으로 맺어져 있다. 물론 인간의 짝짓기 결정에서도 본능과 페로몬은 중요한 역할을 하지만, 이는 이성과 자기기만의 정당화와 아슬아슬한 균형을 맞춘다. 줄리아나 레이의 '당신을 돌아오게 하겠어'(ELO의 리더였던 제프 린이 프로듀싱을 멋지게 맡은)가 그토록 통렬하고 풍자적이고 우스꽝스럽게 들리는 이유가 여기에 있다.

> 당신은 내게서 도망치면서 절대 돌아보지 않는군요
> 바로 당신 뒤에 내가 쫓아가고 있어요
> 속도를 늦춰요, 어디로 가는지 말해줄래요?
> 저녁 시간에 맞춰 당신이 돌아올지 알아야 해요
> 당신이 좋아하는 요리를 했단 말이에요
>
> _줄리아나 레이, '당신을 돌아오게 하겠어'^(*)

무지한 망상에 사로잡혀 멍한 보컬이 경쾌한 비트에 맞춰 노래한다. 남자친구가 집에서 나갔다. 그냥 걸어간 게 아니라 도망쳤다. 그런 그의 뒤를 그녀가 쫓아가면서 저녁 먹으러 언제 돌아올지 묻는다. 그리고 이렇게 소리친다. "당신이 좋아하는 요리를 했단 말이에요!"

2절에서 그녀는 남자친구가 바람피운 행적을 다 알아냈지만 어디 가서 병에 걸려 오지만 않는다면 상관없다고 한다. 동요처럼 따라 부르기 후렴은 이렇다.

> 당신을 잡을 거야, 당신을 잡을 거야, 돌아오게 할 거야
> 돌아오게 할 거야, 돌아오게 할 거야, 돌아오게 할 거야
> 내게로 돌아오게 할 거야!

마지막 가사 back에서 음높이가 급기야 노래 최고음까지 치솟는데, 이때 그녀의 목소리에 담긴 독기 어린 떨림은 코러스 가사의 애매함을 다시 생각하게 한다. 그의 마음을 돌려세우겠다는 뜻일까, 아니면 끔찍한 보복을 통해 그를 돌아오게 만들겠다는 뜻일까? 마지막 절에서 둘 사이의 믿음에 치명적인 금이 갔다는 사실이 밝혀지자 두 번째 의미가 더 옳다는 것을 우리가 알게 된다.

> 메리는 항상 내게 친절히 대했죠
> 당신 눈을 쳐다보면 의심이 눈 녹듯 사라진다고 했어요
> 그런데 메리의 아기를 보면 당신과 꼭 닮았어요
> 오, 이런! 말해요, 그렇지 않다고!
>
> 당신을 잡을 거야, 당신을 잡을 거야, 돌아오게 할 거야
> 돌아오게 할 거야, 돌아오게 할 거야, 돌아오게 할 거야
> 내게로 돌아오게 할 거야!

그런데 목소리 톤을 들으면 그녀는 여전히 그를 원하고 있는 것 같다. 그렇게 자신을 배신했던 이 남자의 마음을 지금도 돌려세워 자기 것으로 만들고 싶어 한다. 이렇듯 사랑이라는 이름이면 모든 게 용서된다. 그녀는 혹독하게 당하고도 정신을 못 차린다. 사랑은 자기기만까지는 아니더라도 이런 상당한 애착과 때로는 맹목적인 헌신까지도 요구한다. 오스트레일리아 밴드 멘탈 애즈 애니싱의 노래에도 이와 비슷한 가사가 나온다. "당신이 내 곁을 떠난다면 내가 같이 따라가 줄까?"[1]

많은 사랑의 노래들이 사랑의 네 단계 ─ 갈망하는 단계, 손에 넣는 단

계, 그리워하는 단계, 실연에 아파하는 단계——를 노래한다. 이외에도 다양한 종류의 사랑이 있다. 로미오와 줄리엣의 사랑("이 사람을 위해서라면 죽을 수도 있어"), 수십 년 함께 살아온 세월을 돌아보는 성숙한 사랑, 나라나 이념에 대한 사랑 등. 지난 50년 동안 대중음악에서 가장 많이 노래된 주제는 바로 이런 사랑이었다. 콜 포터, 어빙 벌린, 레넌 앤 매카트니, 딜런, 미첼, 레너드 코언, 루퍼스 웨인라이트가 작곡했던 수많은 노래들. 그리고 다이애나 로스, 템프테이션스, 포 탑스, 프랭크 시나트라, 엘라 피츠제럴드, 머라이어 캐리가 불렀던 수많은 노래들. 막 시작된 단계의 낭만적인 사랑을 찬양하는 노래가 있다.

> 오 예. 당신에게 할 말이 있어요, 당신도 이해할 거예요
> 그 얘기를 할 때면 당신 손을 잡고 싶어요
> 당신 손을 잡고 싶어요, 당신 손을 잡고 싶어요
> _ 비틀스, '당신 손을 잡고 싶어요'⁽¹⁾

이어 첫사랑에 홀딱 반해버린 짜릿함을 이렇게 포착한다.

> 당신을 만질 때마다 행복함을 느껴요
> 그런 사랑의 느낌 있잖아요, 숨길 수 없어요, 숨길 수 없어, 숨길 수 없어!

한편 사랑의 변덕에 상처 받을지도 모른다는 두려움을 다룬 노래도 있다. 황홀한 감정이 어느 순간 예고도 없이 끝날 수 있음을 암암리에 아는 것이다. 그래서 10CC의 '난 사랑에 빠진 게 아냐' 같은 노래는 사랑에 빠졌음을 완강히 부인한다.

난 사랑에 빠진 게 아니야, 이 말 잊지 마

요즘 내가 조금 멍할 뿐이야

내가 너에게 전화를 걸었다고 해서 오해하지 마

너의 작업이 성공했다고 생각하지 말라고

난 사랑에 빠진 게 절대로 아니니까

네 사진을 벽에 붙여 두었어

벽에 묻은 지저분한 얼룩을 감추려고 말이야

그러니 사진 돌려 달라는 말은 마

그게 내게 큰 의미가 없다는 것은 너도 알 거야

난 사랑에 빠진 게 절대로 아니니까

_10CC, '난 사랑에 빠진 게 아냐'

이와 반대로 사랑에 빠져 쉽게 상처 받는 것을 오히려 적극 드러내는 노래도 있다고 데이빗 번이 알려 주었다. 자신의 감정을 숨기기보다는 연인에게 적극적으로 "나는 네 꺼야"('슈트: 주디 블루 아이스'에서 스티븐 스틸스) 하고 말하거나 "나를 가져가 … 너 없는 나는 아무 소용이 없어"(마크스와 사이먼스) 하고 말한다. 뮤지컬 〈홀리데이 인〉에 등장하는 노래 '신중하게 생각해. 내 마음이니까'(어빙 벌린 작곡)에 보면 이런 대목이 나온다.

네가 지금 들고 있는 것은 내 시계가 아니라 내 마음이야

네가 받자마자 태워버린 것은 내가 준 쪽지가 아니야

네가 결코 돌려주지 않은 것은 내가 빌려 준 책이 아니야

_ 프랭크 시나트라, '신중하게 생각해. 내 마음이니까'

프랭크 시나트라, 로즈메리 클루니, 빙 크로스비 등 많은 가수들이 부른 이 노래는 사랑에 빠졌을 때 우리가 처하게 되는 무기력한 상황을 계속 상기시킨다. 이를 강조하는 것이 노래 제목 "신중하게 생각해, 내 마음이 니까"이다.

> 내 마음을 기꺼이 네게 보낼게
> 갖고 있든 버리든 그건 네 마음이야
> 하지만 먼저 신중하게 생각해, 내 마음이니까

"하지만 이 노래의 진정한 매력은 화성에 있어요." 데이빗의 말이다. "노래 가사만 놓고 보면 세상에 이보다 더 진부한 것도 없죠. 여기에 화성이 들어가 긴장감을 부여하면서 가사가 촌스러움을 벗게 되는 겁니다. 이렇듯 사랑의 노래의 가사는 선율과 화성과 떨어져서는 별 힘을 발휘하지 못할 때가 많아요. 또 다른 멋진 사랑의 노래로 조니 미첼의 '어 케이스 오브 유'⁎가 있는데 가사가 정말 좋죠. 3분짜리 짤막한 소설이라고 해도 좋을 만큼 이야깃거리가 풍부합니다."

"내 생각에 20세기에 씌어진 가장 위대한 사랑의 노래는 후고 볼프의 가곡이 아닐까 싶어." 스탠퍼드 작곡가이자 내 친구인 조너선 버거의 말이다. 독일 작곡가 볼프는 20세기 초엽에 수백 곡의 가곡을 작곡했다. 화성이 너무도 복잡해서 사실상 노래 부르기가 불가능할 정도이며, 그의 손을 통해 선율, 화성, 가사가 서로 주고받는 방식이 최고 수준에 도달했다.

버거가 계속 말을 이었다. "그가 작곡 활동을 하던 당시는 조성이 해체되는 중이었지. 그래서 모든 것을 조성으로 작곡할 수 있는 마지막 시기였는데, 볼프는 여기에 5도화음을 넣고 저기에 1도를 두는 식으로 조성을 활용하지 않았어. 대신 무척 상징적인 방식을 사용했지. 예를 들어 '버림받은 처녀'⁽⁾라는 노래가 있는데, 여기서 한 여자가 아침에 일어나 사랑의 노래를 부르기 시작해. 노래를 부르는 와중에 자신이 잊히고 버림받았다는 것을 점차 깨닫게 되지. 이렇게 사랑의 꿈에서 실연의 각성으로 이동하면서 선율과 화성이 이에 맞게 변해. '내가 지금 꿈꾸고 있는 걸까, 깨어난 걸까? 내가 지금 어떤 상태지?' 이런 가사에 담긴 것을 음악이 그대로 나타내는 거지. 이렇게 해서 노래 자체, 노래가 작곡되는 과정 자체가 사랑의 표상이 된다고."

감상적이면서 기억하기 쉬운 대중음악 가운데 사랑의 성적 욕망을 다룬 노래들이 많다. 로드니 크로웰이 말했다. "음악이 원시인들 사이에서 처음 나타났을 때 리듬이 있었어요. 리듬을 들으면 섹스가 생각나잖아요. 하긴 리듬의 요소를 가진 가장 인간적인 행위가 뭐겠어요? 초창기 노래에는 분명 섹스에 관한 노래도 있었을 겁니다." 실제로 우리가 알고 있는 가장 오래된 노래인, 지금으로부터 6000년 전 수메르의 여신 이난나가 사랑하는 두무지를 위해 쓴 시와 노래가 노골적인 성적 내용을 담고 있다.

1940, 50년대에 불 무스 잭슨의 '마이 빅 텐 인치'⁽⁾(블루스 연주 밴드가 내놓은 음반에 대한 노래)와 다이나 워싱턴의 '빅 롱 슬라이딩 싱'⁽⁾(표면적으로는 트롬본 연주자에 대한 노래) 같은 외설스러운 리듬앤블루스 음반들이 많이 나왔다. 초창기 헤비메탈 음악들은 멋진 풍자나 미묘한 표현은 아예 관심도 없다는 듯 노골적으로 나아갔다. '화끈한 사랑'⁽⁾과 '더 레몬 송'⁽⁾(레드 제플린), '뜨거운 피'⁽⁾(포리너), '사랑하고 싶어'⁽⁾(배드 컴퍼니)가 대표적인 예들이다. 스트랭글러스는 "해변beaches을 걸으며 영계들peaches을 보았지"⁽⁾ 하고 노래했고, 조니 미첼은 연인이 "자기 손가락에 묻은 내 향을 맡으며/눈으로는 웨이트리스의 다리를 훔쳐보았지"⁽⁾ 하고

노래했다. 좀더 최근의 음악으로 눈을 돌리면 매그네틱 필즈가 「69 러브 송스」라는 제목의 기발하고 야심찬 음반을 발매했는데, 여기에 수록된 많은 곡들(가령 '언더웨어')이 욕정의 노래로 분류된다. "예쁜 남자애가 속옷만 걸치고 있네/기뻐서 펄쩍 뛰어올라도 아무도 상관 않겠지." 욕정의 노래는 미국이나 서양 문화에만 국한된 것이 아니다. 파키스탄 가수 나디아 알리 무즈라의 '추폰 기, 추폰 기'(망고를 핥아먹고 싶어)*에서 광둥 지방의 인기 차트에 오른 여러 노래들에 이르기까지 욕정의 노래는 많다.

"내가 알고 있는 우리 시대 가장 음란한 노래는 척 베리의 '달콤한 열여섯 청춘'*입니다." 로드니의 말이다. "다 큰 어른이 열여섯 살짜리 여자애를 갈망하는 노래죠. 거의 포식자가 먹이를 잡아채듯 말입니다. 또한 이 노래는 '록 어라운드 더 클락'* 같은 순수한 로큰롤과 도착적 외설의 중간 지대에 속하는 노래입니다. 물론 가사만 따로 놓고 보자면 문제될 게 없지만, 10대 애들은 추잡한 어른의 속내가 무엇인지 금방 알죠. '사내들은 너나 할 것 없이 달콤한 열여섯 청춘과 춤추고 싶어 해'는 당연히 그 이상의 속내를 감추고 있는 은유적 표현이니까요. 이제 우리는 척 베리라는 사람에 대해 많은 것을 압니다. 달콤한 열여섯 청춘에 대해 노래했던 그는 훗날 자신이 경영하고 있던 식당의 화장실에 카메라를 몰래 숨겨 놓았다가 적발되어 고소를 당했죠. 게다가 이 노래는 플랫 세븐스flat seventh 코드로만 진행되는데 이는 악마적인 소리를 냅니다."

많은 사람들이 음악 덕분에 오랫동안 묻혀 있던 기억이 생각났다고 말하는데, 대중적인 사랑의 노래가 특히 그러한 것 같다. 이는 현대적인 현상으로 보이며, 이제 우리는 신경생물학 연구 덕분에 이런 현상이 인간의 기억이 작동하는 방식 때문이라는 것을 안다. 기억 이론가들 사이에 널리 호응을 받는 견해에 따르자면, 우리가 경험하는 거의 모든 것이 기억

속에 각인되는데 문제는 이를 끄집어내는 것이다. 여러분이 뇌에서 어떤 기억을 끄집어내도록 돕는 인출 단서는 특정 시간이나 공간 또는 사건과 독보적으로 연관된 것들이다.

팝송은 대개 짧은 기간 동안 라디오에서 집중적으로 들리므로 냄새만 큼이나 효과적인 인출 단서가 된다. 국가나 생일 축하 노래도 특정한 기억을 끌어낼 수 있지만, 이보다는 가령 열네 살 이후로 한 번도 들어보지 못했던 노래가 오랫동안 묻혀 있던 기억을 끄집어낼 가능성이 더 높다.

"우리가 성적으로든 낭만적으로든 누군가에게 매료된 첫 순간에 흘러나왔던 노래는 대단히 중요한 의미를 갖게 되고, 이는 시간이 흘러도 결코 사라지거나 시들지 않아." 조너선 버거의 말이다. "정말 그런 거 같아. '그 땐 정말 왜 그랬을까' 하는 느낌이 평생 계속되는데, 내 경우에는 프레다 페인의 '황금 밴드'[1]를 들을 때마다 이런 기억이 새록새록 솟아나.

고등학교 다닐 때 여름에 아르바이트를 했어. 친한 친구 한 명과 건설 현장에 물품을 배달하는 일이었는데, 일부 물품을 몰래 숨겨두고 친구랑 차를 타고 나가 여자들을 만났지. 그때 이 노래가 나왔어. 10대 때 이 노래를 정말 좋아했는데 여기에 담긴 설렘과 흥분은 세월이 흘러도 절대 사라지지 않아. 음반을 듣고 있으면 에너지가 줄줄 넘쳐흐르지. 마이크 소리를 왜곡시켜 지금 무슨 악기가 사용되고 있는지 분간할 수도 없는데 정말 아름답고 따뜻한 아날로그 디스토션 소리가 나. 마치 아폴로 신전에 와 있는 느낌이랄까. 지금도 이 노래를 들으면 짜릿짜릿해. 잃어버린 사랑, 파기된 사랑의 약속, 그리고 그녀에게 남겨진 그가 준 반지, 황금 밴드."

앞서 나는 우리가 사랑과 같은 속 깊은 감정을 주고받을 때 도움을 주려고 진화가 선택한 것이 왜 하필 소리, 특히 음악이었을까 하는 질문을 제기한 바 있다. 그것은 음악이 정직한 신호이며 기억에 도움을 주고 신경화학적으로 우리를 자극하기 때문이다. 이 질문을 다른 관점에서 살펴보자. 당신이 곁에 없을 때에도 당신의 연인이 계속해서 당신 생각을 하고 강력한 정서적 유대—위로, 성실, 믿음의 감정을 일으키는 적절한 신경화학물질의 분비를 포함하여—를 느끼게 하며 여기에 기분까지 좋게 해주는 방법을 진화가 고안해야 한다고 해보자. 진화는 기존의 구조물을 활용하여 일련의 사소한 적응들을 꾀하는 방법을 택할 것이다. 가능하다면 원시적인 동기부여 체계를 활용할 방안도 찾을 것이다. 버림받을까 두려워하는 마음과 함께 있을 때의 위로, 사랑과 욕정 사이의 균형을 적절히 맞추는 한편 유희, 질서, 재배치, 비유, 통합 같은 고차적인 인식 체계도 자극해야 한다. 음악이 이 모든 것을 우리에게 행하며, 특히 사랑의 노래는 우리의 뇌에 자기 존재를 또렷이 남긴다. 사랑의 노래는 우리 인간의 가장 큰 열망과 고매한 품성을 이야기한다. 우리의 자만과 욕망을 옆으로 제쳐놓고 더 큰 대의에 봉사하는 것을, 우리 자신보다 다른 사람이나 다른 것을 우선적으로 돌보는 것을 이야기한다. 이런 생각을 할 줄 아는 능력이 우리에게 없었다면 오늘날 같은 사회는 만들어질 수 없었을 것이다.

우리들 각자는 어느 유전자가 살아남을지 결정하기 위해 수많은 세월 동안 유전적 군비확장 경쟁을 벌여온 최종 결과물들이다. 유전적 실물자산은 비싸다. 우리에게 어떤 식으로든 도움이 되는 유전자만이 살아남고 그렇지 않은 유전자는 퇴출된다.

우리들이 아기를 예쁘다고 생각하고, 짝을 유인하고 포식자를 피할 줄 알며, 신선한 과일을 맛있다고 느끼고, 세계에 대한 예술적 표상을 감상하는 것은 모두 자연선택의 결과다. 성은 본질적으로 기분 좋은 것이 아니다. 성을 즐긴 우리 선조들의 자식들이 살아남아 그렇게 말하기 때문에 좋은 것이다. 우리는 또한 추상적 사고와 상상력을 매혹적이라 생각하도록 선택되었다. 도킨스의 말을 다시 떠올려 보자. 오늘날 살아 있는 우리의 조상들을 거슬러 올라가면 유아 때 죽은 사람이 한 명도 없다. 그러니 친구들이여, 우리는 모두 챔피언이다.

온갖 다양한 형식의 사랑이 있지만 궁극적으로는 보살핌이라고 할 수 있다. 다른 사람, 집단, 이념, 장소에 대한 보살핌이 너무도 극진해서 자신의 건강과 안위, 심지어 목숨까지도 내놓을 수 있는 것이 사랑이다. 위대한 예술의 대표적인 특징으로 엄청난 배려와 고심이 들어간다는 점을 들 수 있다. 많은 사람들이 현대 미술에 대해 코웃음을 칠 때 전형적으로 내세우는 이유가 화가가 별 생각 없이 아무렇게나 캔버스에 칠한 것처럼 보인다는 것이다. 우리는 예술가가 노력하고 고심한 흔적이 역력한, 다시 말해 극진한 보살핌이 느껴지는 작품에 매료된다. 시각 예술의 경우 작업에 많은 시간이 들어가는 인상주의 화풍의 그림이나 사진처럼 생생한 포토리얼리즘 그림에 우리가 일차적으로 마음이 끌리는 이유다. 지금도 생각나는 설치미술이 하나 있다. 마이클 C. 맥밀런Michael C. McMillen이 수만 개의 물품들을 모아다가 로스앤젤레스카운티 미술관에 1950년대 풍의 교외 작업장을 만들어 놓은 것이었는데, 생생한 세부 표현과 노력과 정성이 당시 내게 너무도 인상적이어서 하루 종일 그곳에 서서 구경했던 기억이 난다.

음악으로 눈을 돌리면, 예술가가 음악 매체에 얼마나 많은 정성을 쏟았는지에 우선적으로 반응하는 사람들이 많다. 가령 핑크 플로이드와 비틀스의 중층적인 짜임새나 키스 재릿,[*] 캐넌볼 애덜리[*] 같은 연주자들의 현란한 테크닉이 우리의 이목을 끈다. 이 책에서 나는 전 세계 다양한 음악들을 예에 포함시키고자 노력했다. 나의 중심 주제는 인간의 문명사를 형성해온 여섯 가지 종류의 노래가 있다는 것이지만, 그렇다고 여섯 가지 노래들만 있다고 딱 잘라 말할 생각은 없다. 오히려 사람들이 음악을 통해 표현해내는 다양한 모습들이야말로 가장 인상적이다. 음악의 중요한 기능은 여섯 가지 범주로 설명할 수 있겠지만, 음악 문화마다 사람들이 음악을 만들어내는 방식은 실로 다양하다.

1991년에 스탠퍼드에서 기계공학자 친구 밥 애덤스와 함께 '테크놀로지와 음악 미학'이라는 강의를 한 적이 있다. 수압으로 소리를 내는 고대 그리스 파이프오르간에서 최신 디지털 신서사이저에 이르기까지 악기 디자인의 역사를 살펴보는 수업이었다. 우리는 음악에 커다란 영향을 미친 기술 발달의 역사를 살펴보면서 가장 강력하고 영향력 있는 두 가지 발달에 합의했다. 평균율의 발명, 전기 증폭 장치, 건반악기 제작 기술은 여기에 들어가지 않았다. 첫 번째로 우리가 꼽은 것은 음악 작품을 보존하고 공유하고 기억할 수 있게 해준 기보법이다. 우리가 알기로 가장 오래된 기보법을 발달시킨 이들은 고대 그리스인들이며, (더 정확하고 분명한) 오늘날의 기보 체계는 지금부터 500~800년 전으로 거슬러 올라간다.

두 번째는 녹음 기술의 혁신이다. 밀랍 실린더(에디슨 포노그래프)에서 시작해 아세테이트와 비닐, 테이프, 그리고 이제 CD와 디지털파일로 이어지는 다양한 포맷의 녹음 기술은 음악 만들기의 전 역사를 통틀어 가장 중요한 발달이라 해도 지나치지 않다. 녹음으로 인해 사람들이 연주에 대해 생각하는 방식 자체가 근본적으로 달라졌기 때문이다. 노래가 단 한 차례만 연주되어도 동일한 연주가 장소를 가리지 않고 이론적으로 무한정 계속 반복될 수 있다. 음반은 연주자가 존재하지 않는 장소에서도 연주되며 심지어 연주자가 죽고 없어져도 그의 연주는 영원히 남는다. 더 중요한 사실은 음반이 보편화됨으로써 노래를 이상적으로 구현해 낸 단 하나의 판본인 '결정적 연주'라는 개념이 생겨났다는 것이다. 피시, 데이브 매튜스 밴드, 그레이트풀 데드 같은 록 밴드들은 매번 같은 노래를 다르게 연주하며 경력을 쌓아 갔지만(재즈에서는 이것이 꼭 필요한 능력이다), 지난 한 세기 동안 대중음악을 머리에 떠올려보면 일반적으로 노래마다 '공식적인' 하나의 판본이 존재한다. 사회 전체가 듣고 익히는 것이 바로 이 판본이며, 덕분에 전례 없이 전 세계적인 규모로 음악이 널리 공유된다. 음반은 이제 자체적 소리와 청각적 감성을 갖춘 독자적인 미적 대상이 되었다. 나는 레코딩에 대한 사랑으로 평생을 살았고, 음반을 하나의 예술형식으로 보는 데 조금의 의구심도 없다.

여섯 가지 노래에 담긴 이야기를 풀어가는 동안 "역사상 가장 위대한 또는 사랑 받은 노래는 무엇일까?" 혹은 음악가로서 더욱 흥미로운 "가장 지대한 영향력을 미친 노래는 무엇일까?" 하는 질문으로 논의가 흐트러지지 않도록 각별히 조심했다. (두 질문은 논점에 차이가 있다.) 정의에 충실히 따르자면, 가장 지대한 영향력을 미친 노래는 우리 선조들 가운데 한 명이 다른 사람이 부르거나 연주하는 것을 듣고 자신의 머릿속에 담아두었다가 진화가 마련해 준 지각-생성 체계를 활용하여 이를 직접 소리 내어 부르고 싶게 만들었던 최초의 노래일 것이다. 우리 시대로 논의를 좁혀 보자면, 재즈, R&B, 가스펠, 록, 메탈, 블루그래스, 컨트리 음악에 직접적인 모태가 되거나 영향을 미친 1900년대 초 블루스 음악이 아마 왕관을 차지하지 않을까 싶다. 최초의 무조음악으로 평가받는 쇤베르크의 「달에 홀린 피에로」(1912)는 고전음악에 있어서 중요한 분기점을 이루며, 재즈, 록, 실험음악에도 영향을 미쳤다. 하지만 이 책에서는 지난 한 세기를 돌아보기보다 수만 년 전으로 거슬러 올라가는 음악의 긴 역사를 살펴보는 데 초점을 맞추었다. 물론 필요할 때면 여러분의 이해를 돕기 위해 20세기 음악에서 많은 예들을 골랐다.

나의 개인적 음악 취향은 1960년대 북부 캘리포니아에서 유년기를 보낸 경험이 만들어낸 것이다. 독단을 무릅쓰고 내 견해를 밝히자면, 사랑의 노래를 최고 수준으로 끌어올린 세 명의 서양 뮤지션은 알렉스 드 그라시, 가이 클라크, 마이크 스코트이다.

내가 음악을 듣는 방식을 영영 바꿔놓은 결정적인 순간들이 몇 차례 있었다. 비틀스를 처음 들었을 때, 캐넌볼 애덜리의 색소폰 솔로를 처음 들었을 때, 그리고 [뉴에이지 뮤지션] 알렉스 드 그라시의 어쿠스틱 기타 연주를 처음 들었을 때가 그랬다. 기타 칼럼니스트 톰 휠러Tom Wheeler는 진지한 기타리스트들이 성서처럼 여기는 잡지 『기타 플레이어』에 알렉스의 테크닉에 대해 이렇게 썼다. "동료 기타리스트들을 극단적인 선택으로 몰아가는 테크닉. 미친 사람처럼 연습에만 몰두해야 할까, 아니면 기타를 확 팽개쳐 버려?"

알렉스의 작곡과 연주력은 기교적인 면에서 예사롭지 않지만, 더 중요한 것은 그의 연주를 들으면 기쁨과 슬픔의 눈물이 줄줄 흘러내리고 때로는 기쁜 건지 슬픈 건지 구별이 가지 않는다는 점이다. '어나더 쇼어'[♙](「워터 가든」 음반에 수록)가 흐르면 행복과 우울과 평온과 흥분과 경외감이 한꺼번에 밀려온다. 음악이 우주의 음성이라는 토리 에이모스의 말이 그의 연주를 들으면 정말 실감난다. 그리고 가끔은 내가 이해는 하지만 말로 설명할 수 없는 목소리의 일부가 된 듯하다.

알렉스의 음반을 들을 때면 내가 음악에 대해 전혀 모른다는 것을 깨닫고 낙담할 때가 많다. 내 음악을 좋아하는 청자들의 환상에 힘을 얻어 자신감을 조금 되찾아도 내 안의 목소리가 나는 저렇게 잘할 수 없다고 말한다! 어떻게 하면 알렉스와 나 사이의 실력 차이를 좁힐 수 있을지 모르겠다. 작곡 실력, 기타 연주력, 전반적인 음악성 모두 다. 참으로 이상하게도 가령 톰 페티나 닐 영의 음악을 들을 때는 이런 감정이 들지 않는다. 내가 그들만큼 잘한다는 뜻은 물론 아니지만, 어떻게 차근차근 노력하면 어느 정도는 그들과 비슷해지리라는 생각이 든다. 언젠가 폴 사이먼이 내게 말하기를, 매체를 불문하고 정말 위대한 예술가는 청중들이 그 영향력과 아이디어를 결코 알지 못한다고 했다. 나머지 우리들과는 아예 다른 뭔가를 만들어낸다는 것이다. 내게 알렉스가 바로 그런 존재다. 그는 음악과 기타를 몹시 사랑하며, 작곡과 연주를 완벽하게 가다듬느라 정말 많은 시간을 쏟는다. 바로 사랑의 힘이다.

나는 컨트리 송라이터 가이 클라크를 장인이라고 생각한다. 그는 선율과 가사를 너무도 경제적으로 다뤄 나를 놀라게 한다. 멋진 가구라고 해서 항상 감탄할 만한 조각이 새겨진 것은 아니다. 선이 우아하고 소박한 아름다움을 풍기는 가구도 충분히 멋질 수 있다. 가이 클라크의 '더 랜덜 나이프'에, 나아가 그의 노래 전체에 바로 이런 멋이 배어 있다. 그는 노련한 목수처럼 아주 신중하게 노래를 만들어 적절한 모습이 나타날 때까지 계속 다듬고 다듬는다. 그가 이런 과정을 사랑하고 노래를 사랑한다는 것이 눈에 선하게 보일 정도이며, 그가 만든 곡과 연주, 심지어 그의 음반을 들어봐도 그가 얼마나 노력했는지 그대로 드러난다.

'더 랜덜 나이프'는 아버지와 아들에 관한 노래다. 아버지가 죽자 아들이 그의 죽음을 우리에게 들려주는데, 어떻게 보면 관계의 죽음과 관계의 탄생을 동시에 상징적으로 들려주는 노래이기도 하다. 아버지가 더 이상 이 세상에 존재하지 않으므로 신체적 관계는 분명 죽었지만, 노래를 듣다보면 화자의 관점에 이끌려 아버지와의 관계가 이제야 막 시작되는 게 아닌가 하고 믿게 된다.

아버지는 랜덜 나이프를 갖고 계셨지

우리를 파멸로부터 지켜내려고
전쟁에 나가실 때
어머니가 그에게 주신 칼이야
랜덜 나이프를 들고 있으면
아버지가 잘 계신다는 것이 느껴져
이보다 좋은 칼이 만들어진다면
아마 그건 지옥에서 만든 칼일 테지

아버지는 좋으신 분이셨어
변호사 일을 하셨지
딱 한 번 아버지가 칼을
잘못 사용하시는 것을 보았는데
연장으로 사용하려다
엄지손가락을 거의 벨 뻔 하셨지
칼은 그보다 더 우울한 일에 사용해야 해
누구도 예외가 아니야

언젠가 보이스카우트 캠프에 간다고 하자
아버지가 내게 칼을 빌려주시더군
그런데 내가 칼로 나무를 찌르다가
날을 조금 부러뜨렸어
한동안 아버지가 못 보시게 숨겨놓았지만
못 찾으실 아버지가 아니지
심한 말씀 한마디 않고
그냥 서랍 바닥에 넣으셨어

그렇게 서랍 속에 고이 놓인 채로
어느덧 20년의 세월이 흘렀어
아서 왕의 보검 엑스캘리버처럼
눈물 한 방울을 기다린다는 점은 달랐지만

내가 마흔 살일 때 아버지가 돌아가셨어
눈물이 나오지 않더군
내가 아버지를 사랑하지 않아서도
아버지가 나를 사랑하지 않아서도 아니야
그보다 사소한 것들에는 눈물을 흘렸어
위스키, 고통과 아름다움
하지만 아버지를 위해서는 더 나은 눈물을 흘려야 했어
난 아직 준비가 안 됐어

가족과 함께 배를 타고 나가
아버지의 재를 바다에 뿌리고
장미꽃을 그 위에 던지자
모든 추억이 새록새록 솟아났지
집에 돌아왔을 때
갖고 싶은 게 뭐냐고 내게 묻더군
법률서, 시계, 이런 것 말고
아버지가 늘 곁에 두시던 것을 달라고 했어

랜덜 나이프를 서랍 바닥에서 꺼내들자
손이 화끈 달아올랐어
그 순간 아버지의 삶을 기리는 눈물 한 방울이

뚝 흘러내렸어

_가이 클라크, '더 랜덜 나이프'[1]

불과 몇 마디 말만으로도 주인공이 어떤 사람들인지 금방 알 수 있다. 나는 지금까지 이 노래를 정말 많이 들었는데 매번 눈물을 흘린다. 그가 아버지에 대해 가졌던 사랑, 노래라는 매체에 대한 사랑, 그리고 삶을 너무도 힘겹게 만들지만 그렇기에 삶이 소중해지는 것들에 대한 사랑이 내 마음을 울린다.

마이크 스코트(아일랜드 밴드 워터보이스의 메인 작곡가이자 보컬리스트)의 '모두 가져와'[2]는 내 생각에 역사상 가장 완벽한 사랑 노래로 꼽아도 손색이 없다. 세상과 하나가 되고 싶어 하는, 세상에 존재하는 모든 것을 껴안고 싶어 하는 한 인간의 열망을 담은 노래다. 선한 사람과 악한 사람, 위대한 사람과 보잘것없는 사람 가리지 않고 우리 모두에게 바치는 사랑의 노래다. 홀로 사색에 잠겨 세상과 연결되었다는 느낌을 부여잡고자 노력하는 사람의 노래다. 그는 외로움과 절망에서 벗어나 가장 깊은 사랑을 발견한다. 생명에 대한 사랑, 사랑 자체에 대한 사랑으로 모든 것에 기꺼이 마음을 열고 고통까지도 받아들이려 한다.

노래는 거의 스페인풍의 민첩한 스트러밍 주법으로 시작한다(기술적으로 상당히 어렵다). 기타를 픽이 아니라 손가락으로 연주해 현을 튕기는 순간 섬세하고 부드러운 느낌을 준다.

(코러스)
모두 가져와, 모두 가져와, 모두 가져와
모두 가져와, 모두 가져와, 내 마음속에 받아들이게 (2번 반복)

> 잔챙이도 좋고 상어도 좋아
> 밝은 곳에 있는 녀석도, 어두운 곳에 있는 녀석도 다 가져와
> (코러스)
>
> _마이크 스코트, '모두 가져와'[*]

'모두 가져와' bring'em all in 하는 구절이 여기서 주문과 같은 역할을 한다. 코러스 마지막 가사 heart에서 선율이 슬며시 올라가 마치 바닥이나 심해 깊은 곳에서 대상을 끄집어 올리는 듯한 인상을 준다. 반쯤 속삭이는 목소리는 스스로에게 건네는 친밀한 노래처럼, 혹은 조물주에게 건네는 기도처럼 들린다.

> 동굴에 있는 것을 가져와, 언덕에 있는 것을 가져와
> 어두컴컴한 데서 가져와, 환한 곳에 세워두게
> (코러스)
>
> 커튼에 덮인 것을 가져와, 창고에 쌓인 것을 가져와
> 보이지 않은 데서 가져와, 문 옆에 세워두게
> (코러스)

중간 부분의 더블 코러스에 이르면 가수의 목소리가 한층 나지막하게 거의 울음처럼 들린다. 이제 노래는 비탄의 노래, 영적으로 죽어가며 마지막 희망의 시간을 위해 마음을 여는 한 남자의 절박한 노래가 된다.

> 용서할 수 없는 것, 되찾을 수 없는 것을 가져와

잃어버린 것, 이름 없는 것을 가져와, 모두가 볼 수 있도록
추방당한 것, 잠들어 있는 것을 가져와
입구에 가져와, 발 옆에 놓아두게

가장 고귀한 사랑은 바로 우리 존재에 대한 사랑이다. 결점 많고 파괴적이고 비겁한 두려움과 험담과 경쟁의식에 시달리는 인류에 대한 사랑 말이다. 가장 어려운 시기에 처했을 때 종종 내보이는 선함, 아무도 보지 않는데도 올바른 일을 행하는 의로움, 아무 소득이 없는데도 정직하게 구는 것, 남들이 싫다고 외면하는 사람을 사랑하는 것. 바로 이런 것들에 대한 사랑이, 그리고 이를 글로 짓고 노래로 만들어 찬양할 줄 아는 능력이 우리를 인간답게 만드는 것이다.

1장 노래 부르는 뇌가 탄생하다

p.9

"미국인들은 처방전 약이나 섹스보다 음악에 더 많은 돈을 지출하며 …"

♪ Huron, D.(2001). Is music an evolutionary adaptation? *Annals of the New York Academy of Sciences* 930: 51.

"… 평균적으로 하루 다섯 시간 이상 음악을 듣는다."

평균적인 미국인들은 하루에 텔레비전을 다섯 시간 정도 보므로 텔레비전에 나오는 음악만 쳐도 음악 듣는 시간이 상당하다는 것을 알 수 있다. 코미디, 드라마, 광고, 심지어 뉴스 프로그램에도 음악이 쉬지 않고 나오기 때문이다. 여기에 역이나 식당, 사무실 건물, 공원 같은 공공장소에서 흘러나오는 음악과 옆집 뜰이나 아파트에서 들려오는 음악을 포함하면 우리는 실로 엄청난 양의 음악을 접하고 산다. 자세한 통계는 acnielsen.com을 보라.

p.11

"… 재판 도중 판사를 죽인 사이코패스 살인마에 관한 캐치송도 있으며 …"

♪ Lennon, J., and McCartney, P.(1969). Maxwell's silver hammer [Recorded by the Beatles]. On *Abbey Road* [LP]. London: Apple Records.

"… 약속을 지키겠다고 약속하는 노래 …"

♪ Prosen, S.(1952). Till I waltz again with you [Recorded by Theresa Brewer]. On *Till I Waltz Again With You* [45rpm record]. Coral Records.

"… 부모의 죽음을 애도하는 노래 …"

♪ Crowell, R.(2001). I know love is all I need. On *The Houston Kid* [CD]. Sugar Hill Records.

p.14

"1만 년 전만 해도 인간과 애완동물과 가축이 지구 육지의 척추동물 가운데 0.1퍼센트에 불과했지만 지금은 98퍼센트에 이른다."

♪ MacCready, P.(2004). The case for battery electric vehicles. In *The Hydrogen Energy Transition: Cutting Carbon from Transportation*, edited by D. Sperling and J. Cannon. San Diego, CA: Academic Press, pp. 227~233.

나는 이 사실을 2006년 맥길 대학에서 있었던 대니얼 데닛의 강의에서 처음으로 들었다.

"또한 인류는 변화무쌍한 종이기도 하다."

현재 미국 내에도 여러 하위문화가 존재한다. 흙을 먹는 사람들, 얼굴이 있는 것을 먹지 않는 사람들, 자기들의 종교 지도자가 의식을 통해 축복을 내린 음식만 먹는 사람들. 미국인들이 사용하는 언어는 300가지가 넘는다. 오른쪽에서 왼쪽으로 글자를 읽는 사람, 반대로 읽는 사람, 위에서 아래로 읽는 사람, 그리고 아예 못 읽는 사람도 있다. 그렇다면 음악은? 작년에 내가 캐나다 대학생 1,000명을 조사한 바에 따르면, 자신들이 듣는 60가지 서로 다른 음악 장르를 구분하는 것으로 나타났다. 중동 지방의 옛 수피 음악에서 스웨덴의 데스메탈까지, 우랄산맥 지방의 토착 민속음악에서 목소리를 일그러뜨린 나인 인치 네일스의 스타일까지 다양했다. 하지만 이것은 북아메리카 대학생들이 즐겨 듣는 음악일 뿐 전 세계 다양한 연령층으로 대상을 넓히면 음악의 세계는 이보다 훨씬 다양하고 넓다.

p.15

"정의에 따르면 '노래'는 가창을 위해 만들어지거나 개작된 음악 작품이다."

『호모 무지쿠스』의 영어판 제목은 『여섯 개의 노래』(*The World in Six Songs*)이다. 음악 '작품'이 아니라 '노래'에 관심을 기울인다는 뜻이다. 음악학자들은 일반적으로 '노래'와 그보다 길이가 긴 음악 형식을 구분하며, 노래를 대개 가사를 수반하는 것으로 이해한다. 이런 구별은 결국 노래가 음악의 하위집단이라는 뜻이며 우리의 직관에도 부합하는 것 같다. 대부분의 사람들은 바그너의 연작 오페라 「니벨룽의 반지」나 베토벤의 5번 교향곡을 노래로 생각하지 않는다. 하지만 만약 당신이 베토벤의 교향곡을 한 번도 들어보지 못했다고 해보자. 어느 날 할아버지가 한가로이 정원을 거닐며 "빰빰빰 빠아 빰빰빰 빠아"하고 흥얼거리시는 것을 듣는다. 이때 방금 들은 '노래'가 무엇인지 당신이 묻는다고 해서 언어 감찰관이나 음악학 집행관이 사회질서 유지에 중요한 소통의 틀이 무너졌다며 경고를 보내는 일은 일어나지 않는다. 알래스카 지방에 사는 알류트 족 사람들이 눈[雪]에 해당하는 단어를 스무 개나 가지고 있듯이 우리는 다양한 음악 형식에 어울리는 수많은 낱말을 가지고 있다. 징글, 소곡, 곡조, 선율, 에어, 성가, 아리아, 송가, 발라드, 찬가, 캐럴, 찬트, 코랄, 찬송가, 자장가, 넘버, 오페라, 피스, 랩소디, 후렴, 뱃노래, 절, 코러스, 버스, 여기에 특정 형식을 지칭하는 소나타, 칸타타, 교향곡, 4중주 등등. 이 모두가 흥미로운 차이를 드러낸다. 음악형식에 따라 전달하려는 메시지가 다르다. 예를 들어 우리는 아기를 잠재우려고 찬가를 틀거나 '몬스터 트럭' 자동차 경기 티켓을 팔 때 코랄을 틀지 않는다. 그렇다면 '노래'와 '음악'의 구별은 대체 어떤 의미가 있을까?

사실 알류트 족은 영어를 쓰는 우리보다 눈에 해당하는 단어를 많이 갖고 있지 않다고 한다. 이에 관해 흥미롭고도 재미있는 에세이가 있다. Pullam, G.(1991). The great Eskimo vocabulary hoax. In *The Great Eskimo Vocabulary Hoax and Other Irreverent Essays on the Study of Language*, edited by G. Pullam. Chicago: University of Chicago Press, pp. 159~174.

"… 차이콥스키의 교향곡 5번의 선율에 가사를 붙인 존 덴버처럼 …"

존 덴버가 '애니 송'에서 "You fill up my senses" 하고 부르는 대목은 차이콥스키 교향곡 5번의 안단테 칸타빌레 악장의 주선율과 흡사하다. 이어지는 "like a light in the forest"에서 덴버는 차이콥스키의 원래 화성을 그대로 지키면서 주제에 변형을 가한다.

♪ Denver, J.(1974). Annie's song. On *Annie's Song* [CD]. Delta Records.(1997).

♪ Tchaikovsky, P.I.(1888). Symphony no.5 in E minor, op.64 [Recorded by M. Jansons(지휘자) and the Oslo Philharmonic Orchestra]. On *Tchaikovsky: Symphony no.5* [CD]. Chandos Records.(1992).

p.16

"생일 축하 노래는 지구상의 거의 모든 언어로 번역되어 불리지 않는가(심지어 「스타 트렉: 더 넥스트 제너레이션」에 보면 클링온 족의 언어로도 불린다. 'qoSlIj DatIvjaj' 라는 노래 제목으로 말이다)."

클링온 족의 언어 발음은 http://www.kli.org/tlh/sounds.html을 참고하라.

p.19

"나는 실제로 매기 메이(로드 스튜어트), 록산느(폴리스), 척 이(리키 리 존스), 존 제이콥(옛 동요)이라는 이름을 가진 사람들을 알고 있는데, 누군가가 이들에게 이전 에 누구도 그런 생각을 하지 않았다는 듯이 이런 노래를 불러줄 때마다 이들은 깜짝 깜짝 놀란다고 한다."

내 딸은 재치 있는 질문이라 생각해, 로잔 캐시를 처음 만나자마자 '수'라는 이 름을 가진 남자형제가 정말로 있는지 물어보았다. 셸 실버스타인이 작곡하고 그녀의 아버지 조니 캐시가 부른 유명한 노래 '수라는 이름의 소년'을 염두에 둔 질문이었다. 로잔은 눈동자를 이리저리 굴리고는 내가 그 동작의 뜻을 알 아차리도록 뜸을 들인 다음—그 순간 그녀는 내 질문이 정말 바보 같다는 것 을 알았다—이렇게 말했다. "또 그 질문이군요." 내가 정말 어리석었던 것이, 그녀와의 만남을 여러 달 동안 마음속에 되새기며 다음에 그토록 아름답고 매 력적인 여인을 만나면 보다 더 지적인 질문을 해야겠다고 생각한 뒤에야 그때 내가 했던 농담이 맥을 잘못 짚은 실패작이었음을 깨달았다. 아버지가 '수'라는 이름을 지어준 남자는 바로 노래의 주인공이었다. 조니 캐시가 수의 입장이 되어 노래를 부른 것이다. 마지막 대목의 가사는 이렇다. "언젠가 내가 아들을 갖게 된다면 이름을 빌이나 조지로 지어야지. 수만은 절대로 안 돼!" 따라서 농담을 하려거든 로잔에게 남자형제가 아니라 아버지 이름이 '수'인지 물었어야 했다. 다음번에 그녀를 만났을 때—고맙게도 그녀는 그간 있었던 일을 다 용서하거나 잊은 듯했다—내가 이 사실을 지적했더니, 이미 이런 일을 수도 없이 겪었고 지금도 계속해서 만나는 사람 거의 모두가 정확한 가족관계도 모르고 남자형제가 있는지 물어온다고 했다.

♪ Silverstein, S. (1969). A boy named Sue [Recorded by Johnny Cash]. On *This Is Johnny Cash* [LP]. Harmony Records.

p.20
"남자는 여자를 사랑할 때 원하는 사랑을 붙잡기 위해 마지막 남은 한 푼까지 다 바친다."

♪ Lewis, C., and Wright, A. (1966). When a man loves a woman [Recorded by Percy Sledge]. On *When a Man Loves a Woman* [LP]. Muscle Shoals, AL: Atlantic.

p.22
"언어와 음악이 한 사람의 손에서 발명되었거나 단일한 시공간에서 만들어졌을 가능성은 거의 없다."

물론 개별적인 노래들이야 만든 사람이 있고 '베트남화', '소리풍경' 같은 단어도 누군가가 만든 것이지만, 언어와 음악 자체를 발명하는 것은 이와 다른 문제다.

"… 관점 바꾸기 …"

심리학자들은 이를 가리켜 '마음 이론'이라고 부르는데, 이 용어는 1978년 데이빗 프리맥과 가이 우드러프가 처음 사용한 이래로 발달심리학 문헌에 자주 사용되었다. 피아제가 말한 '객관성'과도 비슷하다. '마음 이론'이 다소 전문용어 같은 인상을 주기 때문에 나는 여기서 '관점 바꾸기'라는 표현을 사용

할 것이다. 이렇게 쓰고 보니 관찰자의 관점의 중요성을 말한 아인슈타인과
도 비슷한 면이 발견된다. 결국은 관찰자에 따라 같은 사건도 다르게 지각된
다는 뜻이니까.

Premack, D.G., and Woodruff, G.(1978). Does the chimpanzee have a theory of
mind? *Behavioral and Brain Sciences* 1(4): 515~526.

p.24

"… 옥타브 동치성 …"

옥타브는 주파수 진동수가 정확히 두 배 차이 나는 두 음 사이의 음정을 말
한다. 보통 성인 남자의 말소리가 110Hz(헤르츠: 초당 진동수를 나타내는 단
위), 성인 여자의 말소리가 220Hz 정도 되므로 남녀 목소리가 옥타브 음정을
이루는 셈이다.

p.27

"우리는 아기들이 본질적으로 혹은 객관적으로 예쁘기 때문에 예쁘다고 생각하는
것이 아니다."

예쁨이라는 것은 인간이든 동물이든 마음이 지각하고 해석한 결과물이다. 이
것은 대상에 내재되어 있는 속성이 아니다.

p.28

"다른 동물들은 하지 않는데 오로지 인간만 하는 그것은 바로 예술이다."

나는 코끼리가 만들어내는 예술 같은 논란이 많은 문제는 제쳐두려 한다. 코끼
리에게 붓과 페인트를 주고 몇 가지 지시를 내리면 캔버스에 칠을 한다. 보통
추상화 같은 특징이 나타난다. 꽃을 닮은 그림들이 보이는데 어디까지가 열성
적인 조련사의 지시의 산물인지 판단하기 어렵다. 적절한 도구를 주면 코끼리
는 음악과 비슷하게 들리는 소리도 만들어낸다. 내 동료 애니 파텔이 이를 연
구하여 코끼리가 일정한 박을 유지할 수 있다는 것을 알아냈다. 인간의 개입
없이 코끼리나 다른 동물들이 이런 행동을 자체적으로 할 수 있다는 증거는
아직까지 없다. 따라서 여기에 예술적 표현이라는 이름을 붙이는 것은 내가 볼

때는 과도한 의인화 경향에 희망적 관측이 반영된 결과 같다.

p.30

"전통적으로 시는 리듬감 있는 패턴, 박자 패턴, 행의 수 같은 형식의 관점에서 논의된다."

2008년 헬렌 벤들러는 형식에 대해 좀더 유연한 태도를 취했다. 그녀는 형식이라는 말을 사실상 스타일과 같은 뜻으로 쓴다.

> 각각의 시가 새롭게 내딛는 개인적 모험은 기술적 숙련을 통해 가능하다. 물론 시인이 담고자 하는 도덕적 주장도 기술적 완성도만큼이나 시를 생생하게 만드는 요소이지만, 도덕적 주장만으로는 절대 시가 되지 않는다. 기술적 솜씨도 마찬가지다. 둘 다 갖춰야 한다. 형식은 시인의 도덕적 주장, 시인의 자기표현을 솜씨 좋게 구현해 낸 것이다.

Vendler, H.(2008, January~February). Poems are not position papers. *Harvard Magazine* 25.

pp.31~32

"그[존 바]는 상아탑에 어울리지 않는 시를 옹호하며 이렇게 말했다."

Barr, J.(2007). Is it poetry or is it verse? Poetry Foundation. Retrieved December 1, 2007, from http://www.poetryfoundation.org/journal/feature.html?id=178645, chap. 1.

p.34

"'시는 의견서가 아니라 추론과 가정의 공간이다.'"

Vendler, H.(2008, January~February). Poems are not position papers. *Harvard Magazine* 25.

p.43

"… 조지 레이코프식의 은유 …"

Lakoff, G.(1987). *Women, Fire and Dangerous Things: What Categories Reveal About the Mind*. Chicago: University of Chicago Press. [조지 레이코프, 『인지의미론』, 이기우 옮김, 한국문화사, 1994.]

p.48

"내 판단으로는 예술은 지금도 생존을 위한 열쇠다."

Read, H.(1955). *Icon and Idea*. Cambridge, MA: Harvard University Press. [허버트 리드, 『도상과 사상』, 김병익 옮김, 열화당, 2002.]

"드로잉, 회화, 조각, 시, 노래를 통해 창조자는 눈앞에 보이지 않는 대상을 표상하고 …"

여기서 내가 폭넓게 참고한 문헌은 다음과 같다. Storr, A.(1992). *Music and the Mind*. New York: Ballantine Books, p. 2.

2장 우애의 노래를 부르면

p.55

"동트기 전의 기습공격은 선사시대 전쟁에서 적을 오싹하게 만드는 신기술이었다."
그렇다고 해서 모든 침략이 걷잡을 수 없는 호전적 성향 때문에 일어났다는 말은 아니다. 자원의 불평등한 배분 같은, 오늘날에도 갈등의 원인이 되는 요소로 인해 많은 싸움들이 일어났다. 가령 오랫동안 두 부족이 평화롭게 지내다가 한 부족의 수원水原이 말라붙어 더 이상 물을 공급받을 수 없게 되었다고 해보자. 이들은 물이 없으면 살 수 없고 이웃 부족은 물을 나눠주지 않으려 한다. 결국 앉아서 그냥 죽을지 이기적인 이웃을 공격할지 결정해야 한다.

p.60

"음악의 리듬이 인간의 지각 체계에 들어가면 다른 개인의 행동을 예측하고 이에 맞추는 일이 가능해진다."

Condon, W.S.(1982). Cultural microrhythms. In *Interaction Rhythms*, edited by M. Davis. New York: Human Science Press, pp. 53~77.

p.61
"함께 어울려 노래하면 옥시토신이라는 신경화학물질이 분비되는데, 이는 사람들 사이에 신뢰감을 형성하는 데 관여하는 물질이다."

Kosfeld, M., M. Heinrichs, P. Zak, U. Fischbacher, and E. Fehr(2005). Oxytocin increases trust in humans. *Nature* 435: 673~676.

p.62
"근육을 리듬감 있게 조정할 줄 아는 능력 ⋯ 이 없었다면 이집트의 피라미드를 비롯한 유명 건축물은 아마 만들어지지 못했을 것이다."

McNeill, W.(1995). *Keeping Together in Time: Dance and Drill in Human History*. Cambridge, MA: Harvard University Press, p. 55.

p.63
"선로 작업 노래 ⋯"

이런 예와 명칭을 알려준 데니스 드레이나Dennis Drayna에게 고맙다는 말을 전한다.

p.65
"세월이 많이 흐른 지금까지 기억나는데 나는 으쓱거리면서 돌아다니는 걸 좋아했다."

McNeill, W.(1995). *Keeping Together in Time: Dance and Drill in Human History*. Cambridge, MA: Harvard University Press, p. 2.

p.66
"⋯ 흙을 즐겨 먹는 사람 ⋯"

이런 행위를 가리켜 토식geophapy이라고 하는데 본문에서 언급한 이점은 내가 지어낸 것이다.

"이런 변이를 가진 고양이는 병에 걸리거나 자손에게 병을 물려줄 가능성이 줄었을 테고, 그래서 이런 변이가 빠르게 유전체로 퍼져 나갔을 것이다."

내가 예로 든 이런 설명은 동료 짐 플래맨든Jim Plamandon이 내게 알려준 것이다. 그에게 고맙다는 말을 전한다.

"함께 노래하고 춤추고 행진하는 것을 즐겨 몇 시간이고 서로 모여 연습한 사람들은 전장에서 장점을 발휘해 승자가 될 가능성이 높았다."

물론 많은 경우 군복무는 강제징집을 통해 이루어진다. 그럼에도 위의 예는 여전히 설득력이 있다. 훈련에서 즐거움을 얻지 못한 사람들은 자체적으로 시간을 내어 연습할 가능성이 많지 않으며, 따라서 전문가가 되기 힘들다. 반면 연습을 즐긴 사람들은 싸움에 더 능숙해져서 전장에서 솜씨와 열의를 발휘할 가능성이 높다. 실제로 장기적으로 보면, 자연선택은 수동적이고 평화를 사랑하는 사람들을 쓸어버릴 수 있는 사납고 살인충동이 있는 사이코패스를 선호한다고 한다.

p.68

"은신처 역할을 했던 나무에서 내려오자 안전 확보를 위해 …"

Mithen, S.(2005). *The Singing Neanderthals: The Origins of Music, Language, Mind and Body.* Cambridge, MA: Harvard University Press, p. 126. [스티븐 미슨, 『노래하는 네안데르탈인』, 김명주 옮김, 뿌리와이파리, 2008, p. 183.]

p.70

"'남들 마음을 읽을' 줄 알아 그들의 행동을 더 잘 예측하는 사람은 집단 내의 경쟁에서 분명 유리했을 터이다."

스티븐 미슨이 비슷한 설명을 들어 이를 지적했다.

Mithen, S.(2005). *The Singing Neanderthals: The Origins of Music, Language, Mind and Body.* Cambridge, MA: Harvard University Press, p. 128. [스티븐 미슨, 『노래하는 네안데르탈인』, 김명주 옮김, 뿌리와이파리, 2008, p. 186.]

p.73

"래퍼들은 '자신의 목소리가 대중 담론의 언저리로 밀려난 젊은 흑인 여성들의 두려움과 즐거움, 그리고 희망을 정확히 짚어 내고 표명한다.'"

Rose, Tricia.(1994). *Black Noise: Rap Music and Black Culture in Contemporary America*. Hanover, NH: Wesleyan University Press, p. 146.

p.74

"플라스틱 피플 오브 더 유니버스(PPU)는 … 체코슬로바키아의 민주화 혁명을 촉발시킨 밴드로 널리 알려져 있다."

이 이야기와 이반 비어한츨의 인용문은 『뉴욕타임스』에 실린 톰 스토파드 극본의 연극 「로큰롤」에 대한 리뷰 기사에서 가져왔다.

Parales, J.(November 11, 2007). Rock'n Revolution. *The New York Times*.

p.80

"자유 발언과 저항운동과 여성해방과 인종 문제가 하나의 거대한 이슈로 수렴되어 우리를 뭉치게 하고 그들을 압박했다."

우리와 그들을 구분하는 일은 간단했다. 머리를 길게 기르면 이런 대의를 지지하는 것이고, 짧은 머리를 하면 우리가 전쟁을 벌이지도 않은 나라(캄보디아)의 죄 없는 아이들을 무차별 살상하는 것을 지지하는 사람이라 여겼다. 우리는 이런 자들이 백인의 우월성을 믿고 록 음악을 싫어한다고 생각했다.

p.84

"브루스 콕번은 … 반전 노래 '내게 만약 로켓 발사대가 있다면'을 작곡했다."

콕번의 인용문은 『워싱턴포스트』에 실린 다음의 기사에서 가져왔다.

Harrington, R.(October 19, 1984). The Long March of Bruce Cockburn: From Folkie to Rocker, Singing About Injustice. *Washington Post*.

3장 기쁨의 노래를 부르면

p.102

"… 통나무 블루스 …"

「렌과 스팀피」에 등장하는 또 다른 유명한 노래로 '해피 해피 조이 조이 송'이
있다. 이 곡도 마찬가지로 활력이 넘치는 곡이지만 여기서 '통나무 블루스'를
소개한 까닭은 노래가 좀더 단순하고 무엇보다 아래에 나오는 슬링키 광고노
래와 연결되기 때문이다.

p.103

"고대 그리스인들은 정신병에 시달리는 환자들의 발작을 가라앉히는 데 하프 음악
을 활용했다."

Shapiro, A.(1969). A pilot program in music therapy with residents of a home
for the aged. *The Gerontologist* 9(2): 128~133.

p.104

"뇌는 특정 문제를 해결하기 위해 서로 독자적으로 발전해 온 진화와 적응의 산물
이다."

Marcus, G.(2008). *Kluge: The Haphazard Construction of the Human Mind.*
New York: Houghton-Mifflin. [개리 마커스, 『클루지: 생각의 역사를 뒤집는
기막힌 발견』, 최호영 옮김, 갤리온, 2008.]

"… 미래를 예측하고, 수수께끼를 풀고, 생물과 무생물을 구별하고, 친구와 적을 분
간하고, 속임수를 피하는 능력을 추가한다."

Huron, D.(2005). The plural pleasures of music. In *Proceedings of the 2004
Music and Music Science Conference*, edited by J. Sundberg and W. Brunson.
Stockholm: Kungliga Musikhögskolan & KTH, pp. 1~13.

p.105

"우리가 어떤 것을 유쾌하거나 불쾌하다고 판단할 때는 수만 년 동안 뇌가 진화하면

서 이런 감정을 선호하게 된 역사가 밑바탕에 깔려 있게 마련이다."

터프츠 대학의 음악인지 교수이자 저널 『음악 지각』의 전직 편집위원이었던 잠셰드 바루차는 이렇게 덧붙인다. "구역질, 분노, 좋아함 같은 유쾌·불쾌의 경험들은 문화적으로 친숙하거나 그로부터 벗어났기 때문에 일어나는 것이다. 어떤 문화권에서는 메뚜기와 개를 맛있다고 여기고 어떤 문화권에서는 이를 먹는다는 생각 자체를 혐오스러워한다. 오페라 관습에 익숙한 사람들은 성악가들 특유의 목소리를 사랑한다. 이를 혐오하는 사람들도 물론 있다. 나는 서양의 성악을 가르치는 선생들이 인도 남부 카르나타카Karnataka 지역 음악에 사용되는 맹맹한 목소리를 흉하다고 여기는 것을 보았다. 모든 게 자신들이 가르치는 것과 반대였기 때문이다. 클래식 훈련을 받은 많은 음악가들이 다른 문화권의 전통음악을 이해하는 데 애를 먹는다. 나는 인도에서 아주 유명한 몇몇 전통 음악가들(어릴 때 서양 음악을 접하지 못했던 나이 든 세대였다)이 베토벤을 대수롭지 않게 여기는 것을 보기도 했다. 그 반대도 마찬가지다. 유능한 음악가들이 자기와 다른 음악 형식에 얼마나 무관심한지 깨닫고 깜짝 놀랄 때가 많다. 모든 음악가들이 다 그런 것은 아니겠지만 꽤 많은 음악가들이 그러하다."

p.106

"… '의심하는 마음' …"

♪ James, M.(1956). Suspicious minds [Recorded by Elvis Presley]. On *Suspicious Minds* [45rpm record]. RCA.(1969).

그 외에도 파인 영 캐니벌스, 드와이트 요컴, 로비 윌리엄스, 횡크 밴드 어베일 등 많은 이들이 이 노래를 녹음했다.

"자연이 만들어낸 정신적 장치들은 하나같이 적응적 적합성과 관계가 있다."

Huron, D.(2005). The plural pleasures of music. In *Proceedings of the 2004 Music and Music Science Conference*, edited by J. Sundberg and W. Brunson. Stockholm: Kungliga Musikhögskolan & KTH, p. 2.

p.107

"뇌에는 분명한 '쾌락중추'가 존재하지만, 수많은 신경전달물질과 여러 뇌 부위가 가동하여 쾌락의 감각을 만들어낸다."

이 문장은 아래의 문헌에서 거의 직접 인용한 것이다.

Huron, D.(2005). The plural pleasures of music. In *Proceedings of the 2004 Music and Music Science Conference*, edited by J. Sundberg and W. Brunson. Stockholm: Kungliga Musikhögskolan & KTH, p. 2.

p.109

"한국의 연구자들이 뇌졸중 환자를 대상으로 8주간 물리치료 프로그램을 실시했는데, 여기에는 음악에 맞춰 동작을 일치시키는 과정이 포함되었다."

Jeong, S. and M.T. Kim.(2007). Effects of a theory-driven music and movement program for stroke survivors in a community setting. *Applied Nursing Research* 20(3): 125~31.

p.110

"그리고 여러 차례 반복하면 25퍼센트의 적중률에 가까워질 터이다."

그것은 매번의 시도마다 4개의 가능성―하트, 클로버, 다이아몬드, 스페이드―이 존재하기 때문이다. 첫 번째 시도에서 당신은 스페이드를 보고 친구는 하트를 추측한다고 하자. 두 번째 시도에서 당신은 하트를 보고 친구는 다이아몬드를 추측한다. 하지만 평균적으로 당신 친구의 추측은 네 번에 한 번 꼴로 당신이 보는 패와 맞아떨어진다. 정말 아무 생각 없이 멋대로 추측하는 것이라면 말이다. 설령 친구가 고집을 부려 매번 하트라고 하더라도 25퍼센트의 적중률은 나온다.

p.113

"… 옥시토신 …"

$C_{43}H_{66}N_{12}O_{12}S_2$ 옥시토신은 시상하부hypothalamus에서 만들어진다.

"[노래 교습을 받은 사람들의 경우] 옥시토신의 혈청 농도가 몰라보게 상승한 것으로 나타났다."

Grape, C., M. Sandgren, L.O. Hansson, M. Ericson, and T. Theorell.(2003).

Does singing promote well-being? *Integrative Physiological & Behavioral Science* 38(1): 65~74.

"옥시토신은 사람들 사이의 신뢰를 높여주는 효과도 있는 것으로 밝혀졌다."

Kosfeld, M., M. Heinrichs, P. Zak, U. Fischbacher, and E. Fehr.(2005). Oxytocin increases trust in humans. *Nature* 435: 673~676.

"사람들이 함께 노래할 때 옥시토신이 분비되는 이유는, 어쩌면 진화적으로 볼 때 … 음악의 사회적 유대 기능과 관계가 있는지도 모른다."

Freeman, W.J.(1995). *Societies of Brains: A Study in the Neuroscience of Love and Hate*. Hillsdale, NJ: Erlbaum.

"최근의 연구에 따르면 다양한 형식의 음악치료를 받은 뒤에 IgA 수치가 올라갔다고 한다."

Charnetski, C.J., G.C. Strand, M.L. Olexa, L.J. Turoczi, and J.M. Rinehart.(1989). The effect of music modality on immunoglobulin A(igA). *Journal of the Pennsylvania Academy of Science* 63: 73~76.

Kuhn, D.(2002). The effects of active and passive participation in musical activity on the immune system as measured by salivary immunoglobulin A(SIgA). *Journal of Music Therapy* 39(1): 30~39.

McCraty, R., M. Atkinson, G. Rein, and A.D. Watkins,(1996). Music enhances the effect of positive emotional states on salivary IgA. *Street Medicine* 12(3): 167~175.

McKinney, C.H., H.M. Antoni, M. Kumar, F.C. Tims, and P. McCabe.(1997). Effects of guided imagery and music(GIM) therapy on mood and cortisol in healthy adults. *Health Psychology* 16(4): 390~400.

McKinney, C.H., F.C. Tims, A.M. Kumar, M. Kumar.(1997). The effect of selected classical music and spontaneous imagery on plasma beta-endorphin. *Journal of Behavioral Medicine* 20(1): 85~99.

Rider, M.S., and J. Achterberg.(1989). Effect of music-assisted imagery on neutrophils and lymphocytes. *Applied Psychophysiology and Biofeedback* 14(3): 247~257.

Tsao, J., T.F. Gordon, C. Dileo, and C. Lerman.(1999). The effects of music and biological imagery on immune response. *Frontier Perspectives* 8: 26~37.

"또 다른 연구를 보면 4주간 음악치료를 받는 동안 멜라토닌, 노르에피네프린, 에피네프린의 수치가 올라갔고 …"

Kumar, A.M., F. Tims, D.G. Cruess, M.J. Mintzer, G. Ironson, D. Loewenstein, et al.(1999). Music therapy increases serum melatonin levels in patients with Alzheimer's disease. *Alternative Therapies in Health and Medicine* 5(6): 49~57.

"멜라토닌 …"

$C_{13}H_{16}N_2O_2$.

p.114

"몇몇 학자들은 멜라토닌이 사이토카인 생성을 증강시키고 이것이 면역을 담당하는 T세포에게 감염이 일어난 곳으로 이동하라는 신호를 보낸다고 믿는다."

Carrillo-Vico, A., R.J. Reiter, P.J. Lardone, J.L. Herrera, R. Fernández-Montesinos, J.M. Guerrero, et al.(2006). The modulatory role of melatonin on immune responsiveness. *Current Opinion in Investigating Drugs* 7(5): 423~431.

"즐거운 음악을 들으면 세로토닌 수치가 실시간으로 증가하는 것으로 밝혀졌다. 불쾌한 음악에는 이런 효과가 나타나지 않았다."

Evers, S., and B. Suhr.(2000). Changes of the neurotransmitter serotonin but not of hormones during short time music perception. *European Archives of Psychiatry and Clinical Neuroscience* 250(3): 144~147.

"테크노 음악은 혈장 노르에피네프린(NE)과 성장호르몬(GH), 부신피질자극 호르몬(ACTH)의 수치를 높이고 …"

Gerra, G., A. Zaimovic, D. Franchini, M. Palladino, G. Giucastro, N. Reali, et al.(1998). Neuroendocrine responses of healthy volunteers to "techno-music": Relationships with personality traits and emotional state. *International Journal of Psychophysiology* 28(1): 99~111.

"록 음악은 … 기분 좋은 감정과 연관되는 호르몬인 프롤락틴을 떨어뜨리는 효과가 있었다."

Möckel, M., L. Röcker, T. Stork, J. Vollert, O. Danne, H. Eichstädt, et al.(1994). Immediate physiological responses of healthy volunteers to different types of music: Cardiovascular, hormonal and mental changes. *European Journal of Applied Physiology* 68(6): 451~459.

p.118

"… 『달콤한 기대』 …"

Huron, D.(2006). *Sweet Anticipation: Music and the Psychology of Expectation*. Cambridge, MA: MIT Press.

멋진 책 리뷰 기사도 보라.

Stevens, C., and T. Byron.(2007). Sweet anticipation: Music and the psychology of expectation. [Review of the book *Sweet Anticipation: Music and the Psychology of Expectation*]. *Music Perception* 24(5): 511~514.

p.120

"몇 년 전 『음악 지각』이라는 저널에 발표한 논문에서 …"

Vines, B.W., R.L. Nuzzo, and D.J. Levitin.(2005). Analyzing temporal dynamics in music: Differential calculus, physics, and functional data analysis techniques. *Music Perception* 23(2): 137~152.

p.121

"음악을 듣다가 긴장이 차곡차곡 쌓여 절정에 도달하면 이제 완화되어 잠잠해지는 과정을 거치기 마련이다."

작곡가들은 종종 이런 관습을 역이용하여 긴장감이 전혀 없거나 긴장을 해결하지 않고 그냥 끝맺는 곡을 작곡하기도 한다. 하지만 이런 작품은 전형적인 도식에 비해 상대적으로 드물다. 사실 드물기 때문에 이런 작품들이 충격적인 힘을 갖는 것이다.

"인도의 고전음악에서는 연주자가 …"

이 대목은 잠셰드 바루차의 말을 거의 인용한 것이다.

p.122

"'오버 더 레인보우' …"

♪ Arlen, H., and E.Y. Harburg.(1939). Over the rainbow [Recorded by Judy Garland]. On *Over the Rainbow* [LP]. Pickwick Records.

"… '그녀는 널 사랑해' …"

♪ Lennon, J., and P. McCartney.(1963). She loves you [Recorded by the Beatles]. On *She Loves You* [45rpm record]. London: Parlophone Records.

p.124

"'나는 기쁨이라는 감정을 안녕의 상태와 내적 평화가 지속되는 것으로 정의합니다. …'"

Oprah Winfrey.(n.d.) Retrieved March 7, 2008, from http://en.wikiquoto.org/wiki/Oprah_Winfrey, accessed march 7, 2008.

4장 위로의 노래를 부르면

p.140

"음악은 내가 일한 여러 곳에서 직원들이 하루 일과를 해나가는 것을 돕는 사운드트랙 역할을 했다."

1970년대 삼보 레스토랑에서 주방 일을 하기 몇 년 전, 캘리포니아 소살리토에 있는 해산물 레스토랑 스코마에서 접시 닦는 일을 한 적이 있다. 거기서 존 핸디의 '하드 워크'를 자주 들었다. 매일 밤 우리 모두 저녁 손님 맞을 준비를 하느라 정신없이 분주할 무렵이면 매니저가 이 노래를 틀곤 했다. 솥과 팬을 닦고 기름을 두르고 테이블을 세팅하고 메뉴를 올리는 등 저녁 준비로 바쁜 스트레스를 뒷방 확성기에서 흘러나오는 이 노래 덕분에 상당히 덜 수 있었다. 이 노래가 흘러나오면 뻣뻣하던 어깨가 풀리고, 발걸음이 가벼워지고, 행동이 더 민첩하고 우아하게 된다. 강력한 비트와 I-bVII 코드로 진행되는 반복 반주는 무게가 있지만, 연주가 날아갈듯 쾌활하여 지루하고 고된 노동에 목적의식을 부여하고 모든 것이 잘되리라는 확신을 불러일으켰다. 많은 노래들이 반복적인 그루브를 통해 시간을 잊게 만든다. 뭔가 잘못되더라도 문제될 게 없으며 다시 시작하면 된다고 생각하게 한다. 바빠서 시간이 없다는 생각은 비트가 정기적인 간격을 두고 리듬감 있게 이어지는 노래라는 우주에서는 일어날 수 없다. 노래에서의 시간은 그대로 정지한 듯 보이는 일상의 시간과 달리 성큼성큼 계속 앞으로 나아간다.

♪ Handy, J.(1976). Hard work. On *Hard Work* [LP]. Impulse! Records.
"엄마가 아기에게 노래를 불러 주는 것은 모든 문화에 공통된 현상이며 …"
이런 행동의 진화에 대해 더 많은 것을 알고 싶으면 다음의 책을 보라.
Hrdy, S.B.(1981). *The Woman That Never Evolved*. Cambridge: Harvard University Press. [사라 블래퍼 흘디, 『여성은 진화하지 않았다』, 유병선 옮김, 서해문집, 2006.]
Hrdy, S.B.(1981). *Mother Nature: A History of Mothers, Infants, and Natural Selection*. New York: Pantheon.

pp.146~147

"… '신이시여, 미국을 축복하소서' …"
시베리아에서 유대인으로 태어나 미국으로 건너온 어빙 벌린은 1918년에 이 노래를 작곡했다. 1938년에 이를 수정했고, 그해 휴전 기념일(11월 11일)에 케이트 스미스가 이 노래를 불러 세상에 널리 알렸다. 이후 수년간 이 노래를 공식적인 미국 국가로 채택하려는 움직임들이 있었다. 들리는 말로는 우디 거스리의 '이 땅은 당신네 땅'이 '신이시여, 미국을 축복하소서'에 대한 답가로서 작곡한 곡이라고 한다. 작곡가들의 권리를 위한 단체 ASCAP에 따르면 '신이시여, 미국을 축복하소서'는 9·11 이후 몇 달 동안 미국에서 방송을 가장 많이 탄 노래였다고 한다.

p.148

"슬픔에는 진화적 목적이 있다."
Brean, J.(December 8, 2007). Chemicals play key role in a person's appreciation

of sad music, expert says. [Electronic versions]. *National Post*. Retrieved March 5, 2008, from http://www.nationalpost.com/Story.html?id=154661.

5장 지식의 노래를 부르면

p.156

"개구리들이 울음소리를 서로 일치시키는 이유는 그래야 포식자가 자신들의 위치를 알아보기 어렵기 때문이다."

Tuttle, M.D., and M.J. Ryan.(1982). The role of synchronized calling, ambient light, and ambient noise, in anti-bat-predator behavior of a treefrog. *Behavioral Ecology and Sociobiology* 11: 125~131.

p.157

"사실과 허구를 가려낼 수 있어야 생존 가능성이 높아진다고 …"

물론 생명체는 거짓말을 함으로써 상대방을 앞질러갈 수 있다. 따라서 기만적 소통이 생존 가능성을 드높이기도 한다. 결국 소통이 반드시 진실에 근거해야 한다는 것이 아니라 생명체가 사실과 허구를 가려낼 수 있을 때 선택적 이점을 누리게 된다는 것이 핵심이다. 여기서 우리는 거짓말을 간파하는 능력을 개발하여 거짓말쟁이를 앞질러가려는 군비경쟁을 쉽게 상상할 수 있고, 동물의 세계에서는 실제로 이런 일이 일어난다.

p.159

"생후 일곱 달이면 음악을 두 주 동안이나 기억할 수 있고 …"

Saffran, J.R., M.M. Loman, and R.R. Robertson.(2000). Infant memory for musical experience. *Cognition* 77(1): B15~B23.

"엄마와 아기가 서로 음성을 주고받는 패턴은 어느 문화권이든 상당히 비슷한 특성을 보인다."

Trehub, S.(2003). The developmental origins of musicality. *Nature Neurosci-*

ence 6(7): 669~673.

아래의 글에 요약 정보가 실려 있다.

Cross, I.(in press). The evolutionary nature of musical meaning. *Musicae Scientiae*.

이와 관련된 주제와 아이디어는 아래의 글들을 보라.

Cross, I.(2007). Music and cognitive evolution. In *Handbook of Evolutionary Psychology*, edited by R.I. Dunbar and L. Barrett. Oxford, UK: Oxford University Press, pp. 649~667.

Cross, I.(in press). Music as a communicative medium. In *The Prehistory of Language*(Vol.1), edited by C. Knight and C. Henshilwood. Oxford, UK: Oxford University Press.

Cross, I.(in press). Musicality and the human capacity for culture. *Musicae Scientiae*.

"그리고 음악적 음성을 활용하여 아기가 주위 환경에서 알아차려야 할 중요한 특징에 주목하게 만든다."

Dissanayake, E.(2000). Antecedents of the temporal arts in early mother-infant interactions. In *The Origins of Music*, edited by N. Wallin, B. Merker, and S. Brown. Cambridge, MA: MIT Press, pp. 389~407.

Gratier, M.(1999). Expressions of belonging: The effect of acculturation on the rhythm and harmony of mother-infant interaction. Musicae Scientiae Special Issue: 93~112.

p.163

"… 목과 입으로 낮은 음높이 소리를 내면 다른 쥐들을 겁줄 수 있다는 것을 알아낸 쥐들도 있었을 것이다."

오윙스와 모튼은 이를 가리켜 '인상적인 크기 상징'expressive size symbolism이라고 말한다.

Owings, D.H., and E.S. Morton.(1998). *Animal Vocal Communication: A New Approach*. Cambridge, UK: Cambridge University Press.

또한 다음의 책을 보라.

Cross, I.(in press). The evolutionary nature of musical meaning. *Musicae Scientiae*.

pp.163~164

"'대리적 쾌감은 … 음악을 통해 스스로를 표현하는 능력에 제동을 거는 듯하다.'"

Robison, P.(n.d.). *Blackwalnut Interiors*. 미발표 원고. 자료를 제공해 준 폴라 로비슨의 손자 토비 로비슨에게 고맙다는 말을 전한다.

p.169

"1930년대 앨버트 로드와 밀먼 패리가 (당시) 유고슬라비아 산악지대를 돌며 그 지방 민속음악을 녹음했다."

Lord, A.B.(1960). *The Singer of Tales*. Cambridge, MA: Harvard University Press.

"대단한 암기력을 자랑하는 이들도 있다."

Lord, A.B.(1960). *The Singer of Tales*. Cambridge, MA: Harvard University Press.

"서아프리카의 골라 족은 부족의 역사를 보존하고 전파하는 것을 아주 중요하게 생각한다."

D'Azevedo, W.L.(1962). Uses of the past in Gola discourse. *Journal of African History* 3: 11~34.

p.170

"올리버의 마음은 창의적이고도 허를 찌르는 방법으로 죽은 아이를 애도하는 말러의 노래를 끄집어내 …"

Sacks, O.(2007). *Musicophilia: Tales of Music and the Brain*. New York: Knopf, p. 280. [올리버 색스, 『뮤지코필리아』, 장호연 옮김, 알마, 2008, p. 391.]

p.171

"'이날 이때까지 한 번도 네가 말한 것을 잊어본 적이 없어.'"

♪ Banks, T., P. Collins, and M. Rutherford.(1986). In too deep [Recorded by Genesis]. *On Invisible Touch* [CD]. Virgin Records.

"'네 피부 냄새를 기억해 …'"

♪ Adams, B., and R. Lange.(1993). Please forgive me [Recorded by Bryan Adams]. *On So Far So Good* [CD]. A&M Records.

p.173

"… 노래가 갖는 여러 제약의 요소들이 서로서로를 강화해 구술 전통을 오랫동안 견고하게 유지시키는 것이라 믿는다."

Wallace, W.T., and D.C. Rubin.(1988). "The wreck of the old 97": A real event remembered in song. In *Remembering Reconsidered: Ecological and Traditional Approaches to the Study of Memory*, edited by U. Neisser and E. Winograd. Cambridge, UK: Cambridge University Press, pp. 283~310.

p.176

"… 곧이곧대로 다 기억하는 것은 그다지 중요하지 않다."

Bartlett, F.C.(1932). *Remembering: A Study in Experimental and Social Psychology*. London: Cambridge University Press.

p.177

"기억 못하는 단어에 대해 여러분의 뇌가 가능한 모든 운을 시험한다는 사실을 선뜻 받아들이기 어렵겠지만, 연구에 따르면 정말 그렇다고 한다."

Kintsch, W.(1988). The role of knowledge in discourse comprehension: A construction-integration model. *Psychological Review* 95(2): 163~182.

Schwanenflugel, P.J., and K.L. LaCount.(1988). Semantic relatedness and the scope of facilitation for upcoming words in sentences. *Journal of Experimental Psychology: Learning, Memory, and Cognition*, 14: 344~354.

p.180

"… 가수들이 … 발라드를 새로 만들어낼 때면 해당 전통의 도구와 구조적 특성을 그대로 사용하는 경우가 대부분이다."

Wallace, W.T., and D.C. Rubin.(1991). Characteristics and constraints in ballads and their effects on memory. *Discourse Processes* 14: 181~202.

pp.180~181

"월러스와 루빈은 '더 렉'에서 스물네 단어를 바꿔 모음운과 두운을 없앤 독창적인 실험을 했다."

Wallace, W.T., and D.C. Rubin.(1988). "The wreck of the old 97": A real event remembered in song. In *Remembering Reconsidered: Ecological and Traditional Approaches to the Study of Memory*, edited by U. Neisser and E. Winograd. Cambridge, UK: Cambridge University Press, pp. 283~310.

p.182

"이런 노래에는 정확하게 기억해야 한다는 문화적 압력이 작용하기 마련이다."

Rubin, D.C.(1995). *Memory in Oral Traditions: The Cognitive Psychology of Epic, Ballads, and Counting-out Rhymes*. New York: Oxford University Press, p. 179.

p.183

"루빈이 또 다른 멋진 실험에서 이 문제[서로를 보강해서 제약하는 변수]를 파고들었다."

Rubin, D.C.(1977). Very long-term memory for prose and verse. *Journal of Verbal Learning and Verbal Behavior* 16(5): 611~621.

"그는 50명의 사람들에게 미국 헌법의 전문을 외워보라고 부탁했다."

미국 헌법 전문: "우리 연합주the United States의 인민들은 더욱 완벽한 연방Union을 형성하고, 정의를 확립하고, 국내의 안녕을 보장하고, 공동 방위를 도모하고, 국민 복지를 증진시키고, 우리와 후손들에게 자유의 축복을 확보할 목적으로

미국the United States of America을 위해 이 헌법을 제정하노라."

"물론 여기에는 음악이 없는데 …"

내가 대학원에서 가르치고 있는 마이크 러드(캐나다에서 가장 뛰어난 재즈 기타리스트 가운데 한 명)가 이런 말을 했다. "제가 아주 어릴 때 캐나다에 살면서 미국 헌법의 전문을 처음으로 접한 것은 토요일 아침마다 ABC에서 방송되던 음악 애니메이션 「스쿨하우스 록」이었습니다. 최근에 「스쿨하우스 록」에 대한 관심이 다시 일어 DVD로 재발매되기도 했죠. 내가 헌법 전문을 외어보려고 했더니 아름답긴 하지만 복잡하게 얽힌 원 문장의 구문보다는 애니메이션에 나왔던 흥키한 노래 선율이 훨씬 도움이 되더군요. 문장의 주어가 나오고 동사가 등장하기까지 서른 개가 넘는 단어가 이어지는데, 선율이 가하는 독특한 제약 덕분에 아이들은 웬만해서는 또박또박 나누기 쉽지 않은 문장을 기억하게 됩니다."

p.184

"이런 리듬 단위는 말의 의미 단위와 충돌할 때가 많다."

Rubin, D.C.(1995). *Memory in Oral Traditions: The Cognitive Psychology of Epic, Ballads, and Counting-out Rhymes*. New York: Oxford University Press, p. 179.

루빈은 아래의 문헌들도 함께 언급한다.

Bakker, E.J.(1990). Homeric discourse and enjambement: A cognitive approach. *Transactions of the American Philological Association* 120: 1~21.

Lord, A.B.(1960). *The Singer of Tales*. Cambridge, MA: Harvard University Press.

Parry, M.(1971a). Homeric formulae and Homeric metre. In *The Making of Homeric Verse: The Collected Papers of Milman Parry*, edited and translated by A. Parry. Oxford, UK: Oxford University Press, pp. 191~239. (원문은 1928년에 발표.)

Parry, M.(1971b). The traditional epithet in Homer. In *The Making of Homeric Verse: The Collected Papers of Milman Parry*, edited and translated by A. Parry.

Oxford, UK: Oxford University Press, pp. 1~190. (원문은 1928년에 발표.)

p.187

"이렇게 기억의 단위가 되는 덩어리의 존재는 심리학 실험을 통해 여러 차례 입증된 바 있다."

시적 특징을 기억에 활용하는 또 다른 좋은 예를 잠셰드 바루차가 내게 말해주었다. 인도인 라잔 마하데반은 원주율을 3만 자릿수 이상까지 외운다고 해서 한때 기네스북에도 올랐던 인물이다. 그가 바루차에게 덩어리를 나누고 박자와 리듬을 활용하는 방법을 보여주었다. 그의 자릿수 범위와 공간 기억력은 일반인들과 그리 다를 바가 없지만, 덩어리를 적절히 나누고 시적 특징을 십분 활용하고 연습에 연습을 거듭한 결과, 이런 놀라운 성과를 거두게 되었다고 한다.

p.188

"한 실험에서 대학생들에게 h, l, q, w 앞에 무슨 문자가 오는지 물었더니 g, k, p, v 앞에 무슨 문자가 오는지 물었을 때보다 대답하는 데 시간이 더 많이 걸렸다고 한다."

Klahr, D., W.G. Chase, and E.A. Lovelace.(1983). Structure and process in alphabetic retrieval. *Journal of Experimental Psychology: Learning, Memory, and Cognition* 9(3): 462~477.

"… 완벽한 기억력을 발휘하여 어느 대목에서도 척척 시작하는 전문 음악가들과 셰익스피어 연극배우들도 있다."

Oliver, W.L., and K.A. Ericsson.(1986). Repertory actors' memory for their parts. In *Proceedings of the Eighth Annual Conference of the Cognitive Science Society*. Hillsdale, NJ: Erlbaum, pp. 399~406.

p.189

"당신에게 그 노래를 불러줄 텐데 원하는 악령의 이름이 언급되면 내게 알려주시오.'"

이 이야기는 카페러가 데이빗 루빈에게 개인적으로 알려준 것이라고 한다(1991년 11월).

Rubin, D.C.(1995). *Memory in Oral Traditions*. New York: Oxford University Press, p. 190.

pp.189~190

"가령 장-단-장 음절이나 단-단-단 음절 구조가 포함된 단어는 호메로스의 서사시에 사용되지 않는다."

Rubin, D.C.(1995). *Memory in Oral Traditions*. New York: Oxford University Press, p. 198.

p.190

"… 조로아스터교 전통 …"

조로아스터교의 기도에 관한 정보를 알려준 잠셰드 바루차에게 고맙다는 말을 전한다.

pp.190~191

"'음란한 내용을 담고 죄와 색욕을 부추기고 …'"

On the Correspondence of Music, Musical Instruments and Singing to the Norms of Islam.(2005). Retrieved March 6, 2008, from http://umma.ws/Farwa/music.

p.192

"구술 가르침이 정확히 어떻게 되고 어떻게 해석되어야 하는지 협의하고 판단한 과정을 공정하게 기록한 것이 바로 탈무드이다."

나는 여기서 이야기를 조금 단순화했는데, 중요한 것은 토라가 전달되어 온 상세한 과정이 아니라 그것에 음악이 입혀져서 멋진 지식의 노래가 되었다는 사실이기 때문이다. 하지만 여기서는 이야기를 좀더 자세히 풀어보자. 전통적인 랍비의 설명에 따르면 토라는 신이 모세에게 내려준 것으로 '토라 고유문'(문자로 적을 수 있게 허락된)과 '구전 토라'(주석과 수정 체계), 이렇게 두 부분으로 나뉜다. 구전 토라는 천 년 동안 기록되지 않은 부분이며 이에 대해 많은 논란이 있었다고 한다. 하지만 이른바 '성문 토라'—보통 우리가 모세 5경이라 부르는 것으로 『구약성서』맨 앞에 나오는 창세기, 출애굽기, 레위기, 민수기, 신명기—도 실제로 수백 년 동안 기록되지 않은 채로 남아 있었을 가능성이 있다. 여기에 대해서는 랍비의 설명에 의존하는 수밖에 없다. 최초의 기록 문헌으로 알려진 사해문서가 잘해야 기원전 2세기까지 거슬러 올라가므로 사실 성문 토라가 구전 토라보다 먼저 기록되었다는 독자적인 증거는 없는 셈이다. 여기에 대해 많은 논쟁들이 있으며 아직까지 객관적 증거로 해결되지 않았다.

p.193
"선율이 바뀐다면 단어가 바뀌는 것도 충분히 있을 법한 일이기 때문이다."

이런 식으로 추정하게 만든 한 가지 사건이 있었다. 2천 년 동안 다른 유대인들과 떨어져서 지냈고 아마 시바 여왕과 솔로몬 왕 사이에 태어난 자손들로 추정되는 에티오피아 유대인들이 1980년대에 발견된 것이다. DNA 연구로는 유전적 혈통을 입증하지 못했고, 학자들 사이의 지배적인 견해에 따르면 지역 토착민들이 유대교로 개종한 것으로 보인다. 아무튼 이들은 외지인에 의해 처음 발견되었을 때 자신들이 세상에 존재하는 유일한 유대인이라 믿었다. 이들은 현대 유대인들과 유사한 토라 문서와 규율을 갖고 있었지만 부림절[페르시아 통치에서 벗어난 것을 축하하는 세속적 명절], 하누카[성탄절과 비슷한 시기에 지내는 봉헌 축일] 같은 성서 이후의 축일을 지내지 않았다. 이런 축일들이 생겨난 이후에 다른 유대인들과 떨어지게 되었지만 말이다. 이들이 부르는 시편이나 토라 같은 종교적 노래의 선율을 들여다보면 현재 불리는 것과 상당한 차이가 있는 부분이 많다. 어떤 이들은 이들의 선율이 솔로몬 왕이 불렀던 원래 선율에 더 가까우므로 다윗 왕이나 모세 같은 성서시대 유대인들의 선율에 더 가깝다고 믿기도 한다. 아무튼 2천 년 이상을 서로 떨어져 지낸 두 집단 사이에 나타나는 선율의 변동으로 볼 때, 시간이 흐르면서 선율도 달라질 수 있고 따라서 단어가 바뀌는 일도 얼마든지 가능하다고 말할 수 있다.

p.195
"… 작곡가 오브리 개스는 … 『구약성서』의 잘 알려진 두 구절을 노래에 슬쩍 끼워

넣는다."

행크 윌리엄스, 오브리 개스, 텍스 리터 등이 이 노래를 불렀다.

♪ Gass, A.(1949). Dear John [Recorded by Hank Williams]. On *Dear John* [45rmp record]. MGM Records.(1951).

p.198

"… 동작을 일치시켜 음악을 만들 때 … 개인 말고 집단 전체에도 분명한 인지적 이득이 돌아간다."

앞서 언급한 참고문헌에 더해 컴퓨터과학·인공 지능의 관점이 궁금하다면 아래의 문헌을 보라.

Gill, S.P.(2007). Entrainment and musicality in the human system interface. *AI & Society* 21(4): 567~605.

"가령 개미 한 마리는 흙더미의 위치를 재조정해야 할 필요성을 모르지만, 수만 마리 개미들의 행동이 모이면 흙더미를 … 옮긴다."

아래의 문헌을 보라.

Gordon, D.M.(1999). *Ants as Work: How an Insect Society Is Organized*. New York: The Free Press.

Johnson, S.(2001). *Emergence: The Connected Lives of Ants, Brains, Cities, and Software*. New York: Scribner. [스티븐 존슨, 『이머전스』, 김한영 옮김, 김영사, 2004.]

Strogatz, S.H.(1994). *Nonlinear Dynamics and Chaos: With Applications to Physics, Biology, Chemistry and Engineering*. Cambridge, MA: Perseus Books.

Strogatz, S.H.(2003). *Sync: How Order Emerges from Chaos in the Universe, Nature, and Daily Life*. New York: Hyperion.

Wiggins, S.(2003). *Introduction to Applied Nonlinear Dynamical Systems and Chaos*. New York: Springer-Verlag.

p.199

"이런 체계[비선형 역학계]로는 … 히트곡의 유행 등이 있는데 …"

다재다능한 프로듀서 샌디 펄먼에 따르면 대중음악의 믹싱 기술에도 비선형 요소가 들어간다. 악기 파트들이 서로서로 그리고 신호처리 장치와 복잡하게 얽혀 결과를 쉽게 예측하거나 특징을 잡아내기가 어렵다고 한다.

단 하나의 상호작용을 계산할 때 동원되는 수학은 뉴턴 시대와 비교하여 더 복잡해진 게 없지만, 뉴턴에게는 우리처럼 가능한 모든 상호작용을 모형화할 수 있는 연산 능력이 없었다. (컴퓨터가 없으면 5만 마리의 개미는 고사하고 3개의 행성이 서로 어떻게 작용하는지 파악하기 위한 계산도 제대로 처리할 수 없다. 구성요소의 수가 늘어나면 이를 처리하기 위해 필요한 연산의 수가 급격히 늘어난다.)

p.201

"이런 식의 거래 자체도 연주를 하는 내내 달라지는 비선형적이고 역학적인 양상을 띤다."

내게 이런 정보를 준 동료 프레더릭 귀샤르에게 고맙다는 말을 전한다.

p.202

"'말은 이유와 논리의 산물이므로 그것[음악]을 설명하지 못한다.'"

Bill Evans Quotes.(n.d.). Retrieved March 7, 2008, from http://thinkexist.com/quotes/bill_evans/.

6장 종교의 노래를 부르면

p.209

"… 네안데르탈인이 죽은 자를 땅에 묻었는데, 고고학 기록을 보면 위생상 이유로 채택한 우발적 행동이라고 한다."

예전에 네안데르탈인들이 곰 숭배 의식을 벌이고 매장을 했다는 식의 기사가 나돌기도 했지만, 이들이 상징적 행위를 했다거나 상징적 대상을 만들어냈다는 실질적인 증거는 없다. 아마도 이들은 그저 하이에나의 침입을 막기 위한 방법으로서 매장을 택했을 것이다. 실제 기록을 보면 여기서 내가 설명하는 것보다 조금 더 애매하다. 관심 있는 독자는 아래의 문헌을 참고하라.

Mithen, S.(2001). The evolution of imagination: An archeological perspective. *Substance* 30(1&2): 28~54.

p.210

"… 이제까지 알려진 모든 문화에는 예외 없이 종교가 있었다."

현대 사회에서는 종교적 믿음이 없는 사람을 자주 보게 되는데, 이는 비교적 최근에 나타난 현상으로 민주적인 사회에 살면서 개인의 사고가 자유로워진 결과로 보인다. 예전에는 국가나 공동체가 인가한 종교를 믿지 않으면 살해를 당했다.

"이는 종교가 문화를 통해 사람들에게 전달되는 정보를 뜻하는 밈 이상의 무엇임을 강하게 시사하며 …"

Dawkins, R.(1976). *The Selfish Gene*. Oxford, UK: Oxford University Press. [리처드 도킨스, 『이기적 유전자』, 홍영남 옮김, 을유문화사, 2006.]

"… 인간 문화에 보편적인 것은 무엇이든 인간의 생존에 도움이 된다고 했다."

Durkheim, É.(1965). *The Elementary Forms of the Religious Life*, translated by J.W. Swain. New York: The Free Press, p. 87. (원문은 1912년에 발표.) [에밀 뒤르켐, 『종교 생활의 원초적 형태』, 노치준·민혜숙 옮김, 민영사, 1992.]

p.211

"의식은 반복적인 동작을 수반한다."

(내가 지금 찻잔에 담가 놓은) 비글로 회사 제품의 티백 포장지에는 '녹차를 마시는 오래된 의식에 당신도 빠져보세요'라고 씌어 있지만, 사실 차 마시는 것은 습관이다. 의식의 일부였을 수도 있겠지만 엄격한 의미의 제의라고 볼 수 없다.

"로이 라파포트는 의식을 다음과 같이 정의했다. '한 명 혹은 그 이상의 참가자들이 … 정보를 자신이나 동료에게 전하기 위해 취하는 과시적인 행동들.'"

Rappaport, R.A.(1971). The sacred in human evolution. *Annual Review of*

Ecology and Systematics 2, p. 25.

p.214

"보통 아이들은 … 발달기에 접어들어 … 제의적 행동을 보이기 시작한다."

Boyer, P., and P. Liénard.(2006). Why ritualized behavior? Precaution systems and action parsing in developmental, pathological and cultural rituals. *Behavioral and Brain Sciences* 29(6): 1~56.

p.215

"… 많은 아이들이 자발적으로 자신만의 의식을 초자연적인 것이나 마술과 연관시킨다."

Evans, D.W., M.E. Milanak, B. Medeiros, and J.L. Ross.(2002). Magical beliefs and rituals in young children. *Child Psychiatry and Human Development* 33(1): 43~58.

p.216

"이런 의식적 행동은 질서와 확고함과 친숙함의 감정을 안겨 주는데 …"

Dulaney, S., and A.P. Fiske.(1994). Cultural rituals and obsessive-compulsive disorder: Is there a common psychological mechanism? *Ethos* 22(3): 243~283.
Zohar, A.H., and L. Felz.(2001). Ritualistic behavior in young children. *Journal of Abnormal Child Psychology* 29(2): 121~128.

"의식을 행할 때면 … 옥시토신이 관여하는 것으로 밝혀졌다."

Leckman, J.F., R. Feldman, J.E. Swain, V. Eicher, N. Thompson, and L.C. Mayers. (2004). Primary parental preoccupation: Circuits, genes, and the crucial role of the environment. *Journal of Neural Transmission* 111(7): 753~771.

"적응의 관점에서 볼 때 이런 질서는 외부자의 침입을 금세 명확하게 알아차리게 해 준다."

Boyer, P., and P. Liénard.(2006). Why ritualized behavior? Precaution systems and action parsing in developmental, pathological and cultural rituals. *Behavioral and Brain Sciences* 29(6): 10.

p.217
"기저핵은 운동 행동의 덩어리나 요체를 저장해 두는 곳으로 …"

Canales, J.J., and A.M. Graybiel.(2000). A measure of striatal function predicts motor stereotypy. *Nature Neuroscience* 3(4): 377~383.

Graybiel, A.M.(1998). The basal ganglia and chunking of action repertoires. *Neurobiology of Learning and Memory* 70(1-2): 119~136.

Rauch, S.L., P.J. Wahlen, C.R. Savage, T. Curran, A. Kendrick, H.D. Brown, et al.(1997). Striatal recruitment during an implicit sequence learning task as measured by functional magnetic resonance imaging. *Human Brain Mapping* 5(2): 124~132.

Sexana, S., A.L. Brody, K.M. Maidment, E.C. Smith, N. Zohrabi, E. Katz, et al.(2004). Cerebral glucose metabolism in obsessive-compulsive hoarding. *American Journal of Psychiatry* 161(6): 1038~1048.

Sexana, S., A.L. Brody, J.M. Schwartz, and L.R. Baxter.(1998). Neuroimaging and frontal-subcortical circuitry in obsessive-compulsive disorder. *British Journal of Psychiatry*(Suppl.35): 26~37.

p.218
"고등 동물에는 … '안전 동기' 체계가 마련되어 있다."

Szechtman, H., and E. Woody.(2004). Obsessive-compulsive disorder as a disturbance of security motivation. *Psychological Review* 111(1): 111~127.

p.219
"… 이런 행위의 과시적 측면 덕분에 …"

Fiske, A.P., and N. Haslam.(1997). Is obsessive-compulsive disorder a pathology of the human disposition to perform socially meaningful rituals? Evidence of similar content. *Journal of Nervous and Mental Disease* 185(4): 211~222.

"… 두려움과 안전에 관한 우리의 동기부여 체계는 수천 혹은 수만 년 전에 만들어
진 것이라서 …"

Boyer, P., and P. Liénard.(2006). Why ritualized behavior? Precaution systems
and action parsing in developmental, pathological and cultural rituals. *Behavioral
and Brain Sciences* 29(6): 1~56.

Sapolsky, R.(1994). *Why Zebras Don't Get Ulcers*. New York: Henry Holt. [로
버트 새폴스키,『스트레스: 당신을 병들게 하는 스트레스의 모든 것』, 이재담 ·
이지윤 옮김, 사이언스북스, 2008.]

p.223

"… 코타 족이 벌이는 '데브르' 의식 …"

Wolf, R.K.(2006). *The Black Cow's Footprint: Time, Space, and Music in the
Lives of the Kotas of South India*. Urbana, IL: University of Illinois Press.
내게 이 의식을 가르쳐주고 설명해준 비안카 레비에게 고맙다는 말을 전한다.

p.224

"… 가톨릭 미사 '키리에'에서 크리스테라는 가사에 5도음정이 갑작스레 등장하는
것이 그렇다."

Missa Jubilate Deo.(XI-XIII cent.) Kyrie from Mass XVI, 200. 오디오 자료와
악보는 http://www.adoremus.org/Kyrie.html에서 구할 수 있다.

p.228

"음부티 족 사람들에게 숲은 자비롭고도 막강한 존재로 이들의 음악은 숲의 정
령에게 먹을 것을 청하고 평화와 건강을 기원하는 소통의 언어다."

Feld, S.(1996). Pygmy POP: A genealogy of schizophonic mimesis. *Yearbook
for Traditional Music* 28:1~35.

Turnball, C.(1961). *The Forest People*. New York: Simon and Schuster.

Turnball, C.(1965). *Wayward Servants: The Two Worlds of the African Pygmies*.
Garden City, NY: Natural History Press.

p.229

"[피그미 음악의] 가장 두드러진 특징은, 집단의 모든 성원들에게 공통적인 것으로 …"

Cooke, P.(1980). Pygmy music. In *The New Grove Dictionary of Music and Musicians*, 15th edition p.483.

"피그미 족은 무의식적으로 이들을 '원시적'이라고 깔보는 일부 인류학자들의 코를 납작하게 해주는 좋은 예다."

Feld, S.(1996). Pygmy POP: A genealogy of schizophonic mimesis. *Yearbook for Traditional Music* 28:1~35.

p.234

"'오늘날에는 종교조차도 우리를 이끌어가는 힘을 잃어버렸습니다. 경쟁을 부추기는 호전적인 신들만 있죠.'"

조니 미첼은 이어 이렇게 말했다. "천지창조 이야기는 원래 어머니 대지에 관한 거예요. 모든 원시인들이 이것을 믿죠. 나도 마음속으로는 이들과 같답니다. 모든 신화의 근본이자 그보다 더 멋진 신화도 없습니다. 모든 게 다 신화겠지만 그중에서도 천지창조 이야기는 지구상에서의 삶을 가장 지적으로 보여주는 신화입니다. '어머니 대지가 아비 없이 세상을 낳았다.' 이어 '어머니 대지가 아비 없이 지구를 만들었다'로 이어지고 결국 '어머니 대지가 죽었다'로 퇴화됩니다. 모든 게 다 퇴화인 셈이죠. 그리고 마침내 마지막 신화로 이어집니다. '아버지가 어미 없이 지구를 만들었다.' 이렇게 해서 여신은 세상에서 추방당하고 맙니다. 더는 어머니 대지도 아버지 하늘도 없습니다. 어머니 대지가 죽자 이제 자기애에 빠지고 전쟁을 사랑하고 여자를 혐오하는 신만이 남은 것이죠. 기독교, 이슬람교, 유대교의 신들이 바로 그런 거잖아요. 물론 그들이야 그렇지 않다고 가르치지만 실은 그게 본모습이죠. 여성의 근본을 혐오하고 이를 억누르려 하죠."

p.240

"역사학자와 인류학자들이 발견한 모든 인간 사회에는 이런 질문들을 다루는 종교와 믿음 체계가 어떤 식으로든 다 있다."

Rappaport, R.A.(1971). The sacred in human evolution. *Annual Review of Ecology and Systematics* 2:23~44.

p.242

"종교적 황홀과 연결된 세 가지 감정이 있다. 의존감, 복종심, 사랑이 그것이다."

Otto, R.(1923). *The Idea of the Holy*, translated by J.W. Harvey. London: Oxford University Press. (원문은 1917년에 발표.)

"이 세 가지 감정[의존감, 복종심, 사랑]은 동물과 인간 유아에 선천적으로 존재하는 것으로 보이며 …"

Erikson, E.(1968). The development of ritualization. In *The Religious Situation*, edited by D. Cutler. Boston: Beacon, pp.711~733.

Rappaport, R.A.(1971). The sacred in human evolution. *Annual Review of Ecology and Systematics* 2:23~44.

p.243

"음악 구문의 세세한 면은 아직 더 연구되어야 하겠지만 …"

이 분야의 연구를 활짝 열어젖힌 기념비적인 저술은 다음과 같다.

Lerdahl, F., and R. Jackendoff.(1983). *A Generative Theory of Tonal Grammar*. Cambridge, MA: MIT Press.

p.247

"[시편 131장의] 중동지역 특유의 단조 음계에 묘한 이국적 음정이 가미된 선율은 석조 건물과 벽으로 둘러싸인 도시들을 떠올리게 했다."

원본의 선율은 현재 전해지지 않지만, 나는 이스라엘의 한적한 작은 마을—벳 세메쉬—의 한 유대교 회당에서 수세기 동안 공동체를 이루며 살아온 모로코 유대인들이 이 노래를 부르는 것을 들었다. 노래만큼이나 오래된 선율처럼 들렸다. 아름다운 단조 화성에 섬세한 장식이 더해진 선율이었다. 아마도 다윗 왕이 썼다는 원본이 이와 꽤 비슷했을 것이다.

p.248

"'… 그분은 우리를 만든 존재이므로 우리에게 무엇이 필요한지 알아 …'"

과학자나 무신론자들은 여기서 이렇게 묻는다. "신이 진정 이기적이지 않다면 왜 우리에게 그를 필요로 하는 마음을 만들었을까?" 이는 이 책의 범위를 벗어나는 논쟁이지만 관심 있는 독자들은 아래의 책을 읽어보기 바란다.

Dennett, D.C.(2006). *Breaking the Spell: Religion as a Natural Phenomenon.* New York: Viking.

7장 사랑의 노래를 부르면

p.249

"'낭만적인 사랑의 노래는 철모르는 어린아이에게 영원한 거짓말을 하는 사기꾼이다 …'"

이 인용문의 첫 번째 문장은 1980년에 내가 프랭크 자파와 행했던 전화 인터뷰에 들어 있던 내용이고, 두 번째 문장은 아래의 전기에서 가져왔다.

Zappa, F., and P. Occhiogrosso.(1999). *The Real Frank Zappa Book.* New York: Touchstone, p. 89.

p.252

"'나도 사랑에 대한 경험이 있다. 내 생각에는 …'"

Vonnegut, K.(1976). *Slapstick: Or Lonesome No More!* New York: Delta Books, pp. 2~3.

p.254

"… 사랑이 평소에는 할 수 없었던 일을 하게 해준다는 것이다."

가브리엘 가르시아 마르케스의 『콜레라 시대의 사랑』에 보면 이런 구절이 나온다. "그의 아내 페르미나 다사는 … 열대지방의 식물과 가축을 비이성적일 정도로 숭배했다. 결혼 초기에 새로운 사랑의 힘에 용기를 얻어 상식적인 수준보다 훨씬 많은 동물을 집안에 두었다."

Garcia Márquez, G.(1989). *Love in the Time of Cholera*, translated by E, Grossman. London: Penguin, p. 21. [가브리엘 가르시아 마르케스,『콜레라 시대의 사랑』1권, 송병선 옮김, 민음사, 2004, p. 42.] (원문은 1985년에 발표.)

pp.256~257

"낭만적인 사랑이 저술, 논의, 영화, 노래의 소재로 워낙 자주 다루어지므로 우리는 사랑이 여러 다양한 형식으로 찾아온다는 것을 순간적으로 잊기 쉽다."

고대 그리스인들은 이미 사랑의 다양한 형식에 주목해서 열 개의 형식을 확인했으며, 심리학자 존 앨런 리가 이를 다시 여섯 개로 정리했다.

Lee, J.A.(1976). *The Colours of Love*. Englewood Cliffs, NJ: Prentice-Hall.

그런데 두 가지 모두 사람들이 행동하는 방식(장난스러움, 너그러움)과 느끼는 방식(질투, 열정), 그리고 기본적인 원칙(애착, 갈망, 욕정)을 혼동하고 있다. 헬렌 피셔는 자신의 책『왜 우리는 사랑에 빠지는가』에서 사랑을 낭만적 사랑, 애착, 욕정, 이렇게 셋으로 정리할 수 있다고 주장한다.

Fisher, H.(2004). *Why We Love: The Nature and Chemistry of Romantic Love*. New York: Henry Holt. [헬렌 피셔,『왜 우리는 사랑에 빠지는가』, 정명진 옮김, 생각의 나무, 2005.]

내가 볼 때는 욕정을 독자적인 사랑의 형식으로 포함한 것이 이상해 보인다. 보통은 애착의 한 요소로 포함한다. 나는 로버트 스턴버그가 내놓은 사랑의 삼각 이론이 더 마음에 든다. 그는 사랑의 다양한 형식이 모두 열정, 친밀함, 헌신이라는 세 가지 기본 요소의 조합으로 이루어진다고 주장한다.

Sternberg, R.J.(1986). A triangular theory of love. *Psychological Review* 93(2): 119~135.

Sternberg, R.J.(1988). *The Triangle of Love: Intimacy, Passion, Commitment*. New York: Basic Books.

스턴버그의 체계의 약점은 정의와 같은 이상이나 국가에 대한 사랑을 제대로 설명하기 어렵다는 점이다. 아마도 그는 이런 사랑을 '헌신과 열정의 결합'으로 설명하려 했던 것 같은데, 내가 볼 때는 낭만적인 파트너에 대한 사랑과 고향에 대한 사랑이 서로 다른 현상, 서로 다른 느낌이라는 것을 제대로 포착하지 못한 것 같다. 어찌 되었든 이런 공식들은 사랑이 보살핌이라는 기본적인 사항을 모두 놓치고 있다.

p.257
"'제레미아 드 생타무르는 이미 죽음의 안개로 판단력이 흐려져서 …'"

Garcia Márquez, G.(1989). *Love in the Time of Cholera*, translated by E, Grossman. London: Penguin, p. 14. [가브리엘 가르시아 마르케스, 『콜레라 시대의 사랑』 1권, 송병선 옮김, 민음사, 2004, p. 30.] (원문은 1985년에 발표.)

p.258
"… 추수 축제 때 식량을 이웃 부족 성원들에게 골고루 분배해서 혹시 음식 욕심 때문에 일어날지도 모를 싸움을 미연에 막는다."

Ford, R.I.(1971). An ecological perspective of the eastern pueblos. In *New Perspectives on the Eastern Pueblos*, edited by A. Ortiz Albuquerque, NM: University of New Mexico Press.

pp.259~260
"환경에서 쉽게 구할 수 있는 정보를 죄다 유전자와 뇌 속에 집어넣는 대신 뇌가 학습을 통해 환경의 규칙성을 습득하도록 유연하게 구성해 놓은 것이다."

Deacon, T.W.(1997). What makes the human brain different? *Annual Review of Anthropology* 26: 337~357.

p.261
"대개 수컷은 자기 자식을 낳은 암컷과 짝을 이뤄 돌보기를 거들지 않는다."

Diamond, J.(1997). *Why Is Sex Fun?* New York: Basic Books. [제레드 다이아몬드, 『섹스의 진화』, 임지원 옮김, 사이언스북스, 2005.] 예외로 얼룩말 수컷과 고릴라 수컷(둘 다 일부다처), 긴팔원숭이 수컷(일부일처), 타마린원숭이(암컷한 마리가 수컷 두 마리를 거느린다)가 있다.

"… 사회적 습성이 강한 포유류들도 수컷이 자식을 알아본다는 증거가 없다."

Diamond, J.(1997). *Why Is Sex Fun?* New York: Basic Books.

"인간은 … 남녀 간의 지배적인 관계는 일부일처제이다."

Diamond, J.(1997). *Why Is Sex Fun?* New York: Basic Books.

p.265

"인간의 달팽이관은 무척 민감해서 원자의 지름(0.3나노미터)만 한 진동도 감지해내며 …"

Hudspeth, A.J.(1997). How hearing happens. *Neuron* 19: 947~950.

p.266

"실제로 어떤 동물들은 우리의 감각과 비교했을 때 특이하다고 할 수 있는 체계를 활용한다."

Hughes, H.C.(1999). *Sensory Exotica: A World Beyond Human Experience.* Cambridge, MA: MIT Press.

"상어에는 전기 감각이 있다."

지난봄에 카리브 해에서 스노클링을 하던 중에 열대어가 나를 향해 전기를 내보내는 소리를 실제로 들은 적이 있다. 재빠르게 찰칵거리는 고음역의 소리였다. 인간의 귀로도 소리는 들리지만 어디서 나는 소리인지는 알 수 없었다. 상어는 청각과 다른 별도의 감각을 활용하여 먹이의 위치를 찾는다.

p.267

"유전자의 기본 기능과 구조 역시 모든 동물에 공통적이다."

Colamarino, S., and M. Tessier-Lavigne.(1995). The role of the floorplate in axon guidance. Annual Review of Neuroscience 18: 497~529.

Deacon, T.W.(1997). What makes the human brain different? *Annual Review of Anthropology* 26: 337~357.

Friedman, G., and D.D. O'Leary.(1996). Retroviral misexpression of engrailed genes in the chick optic tectum perturbs the topographic targeting of retinal axons. *Journal of Neuroscience* 16(17): 5498~5509.

Kennedy, T.E., T. Serafini, J.R. de la Torre, and M. Tessier-Lavigne.(1994). Netrins are diffusible chemotropic factors for commissural axons in the embryonic spinal chord. *Cell* 78: 425~435.

"이반 밸러반은 일본메추라기의 배아에서 청각피질을 제거해 병아리 배아의 뇌에 이식했다."

Babalan, E., M.A. Teillet, and N. LeDouarin.(1988). Application of the quail-chick chimera system to the study of brain development and behavior. *Science* 241(4871): 1339~1342.

pp.269~270

"… 우리와 가장 가까운 친척인 침팬지는 그때그때 일시적인 패거리를 이뤄 교제하는데, 규모나 성원들이 제각기 다르다. 이는 우리 인간들과도 비슷하다."

Ujhelyi, M.(1996). Is there any intermediate stage between animal communication and language? *Journal of Theoretical Biology* 180(1): 71~76.

p.270

"생물학자들에 따르면 뇌의 크기와 소화관의 크기 사이에 반비례 관계가 있다고 한다."

Allman, J.M.(1999). *Evolving Brains*. New York: Scientific American Library/ W.H. Freeman.

"생명체가 가동할 수 있는 에너지의 총량에는 한계가 있으므로 진화적으로 뇌 크기와 소화관 크기 사이에 적절한 거래가 있었다."

Aiello, L., and P. Wheeler.(1995). The expensive tissue hypothesis: The brain and the digestive system in human and primate evolution. *Current Anthropology* 36: 199~221.

"유전학자들은 … 비타민 C를 내부적으로 만들어낼 수 있는 능력을 인간이 잃어버렸다고 한다."

Ha, M.N., F.L. Graham, C.K. D'Souza, W.J. Muller, S.A. Igdoura, and H.E.

Schellhorn.(2004). Functional rescue of vitamin C synthesis deficiency in human cells using adenoviral-based expression of murine l-gulono-gamma-lactone oxidase. *Genomics* 83(3): 482~492.

Stone, I.(1979). Homo sapiens ascorbicus, a biochemically corrected robust human mutant. *Medical Hypotheses* 5(6): 711~721.

"커다란 뇌가 생물학적으로 만만치 않은 대가를 치러야 하기 때문이다."
이 문장은 아래의 문헌에서 거의 직접 인용한 것이다.

Allman, J.M.(1999). *Evolving Brains*. New York: Scientific American Library/W.H. Freeman, p. 160.

p.272
"좋은 관계를 가진 암컷 비비는 더 많은 아기를 가지며, 이 아기는 …"

Zimmer, C.(March 4, 2008). Sociable, and smart. *The New York Times*, pp. D1, D4.

"'점박이 하이에나가 살아가는 사회는 비비 못지않게 거대하고 복잡하다.'"

Zimmer, C.(March 4, 2008). Sociable, and smart. *The New York Times*, p. D1.

"… 동일한 진화적 힘이 독자적으로 작용해 비슷한 적응적 해결책에 이른 것으로 추정된다."

Holekamp, K.(2006). Spotted hyenas. *Current Biology* 16: R944~R945.

p.273
"도구의 사용은 인지력의 진화에서 중요한 분기점을 이룬다."

Tattersall, I.(January 2000). Once we were not alone. *Scientific American* 282(1): 57~62.

"따라서 이[돌로 된 도구]는 인간이 상징적 사고를 할 수 있었음을 보여주는 최초의 증거인 셈이다."

Tattersall, I.(January 2000). Once we were not alone. *Scientific American* 282(1): 57~62.

"… 우리는 인류가 아프리카를 떠나 유럽으로 건너가면서 악기를 함께 가져갔다고 추정할 수 있다."

Cross, I.(2006). The origins of music: Some stipulations on theory. *Music Perception* 24(1): 79~82.

p.274

"… '속성에 대한 섬세한 감성'이라 표현했던 능력도 갖추고 있었다."

Tattersall, I.(January 2000). Once we were not alone. *Scientific American* 282(1): 61.

"'이들이 바로 우리들이었다.'"

Tattersall, I.(January 2000). Once we were not alone. *Scientific American* 282(1): 61.

p.279

"… (내 애완견 섀도는 내가 '털복숭이 인간', '모자 쓴 고양이' 같은 이름을 불러 주면 장난감을 대여섯 개 정도 구별할 줄 안다) …"

섀도 이전에 내가 키웠던 애완견 이사벨라는 신문, 공, 프리스비, 침대, 뼈 등내가 이름을 불렀을 때 지목할 수 있는 물품이 열 가지 정도였다.

Kaminski, J., J. Call, and J. Fisher.(2004). Word-learning in a domestic dog: Evidence for fast mapping. *Science* 304: 1682~1683.

"이는 시각적 자극이나 음성적 자극을 대상과 연결시키는 능력을 나타낼 뿐이다."

잘 알려졌다시피 이반 파블로프는 개가 벨 소리와 음식 제공을 연상시키는 법을 배울 수 있음을 보여주었다. 내 애완견은 '쿠키'라는 단어를 들으면 내가 찬장에 놓아둔 간식을 떠올릴 줄 안다. 그러나 연상과 이름 붙이기 사이에는 중요한 차이가 있다. 이름을 붙이는 경우 이름과 그것이 가리키는 대상이 별개라는 인식이 수반된다. 내가 당신에게 쿠키에 대해 말해도 당신은 쿠키를 받아들 것을 기대하지 않을 수 있다. 나의 개는 아무리 똑똑해도 이럴 수 없다. 그것이 '명명'과 '연상'의 차이점 가운데 하나다.

p.280

"우리는 매일같이 예전에 한 번도 말해진 적이 없는 문장을 말하거나 듣지만 이해하는 데 아무 어려움이 없다."

나는 언어의 확장 가능성과 관련하여 여러 중요한 세부사항을 대충 넘어갔다. 이런 문제는 스티븐 핑커의 『언어본능』과 하우저, 촘스키, 피치의 논문이 다루고 있다(아래의 참고문헌을 보라).

여기서 중요하게 논의되는 개념이 '반복순환성'recursion이다. 많은 사람들이 이를 인간만이 할 수 있는 인지 능력이며 언어에 중추적인 요소라고 믿는다. 간략히 설명하자면 반복순환성은 표현이 무한정 확장되는 방법을 가리키는 말이다. 처음으로 계속 돌아가게 하는 일련의 지시사항, 컴퓨터과학의 용어로 말하면 '스스로를 불러오는 루틴'이라고 할 수 있다. 더러운 솥을 설거지하는 방법을 담은 지시문을 예로 들어보자.

> 더러운 솥 설거지하는 법
> 1. 물로 헹군다.
> 2. 세제를 푼다.
> 3. 솔이나 스펀지로 깨끗해질 때까지 문지른다.
> 4. 헹군다.
> 5. 깨끗한지 검사한 다음 깨끗하면 6으로 넘어가고, 그렇지 않으면 처음부터 다시 실행한다.
> 6. 말린다.
> 7. 끝.

다섯 번째 단계의 가지치기가 바로 이 지시문을 반복순환적으로 만든다. 그래서 루틴[기계적 절차]이 무한정 확장되는 것이다. 인간의 언어 문장도 본문에서 예로 들었듯이 이와 똑같은 일을 할 수 있다.

반복순환성이 언어에 중추적인 요소라는 생각에 도전한 사람으로 대니얼 에버릿이 있다. 촘스키 학파와 에버릿 사이에 논쟁이 벌어졌는데, 이는 인간에게 언어를 선사한 인간만이 가진 하나의 요소는 존재하지 않는다는 나의 주장에 힘을 실어준다. 동물의 소통과 인간의 소통은 연속체를 이루며 많은 기본적인 능력들이 연속선상에서 나타나는 것이다. 이런 작용(반복순환성)을 찾아볼 수 없는 인간 집단이 적어도 하나는 존재한다는 사실은, 반복순환성이 인간만의 특징이고 인간 언어에 필수적이라는 주장을 무색하게 만든다.

언어를 구성하는 요소에 대한 표준적 견해를 보려면 아래의 문헌을 보라.

Pinker, S.(1994). *The Language Instinct*. New York: Morrow. [스티븐 핑커, 『언어본능』, 김한영, 문미선, 신효식 옮김, 동녘사이언스, 2008.]

Hauser, M.D., N. Chomsky, and W.T. Fitch.(2002). The faculty of language: What is it, who has it and how did it evolve? *Science* 298: 1569~1579.

이와 반대되는 견해를 담고 있는 문헌으로는 Everett, D.L.(2005). Cultural constraints on grammar and cognition in Pirahã. *Current Anthropology* 46(4): 621~646.

p.283

"많은 종류의 동물들이 사회성을 보인다."

Darwin, C.(1981). *The Descent of Man and Selection in Relation to Sex*. Princeton, NJ: Princeton University Press, pp. 161~163. [찰스 다윈, 『인간의 유래』 1권, 김관선 옮김, 한길사, 2006, p. 171.] (원문은 1871년에 발표.)

"'원시인이나 우리 조상들이 사회를 이루며 살아가기 위해서는 …'"

Darwin, C.(1981). *The Descent of Man and Selection in Relation to Sex*. Princeton, NJ: Princeton University Press, pp. 161~63. [찰스 다윈, 『인간의 유래』 1권, 김관선 옮김, 한길사, 2006, pp. 211~212.] (원문은 1871년에 발표.)

p.284

"그녀[마티 헤이즐턴]는 한 실험에서 사람들에게 파트너를 얼마나 사랑하는지 생각한 다음 성적으로 매력적인 다른 사람들을 생각하는 것을 억누르라고 부탁했다."

이 설명의 출처는 Zimmer, C.(January 17, 2008). Romance is an illusion [Electronic version]. *Time*. Retrieved March 10, 2008, from http://www.time.com/time/magazine/article/0,9171,1704665,00.html.

p.286

"… 흰점찌르레기가 구문적 반복순환성을 학습할 수 있음을 보여주었다."

Gentner, T.Q., K.M. Fenn, D. Margoliash, and H.C. Nusbaum.(2006). Recursive syntactic pattern learning by songbirds. *Nature* 440: 1204~1207.

"… 흰머리참새가 노래를 부분들만 접하고도 전체 노래를 올바른 순서로 조합해낼 수 있다는 것을 …"

Rose, G.J., F. Goller, H.J. Gritton, S.L. Plamondon, A.T. Baugh, and B.G. Cooper.(2004). Species-typical songs in white-crowned sparrows tutored with only phrase pairs. *Nature* 432: 753~758.

p.288

"동물의 음악을 살펴볼 때는 음악 표현과 음악 경험을 구별할 필요가 있다."

Jerison, H.(1999). Paleoneurology and the biology of music. In *The Origins of Music*, edited by N.L. Wallin, B. Merker, and S. Brown. Cambridge, MA: MIT Press, pp. 177~196.

pp.288~289

"진화는 대부분의 포유류가 갖지 못한 지각-생성의 연결고리를 음악적 뇌에 선사했다. … 우리는 음악을 듣고서 이를 그대로 따라 부른다."

Merker, B.(2006). The uneven interface between culture and biology in human music. *Music Perception* 24(1): 95~98.

p.289

"대부분의 포유류들은 … 자기가 들은 소리를 모방하는 능력이 없다."

Merker, B.(2006). The uneven interface between culture and biology in human music. *Music Perception* 24(1): 95~98.

"이런 목소리 학습 능력은 기저핵에 변화가 일어나 … 생겨난 것으로 보인다."

Patel, A.D.(2006). Musical rhythm, linguistic rhythm, and human evolution. *Music Perception* 24(1): 99~104.

"… 브로드만 영역 44 …"

Iacoboni, M., I. Molnar-Szakacs, V. Gallese, G. Buccino, J.C. Mazziotta, and

G. Rizzolatti.(2005). Grasping the intentions of others with one's own mirror neuron system. *Public Library of Science Biology* 3(1): e79.

"··· FOXP2 유전자 ···"

Wade, N.(October 18, 2007). Neanderthals may have had gene for speech [Electronic version]. *The New York Times*. Retrieved March 10, 2008, from http://www.nytimes.com/2007/10/18/science/19speech.html?partner=rssnyt&emc=rss.

"··· 마이크로세팔린의 ··· 유전적 변이 ···"

Gazzaniga, M.S.(2007). Are Human Brains Unique? From John Brockmans' *Edge*, April, 10, 2007. www.edge.org.

p.291

"우리가 의식이라 부르는 경험이 만들어질 때 영적, 물활적, 혹은 초자연적 과정 같은 것은 전혀 관여하지 않는다."

Bunge, M.(1980). *The Mind-Body Problem: A Psychological Approach* New York: Pergamon.

p.292

"체계 전체가 하나가 되어 자발적인 지성이 드러난다."

Johnson, S.(2001). *Emergence: The Connected Lives of Ants, Brains, Cities, and Software*. New York: Scribner. [스티븐 존슨, 『이머전스』, 김한영 옮김, 김영사, 2004.]

"수필가 애덤 고프닉이 말했듯이 ···"

Gopnik, A.(2006). Death of a Fish. From *Through the Children's Gate*. New York: Knopf, p. 258.

"··· 인간의 음악은 정직한 신호의 기능을 한다."

이 주장과 관련해서 논란이 있다. 가령 인지심리학자 잠셰드 바루차는 능숙한 연주자가 자신이 느끼지 않는 감정을 효과적으로 불러일으킬 수 있다며 이의를 제기한다. 연주자가 슬픈 음악을 연주한다고 해서 꼭 자신의 슬픈 감정을 전하기 위한 것은 아니다. 작품이 공교롭게도 그날 프로그램에 있었을 뿐이고 연주자가 슬픔을 유도해내는 연주 방법을 알고 있었을 수도 있다. 데이 빗 번도 나와의 인터뷰에서 이런 주장을 지지했다. 그는 슬픈 노래를 부를 때 항상 슬픔을 느끼지는 않으며 노래에 어울리는 정서를 자극하는 기술을 터득한 것이라고 했다.

바루차는 우리에게 진화의 맥락을 생각해 보라고 한다. 한 남자가 사랑을 고백하며 여자에게 구애한다. 그는 말을 통해 속일 수 있다. 즉 사랑하지도 않으면서 사랑한다고 이해시키고는 섹스를 얻을 수 있다. 음악도 마찬가지다. 능숙한 연주자라면 설령 활활 타오르는 사랑을 느끼지 않더라도 열렬한 고백을 할수 있고, 그래서 결국 성을 얻어낸다. 그렇다면 여기서 언어와 음악이 다를까? 음악은 과연 정직한 신호일까?

아마도 그 시작은 거짓으로 꾸미기 어려운 정직한 신호였을 것이다. 하지만 여기서 일종의 군비경쟁이 일어났다. 몇몇 사람들이 음악에서 감정을 거짓으로 꾸미는 방법을 알아냈다. 집중적인 훈련을 통해 자신이 느끼지 않는 감정을 드러내는 법을 배웠을 것이다. 배우들이 바로 언어로 이런 일을 한다. 이들은 거짓말을 생계수단으로 삼는 자들이다. 성공하려면 자신이 아닌 사람 행세를 해야 하며, 자신이 하는 말이 대개는 다른 사람이 미리 써둔 대본인데도 마치 자발적으로 쏟아져 나오는 듯 보이게 해야 한다.

우리가 정직한 신호 가설을 받아들인다고 해서 꼭 음악이 절대적으로 정직한 신호라 여길 필요는 없다. 그저 한때 (그리고 어쩌면 지금도) 언어보다 더 정직한 신호였다는 것만 이해하면 된다. 음악이 왜 이런 면에서 더 능숙한지 이유를 추측해볼 수 있다. 음악은 구조와 내적 복잡함 때문에 대개 언어보다 더 많은 정보를 담을 수 있다. 이것이 정직을 가장하는 것을 어렵게 만들 수 있는데, 그러려면 언어보다 더 많은 표현의 차원에 조작을 가해야 하기 때문이다.

전문 가수들이 일반 청자의 감정을 속이는 법을 터득하고 나면 청자들도 좀더 세심하게 구분하려는 진화적 압력을 받으며, 이것이 다시 가수들을 더 솜씨 있게 만드는 압력으로 작용한다. 음악이 정직한 신호로서 시작되어 뇌의 적절한 정서중추와 동기부여중추에 연결되어 있다면, (진화적으로) 최근에 일어난 이런 경쟁은 아직 뇌의 배선에 뚜렷한 변화를 이끌어내지 못했거나 변화가 여전히 진행 중인 것일 수 있다. 숙련된 음악가들이 우리를 울리기도 웃기기도 하는 이유를 여기서 찾을 수 있다. 우리의 인지 평가 체계는 지금 우리가 속고 있다는 것을 알지만, 감정적 버튼은 여전히 눌려진 상태이기 때문이다. 이렇듯 미적·인지적 감상과 정서적 반응은 서로 밀접하게 연관되어 있다.

p.294

"… 사랑은 절벽에서 아래로 뛰어내리는 것과 같다."

Tennant, A.(감독), J. Lassiter, W. Smith, T. Zee(프로듀서), and K. Bisch(작가).(2005). *Hitch* [Motion picture]. United States: Columbia Pictures.

p.297

"로미오와 줄리엣의 사랑('이 사람을 위해서라면 죽을 수도 있어') …"

블루 오이스터 컬트의 '(돈 피어) 더 리퍼'는 아마도 록 음악 사상 자살을 맹세하는 10대를 다룬 최초의 노래일 것이다.

♪ Roeser, D.(1976). (Don't fear) the reaper [Recorded by Blue Öyster Cult]. *On Agents of Fortune* [45rmp record]. Columbia Records.

p.306

"… '역사상 가장 위대한/사랑 받은 노래는 무엇일까?' 혹은 … '가장 지대한 영향력을 미친 노래는 무엇일까?' 하는 질문으로 논의가 흐트러지지 않도록 각별히 조심했다."

미국예술진흥재단과 더불어 음반업계의 대표적인 로비 집단인 RIAA는 2001년에 '20세기의 가장 위대한 노래'라는 프로젝트를 진행하여 '오버 더 레인보우'와 '화이트 크리스마스'를 1위와 2위로 선정했다. 목록을 보면 주관적일 뿐만 아니라 별나기까지 한 결과들이 있다. 비스티 보이스의 '너의 권리를 위해 싸워라(투 파티)'(191위)가 콜 포터의 '밤과 낮'(195위)보다 네 계단이나 뛰어난 노래일까? '야구장에 데려다줘'(8위)을 '넌 사랑의 감정을 잃었어'(9위)보다 우위에 두는 목록은 대체 뭐란 말인가? 그리고 어떻게 해서 '애달픈 마음'(258위)이 '올 얼롱 더 워치타워'(365위)와 '달이 얼마나 높이 떠 있지?'(317위)보다 뛰어난 노래란 말인가?

♪ Arlen, H., and E.Y. Harburg.(1939). Over the rainbow [Recorded by Judy Garland]. On *Over the Rainbow* [LP]. Pickwick Records.

♪ Berlin, I.(1940). White Christmas [Recorded by Bing Crosby and Marjorie Reynolds]. On *Holiday Inn* [LP].(1942)

♪ Beastie Boys.(1986). (You gotta) Fight for your right (to party!). On *Licensed to Ill* [CD]. Def Jam Records.

♪ Dylan, B.(1967). All along the watchtower. On *John Wesley Harding* [LP]. Nashville, TN: Columbia Records.

♪ Hamilton, N. and M. Lewis.(1940). How high the moon [Recorded by Benny Goodman and His Orchestra]. On *How High the Moon* [45rpm record]. Columbia Records.

♪ Porter, C.(1932). Night and day [Recorded by Fred Astaire]. On *Night and Day: Fred Astaire: Complete recordings Vol.2 1931~1933* [CD]. Naxos Nostalgia. (2001).

♪ Norworth, J.(1908). Take me out to the ball game [Recorded by Harry MacDonough]. On *Take Me Out to the Ball Game* [Wax cylinder]. Victor Records.

♪ Spector, P., B. Mann, and C. Weil.(1965). You've lost that lovin' feelin' [Recorded by the Righteous Brothers]. On *You've Lost That Lovin' Feelin'* [45rmp record]. Philles Records.

♪ Von Tress, D.(1992). Achy breaky heart [Recorded by Billy Ray Cyrus]. On *Some Gave All* [CD]. Mercury Records.

감사의 말

우선 이 책을 위해 흔쾌히 인터뷰에 응해 준 조너선 버거, 마이클 브룩, 데이빗 번, 이언 크로스, 로드니 크로웰, 돈 드비토, 짐 퍼거슨, 데이빗 휴런, 조니 미첼, 샌디 펄먼, 올리버 색스, 피트 시거, 스팅에게 감사의 말을 전하고 싶다. 맥길 대학은 내가 마음 놓고 일할 수 있는 자유로운 분위기를 조성해 주었고 든든한 지원을 아끼지 않았다. 더튼 출판사의 편집자 스티븐 모로우야말로 이 책의 결정적인 조력자였다. 그와 함께 일한 것은 내게 기쁨이자 위안이었으며, 그는 『호모 무지쿠스』의 기획(원래 그의 아이디어였다)에서 집필과 편집에 이르는 모든 단계마다 헌신적으로 나를 도왔다. 와일리 에이전시의 내 담당 에이전트 새러 챌펀트를 비롯하여 에드워드 올로프와 모든 직원들이 나를 잘 이끌고 도와주었다. 너무도 많아 일일이 열거하기도 어려운 세세한 부분들을 챙겨준 더튼 출판사의 에리카 임라니, 크리스틴 에스캘런테, 수잔 슈워츠, 그리고 내 글을 많은 대중들에게 알리기 위해 노력을 아끼지 않은 리사 존슨, 베스 파커, 앤디 하이델, 새러 무친스키, 마리 쿨먼, 매리 폼포니오에게도 고맙다는 말을 전한다. 캐시 센커, 트레이시 버퍼드, 데이브 화이트헤드, 마이클 하우스만, 이들 덕분에 어려운 난관을 침착하게 풀어갈 수 있었다.

내가 가르치는 학생들이 이 책의 초고를 읽고 많은 조언을 해주었다. 바네사 파크-톰슨, 마이크 러드, 애너 티로볼라스가 도움을 준 친구들이다. 비안카 레비는 과학과 음악 양 분야에서 든든한 배경 조사를 도와 책의 내용을 풍성하게 했다. 내게 감정적으로 든든한 의지처가 되었고 초고를 읽고 이런저런 조언을 해준 여자 친구도 빼놓을 수 없다. 덕분에 책 작업이 한층 수월했다. 그녀가 없었다면 이 책은 지금과 아주 다른 모습이었을 것이다. 이 외에도 많은 이들이 내 초고를 읽고 도움이 되는 조언을 해주었다. 잠셰드 바루차(터프츠 대학 교무처장이자 심리학과 교수), 데니스 드레이너(미국립보건원), 찰스 게일(맥길 대학 물리학과 교수), 프레데릭 귀샤르(맥길 대학 생물학과 교수), 데이빗 휴런(오하이오 주립대학 음악학 교수), 제프 모길(맥길 대학 심리학과 교수), 모니크 모건(맥길 대학 영문학과 교수), 프랭크 루소(라이어슨 대학 심리학과 교수), 바바라 셔윈(맥길 대학 심리학과 교수), 윌프레드 스톤(스탠퍼드 대학 영문학과 교수), 그리고 내 친구인 렌 블룸, 파르테논 헉슬리, 제프 킴벌에게 고맙다는 말을 전한다. 지난 20년 동안 엄격한 과학자 루 골드버그(오리건 연구소)로부터 많은 영감을 받았다. 그는 나의 정신적 은사이자 좋은 친구다. 마지막으로 책과 교류를 통해 내게 많은 것을 가르쳐준 올리버 색스, 대니얼 데닛, 로저 셰퍼드, 마이클 포스너, 데이빗 휴런, 이언 크로스에게 감사의 말을 전하고 싶다. 이 거인들의 어깨 위에 올라선 덕택에 내가 여태까지 알지 못했던 많은 것들을 배울 수 있었다.

옮기고 나서

이 책을 한창 번역할 무렵, 동영상 공유사이트 유튜브에서 U2 공연을 실시간으로 중계한 적이 있다. 점심을 먹는 둥 마는 둥 서둘러 자리에 앉아 컴퓨터 모니터를 쳐다보며 저기 모인 수많은 청중들은 얼마나 행복할까 생각했다. 며칠 후 대학 후배가 오랜만에 이메일을 보냈는데, 얼마 전에 아내와 함께 본 U2 공연이 너무 행복하더라는 거다. 아 그렇지, 캘리포니아로 유학을 간다고 했지. 그날 내가 부러워했던 수많은 청중들 중에 후배 녀석도 있었겠군. IT 기술 덕분에 태평양을 사이에 두고 멀리 떨어진 우리가 같은 시각 같은 공연을 즐겼다는 것도 흥미로웠지만, 음악이 매개가 되어 후배와 함께했던 오래전 추억이 새록새록 솟아나는 경험은 더욱 신기했다.

음악이 우리의 삶에 크나큰 영향을 미친다는 것은 누구도 부인할 수 없는 사실이다. 하지만 막상 그 이유를 따져볼라치면 그보다 더 난감한 질문도 없다. 음악은 어떻게 왜 우리 삶에서 중요한 자리를 차지하게 되었을까? 최근 들어 이 질문에 가장 열심히 매달리고 가장 흥미로운 대답을 해주는 사람들은 다름 아닌 신경과학자들이다. 대니얼 레비틴이 그 선두주자라고 할 만한데, 이 책 『호모 무지쿠스』는 이론적 틀을 갖고 음악과 진화의 문제에 접근하는 학술적인 글이라기보다는 추론과 가정과 뮤지션들의 인터뷰 그리고 때로는 저자 자신의 개인적인 에피소드까지 동원해가며 인류와 음악의 공진화 과정을 느슨하게 재구성해 보는 글에 가깝다.

대니얼 레비틴은 이제 국내 독자들에게 더 이상 낯선 이름이 아니다. 물론 아직까지는 미국에서 큰 화제를 불러 모은 『뇌의 왈츠』의 저자로 기억하기보다 맬콤 글래드웰의 『아웃라이어』에 소개된, 어떤 분야든 세계적인 수준에 오르려면 최소 1만 시간의 연습이 필요하다는 '1만 시간의 법칙'을 주장한 신경과학자로 기억하는 사람이 더 많겠지만 말이다. 레비틴의 위상은 온라인 백과사전 위키(영문판)에서도 확인할 수 있다. 내가 『뇌의 왈츠』를 번역할 때만 해도 그리 길지 않았던 그의 항목이 지금은 스크롤바를 제법 내려야 할 만큼 길어졌다. 작년 말에 국내의 한 음악학 학회에 참가한 적이 있었는데, 그때 대학에서 음악을 가르치는 교수님께 현재 학계에서 레비틴의 위상이 어느 정도인지 물어보자 가장 이슈를 몰고 다니는 학자 가운데 한 명이라고 대답해 주셨다.

음악의 힘은 보편적이지만 사람들에게 영향력을 행사하는 음악은 저마다 다르다. 음악만큼 취향이 중요하게 작용하는 분야도 드문데, 이 책 역시 "1960년대 북부 캘리포니아에서 유년기를 보낸 경험이 만들어낸" 저자 개인의 취향이 강하게 반영되어 있다. 그래서 번역을 하면서 생소한 음악들을 찾아서 듣고 확인해야 할 때가 많았다. 하지만 요즘처럼 인터넷에 음악이 넘쳐흐르는 시대에 이는 더 이상 장벽이 아니다. 이 책 홈페이지(www.sixsongs.net)에 가면 여기 인용된 음악들을 짧게나마 들을 수 있다. 본문의 해당 노래들에 표시를 해두었으니 관심 있는 독자들은 홈페이지를 들러도 좋고, 아니면 유튜브나 기타 음악사이트에서 음악을 직접 찾아들어도 좋다. 또한 1960년대 미국 반문화의 분위기를 알고 싶은 독자들은 「포레스트 검프」를 비롯하여 그 시대를 다룬 영화들을 참고하면 좋겠다.

번역을 하면서 이 책만큼 개입의 유혹을 많이 느꼈던 적도 없다. 아무래도 미국 독자들과 한국 독자들의 공통적인 음악 경험이 서로 다르기 때문인데, 가령 우애의 노래를 설명하는 대목에서는 '오 필승 코리아'를, 지식의 노래를 설명하는 장에서는 '독도는 우리 땅'을, 노래와 동작을 일치시키는 노래로는 '머리 어깨 무릎 발' 같은 노래를 예로 들어 각주에 설명하면 어떨까 하는 생각도 했다. 하지만 개인적으로 번역할 때 가급적이면 원문에 개입하지 않는 게 좋겠다는 원칙을 갖고 있고, 또 독자들이 책을 읽으면서 적절한 우리의 예를 떠올리는 것도 큰 즐거움일 수 있겠다는 생각이 들었다. 저마다 주위에서 예들을 찾아 나만의 여섯 가지 노래 목록을 만들어가는 것이야말로 이 책을 재밌게 읽는 방법이 아닐까 싶다.

저자도 이 책에서 개인적인 얘기를 많이 했으니 나도 짧게 개인적인 사연으로 마무리 지을까 한다. 나처럼 출퇴근하지 않고 혼자서 일하는 프리랜서들은 일하는 공간에 적절한 긴장감을 조성하는 것이 무엇보다 중요하다. 이때 음악이 큰 도움이 된다. 내 경우 아침에 컴퓨터를 켜자마자 가장 먼저 하는 일은 KBS 제1FM에 접속해서 다시듣기로 내가 좋아하는 프로그램을 찾아서 듣는 것이다. 시그널이 흐르고 DJ의 목소리가 들리면 이제 나의 하루가 시작된다. 파블로 카살스가 매일 아침 바흐의 첼로 모음곡을 연주하며 하루를 시작했듯이 말이다. 아마 음악이 없었다면 이렇게 꾸준하게 질리지 않고 번역 일을 지금까지 해오지 못했을 것이다. 음악은 내게 참으로 고마운 존재다.

2009년 12월
장호연

뮤지션과 노래 찾아보기

* 웹 사이트 www.sixsongs.net에서 본문에 인용되는 부분을 들어볼 수 있습니다.

찾아보기